酵母菌・麹菌・乳酸菌の産業応用展開

Advances in Industrial Applications of Yeasts, Koji-molds, and Lactic Acid Bacteria

《普及版／Popular Edition》

監修 五味勝也，阿部敬悦

はじめに

酵母・麹菌・乳酸菌は古くから発酵・醸造食品製造において利用されてきた重要かつ代表的な微生物であり，現在でもこれらの微生物によって生産されている発酵・醸造食品は私たちの生活を大いに豊かにしてくれていることは言うまでもない。したがって，食品製造に関与する酵母・麹菌・乳酸菌の機能をさらに生かした食品やその製造技術の開発に関わる研究は，食品メーカーのみならず大学や公的研究機関で引き続き行われており，特に最近では食品の第一次機能（栄養）や第二次機能（嗜好）よりもむしろ第三次機能である生体調整機能に着目した研究が非常に盛んになってきている状況にある。さらに，近年の遺伝子工学技術やゲノム解析の進展により，これらの微生物が持つ有用な遺伝子機能を活用して，有用物質生産・バイオリファイナリー・化粧品・医療・環境浄化など，食品以外のさまざまな産業分野へ応用しようとする研究が盛んに行われるようになった。例えば，酵母について言えば，アルコール飲料製造だけにとどまらず，その高いエタノール生産能力を生かして，バイオエタノールなどのバイオ燃料の製造に応用する技術開発が国のプロジェクトも含めて精力的に実施されてきている。発酵・醸造に関わる微生物はもとより安全性に優れており，培養技術のノウハウの十分な蓄積もあるため，多方面の産業に利用が可能であり，実用化へのハードルも低いことが大きなアドバンテージである。しかし，これらの微生物の遺伝子機能を活用するにあたって，遺伝子組換え技術によって育種された遺伝子組換え体の食品への利用に関して，パブリックアクセプタンスが十分得られていない現状を考えると，当面は化成品や医薬品などの生産が最も実用化に近いとも考えられる。

本書では，酵母・麹菌・乳酸菌のそれぞれについて，食品に関する最新の研究事例も一部取り入れたものの，主として発酵・醸造食品製造以外の産業分野への展開を視野に入れた基盤研究や技術開発について，産学官の多くの研究者から話題提供していただいた。多忙の中，執筆の労をとっていただいた執筆者の方々に心から感謝申し上げる次第である。本書が食品や微生物関連企業の企画・研究・開発従事者の方々にとって，新規事業や新商品開発のための一助となることを願うとともに，大学・研究機関の研究者においても発酵・醸造関連微生物の新規有用機能開発などに役立つことができれば幸いである。

2018 年 1 月

東北大学

五味勝也・阿部敬悦

普及版の刊行にあたって

　本書は 2018 年に『酵母菌・麹菌・乳酸菌の産業応用展開』として刊行されました。普及版の刊行にあたり内容は当時のままであり加筆・訂正などの手は加えておりませんので，ご了承ください。

　2024 年 11 月

シーエムシー出版　編集部

執筆者一覧（執筆順）

五 味 勝 也　東北大学　大学院農学研究科　生物産業創成科学専攻　教授
阿 部 敬 悦　東北大学　大学院農学研究科　生物産業創成科学専攻　教授
松 鹿 昭 則　(国研)産業技術総合研究所　機能化学研究部門　バイオ変換グループ
　　　　　　研究グループ長
秦　　洋 二　月桂冠㈱　総合研究所　常務取締役製造副本部長／総合研究所長
赤 田 倫 治　山口大学　創成科学研究科化学系専攻　教授
中 村 美 紀 子　山口大学　創成科学研究科化学系専攻　非常勤講師
星 田 尚 司　山口大学　創成科学研究科化学系専攻　准教授
松 山　　崇　㈱豊田中央研究所　社会システム研究領域　健康創出プログラム
　　　　　　主任研究員
戒 能 智 宏　島根大学　生物資源科学部　生命工学科　准教授
川 向　　誠　島根大学　生物資源科学部　生命工学科　教授
船 戸 耕 一　広島大学　大学院生物圏科学研究科　准教授
雑 賀 あ ず さ　(国研)産業技術総合研究所　機能化学研究部門　バイオケミカルグループ
　　　　　　研究員
森 田 友 岳　(国研)産業技術総合研究所　機能化学研究部門　バイオケミカルグループ
　　　　　　グループ長
冨 本 和 也　㈬酒類総合研究所　醸造微生物研究部門　研究員
安 部 博 子　(国研)産業技術総合研究所　健康工学研究部門　主任研究員
久 保 佳 蓮　東京大学　大学院新領域創成科学研究科
大 矢 禎 一　東京大学　大学院新領域創成科学研究科　教授
八 代 田 陽 子　(国研)理化学研究所　環境資源科学研究センター　ケミカルゲノミクス
　　　　　　研究グループ　専任研究員
吉 田　　稔　(国研)理化学研究所　環境資源科学研究センター　ケミカルゲノミクス
　　　　　　研究グループ　グループディレクター
若 林　　興　日本盛㈱　研究室
井 上 豊 久　日本盛㈱　研究室
磯 谷 敦 子　㈬酒類総合研究所　醸造技術研究部門　副部門長
藤 井　　力　㈬酒類総合研究所　品質・評価研究部門　部門長
田 中 瑞 己　静岡県立大学　食品栄養科学部　助教

一 瀬 桜 子	東北大学　大学院農学研究科　生物産業創成科学専攻　博士後期課程（日本学術振興会　特別研究員）
坊 垣 隆 之	大関㈱　総合研究所　所長
坪 井 宏 和	大関㈱　総合研究所　化成品開発グループ　課長
幸 田 明 生	大関㈱　商品戦略部　部長
黒 田 　 学	天野エンザイム㈱　マーケティング本部　メディカル用酵素事業部　メディカル用酵素開発部　研究員
石 垣 佑 記	天野エンザイム㈱　マーケティング本部　産業用酵素事業部　産業用酵素開発部　研究員
天 野 　 仁	天野エンザイム㈱　マーケティング本部　産業用酵素事業部　産業用酵素開発部　主幹研究員
丸 山 潤 一	東京大学　大学院農学生命科学研究科　応用生命工学専攻　醸造微生物学（キッコーマン）寄付講座　特任准教授
堤 　 浩 子	月桂冠㈱　総合研究所　主任研究員
福 田 克 治	月桂冠㈱　総合研究所　主査
尾 関 健 二	金沢工業大学　ゲノム生物工学研究所／バイオ・化学部　応用バイオ学科　教授
加 藤 範 久	広島大学　大学院生物圏科学研究科　名誉教授
楊 　 永 寿	広島大学　大学院生物圏科学研究科
Thanutchaporn Kumrungsee	広島大学　大学院生物圏科学研究科　助教
南 　 篤 志	北海道大学　大学院理学研究院　化学部門　准教授
劉 　 成 偉	北海道大学　大学院理学研究院　化学部門　助教
尾 﨑 太 郎	北海道大学　大学院理学研究院　化学部門　助教
及 川 英 秋	北海道大学　大学院理学研究院　化学部門　教授
吉 見 　 啓	東北大学　未来科学技術共同研究センター　戦略的食品バイオ未来技術の構築プロジェクト　准教授
宮 澤 　 拳	東北大学　大学院農学研究科　生物産業創成科学専攻　応用微生物学分野
張 　 斯 来	東北大学　大学院農学研究科　生物産業創生科学専攻　遺伝子情報システム学分野（現　神戸大学　大学院科学技術イノベーション研究科　バイオ生産工学研究室　学術研究員）

田 中 拓 未	東北大学　大学院農学研究科　生物産業創成科学専攻　特別研究員	
中 島 春 紫	明治大学　農学部　農芸化学科　教授	
塚 原 正 俊	㈱バイオジェット　代表取締役／研究統括	
山 田 　 修	㈱酒類総合研究所　醸造技術応用研究部門　部門長	
仲 原 丈 晴	キッコーマン㈱　研究開発本部	
内 田 理 一 郎	キッコーマン㈱　研究開発本部	
小 川 　 順	京都大学　大学院農学研究科　教授	
岸 野 重 信	京都大学　大学院農学研究科　助教	
米 島 靖 記	日東薬品工業㈱　研究開発本部　研究開発部　菌・代謝物研究センター　課長	
岡 野 憲 司	大阪大学　大学院工学研究科　生命先端工学専攻　生物工学コース　助教	
田 中 　 勉	神戸大学　大学院工学研究科　応用化学専攻　准教授	
本 田 孝 祐	大阪大学　大学院工学研究科　生命先端工学専攻　生物工学コース　准教授	
近 藤 昭 彦	神戸大学　大学院科学技術イノベーション研究科　教授	
池 田 史 織	九州大学　大学院生物資源環境科学府　生命機能科学専攻	
善 藤 威 史	九州大学　大学院農学研究院　生命機能科学部門　助教	
園 元 謙 二	九州大学　大学院農学研究院　生命機能科学部門　教授	
山崎(屋敷)思乃	関西大学　化学生命工学部　生命・生物工学科　助教	
谷 口 茉 莉 亜	関西大学　化学生命工学部　生命・生物工学科	
片 倉 啓 雄	関西大学　化学生命工学部　生命・生物工学科　教授	
吉 本 　 真	森永乳業㈱　基礎研究所　腸内フローラ研究部　副主任研究員	
武 藤 正 達	森永乳業㈱　素材応用研究所　バイオプロセス開発部　副主任研究員	
小 田 巻 俊 孝	森永乳業㈱　基礎研究所　腸内フローラ研究部　部長	
清 水 (肖) 金 忠	森永乳業㈱　基礎研究所　所長	
伊 澤 直 樹	㈱ヤクルト本社中央研究所　化粧品研究所　化粧品第二研究室　指導研究員	
藤 谷 幹 浩	旭川医科大学　内科学講座　消化器・血液腫瘍制御内科学分野　准教授	
伊 藤 尚 文	熊本大学　大学院生命科学研究部　神経分化学分野　特任助教	
太 田 訓 正	熊本大学　大学院生命科学研究部　神経分化学分野　准教授	
山 本 直 之	東京工業大学　生命理工学院　教授	

執筆者の所属表記は，2018年当時のものを使用しております。

目　次

【第Ⅰ編　酵母菌】

第1章　木質系バイオマスからの有用物質生産に向けた酵母の育種開発　　　松鹿昭則

1　はじめに……………………………… 1
2　バイオマスの特徴と発酵生産における酵母の必要特性…………………………… 2
3　酵母のキシロース発酵性……………… 4
　3.1　キシロース発酵性酵母の開発……… 4
　3.2　キシロース発酵性酵母のオミックス解析…………………………………… 5
　3.3　呼吸欠損株によるキシロース発酵

………………………………………… 8
4　酵母の高温耐性………………………… 10
　4.1　高温発酵の重要性………………… 10
　4.2　酵母の耐熱性機構の解析と耐熱性酵母の活用…………………………… 11
　4.3　耐熱性を示すキシロース発酵性酵母株の開発………………………… 12
5　おわりに……………………………… 13

第2章　スーパー酵母・スーパー麹菌によるバイオリファイナリー技術　　　秦　洋二

1　清酒醸造とバイオエタノール………… 16
2　清酒酵母と細胞表層工学……………… 18
3　清酒酵母に麹菌の機能を付与させる

………………………………………… 19
4　バイオマスからのエタノール発酵…… 20
5　安定な遺伝子発現するための新技術－HELOH法…………………………… 21
6　スーパー麹菌によるバイオマスの直接分解………………………………… 22
7　醸造技術をバイオ燃料生産へ………… 22

第3章　耐熱性酵母 *Kluyveromyces marxianus* を用いた物質生産と育種技術　　　赤田倫治, 中村美紀子, 星田尚司

1　はじめに……………………………… 24
2　耐熱性酵母 *Kluyveromyces marxianus* の歴史…………………………………… 25
3　*Kluyveromyces marxianus* の耐熱性と糖資化性…………………………………… 25
4　*Kluyveromyces marxianus* のエタノール発酵………………………… 26
5　*Kluyveromyces marxianus* の遺伝学を確立するために……………………… 26
6　1倍体性酵母（haploid-prone yeast）と2倍体性酵母（diploid-prone yeast）

………………………………………… 27
7　1倍体性ホモタリック酵母 *Kluyveromyces marxianus* の交配育種

I

　　　　……………………………………… 28
8　1倍体性酵母 *Kluyveromyces marxianus*
　　の栄養要求性変異株の取得 …………… 29
9　*Kluyveromyces marxianus* における
　　ウラシル要求性変異株の取得 ………… 29

10　*Kluyveromyces marxianus* の
　　遺伝子操作と非相同末端結合 ………… 30
11　*Kluyveromyces marxianus* を
　　モデル酵母とする基礎研究 …………… 31

第4章　酵母による高活性ターミネーターを利用した タンパク質高生産　　　　　松山　崇

1　はじめに ………………………………… 33
2　ターミネーター活性の網羅的な評価と最
　　高活性 *DIT1* ターミネーターの発見 … 34
3　*DIT1* ターミネーターの作用原理の解明

　　と目的タンパク質の高生産への応用 … 36
4　発現カセット・ライブラリを利用したコ
　　ンビナトリアル・スクリーニング …… 37
5　おわりに ………………………………… 38

第5章　酵母によるコエンザイム Q_{10} の生産　　　戒能智宏，川向　誠

1　コエンザイム Q（CoQ）とは ………… 40
2　酵母における CoQ 研究～CoQ 合成と
　　イソプレノイド側鎖合成～ ………… 41
3　CoQ 合成経路の上流の経路

　　～メバロン酸経路～ ………………… 42
4　CoQ の高生産 ………………………… 43
5　酵母を用いた CoQ 生産性の向上 … 44
6　CoQ_{10} 高生産に向けたアプローチ …… 46

第6章　酵母によるヒト型セラミドの高効率生産技術　　　船戸耕一

1　はじめに ………………………………… 48
2　スフィンゴ脂質について ……………… 48
3　皮膚や毛髪におけるセラミドの役割に
　　ついて ………………………………… 50
4　組換え酵母によるセラミド NS の生産
　　……………………………………………… 52
5　代謝改変によるセラミド NS 生産の向上

　　……………………………………………… 53
6　代謝の区画化によるセラミド NS 生産の
　　向上 …………………………………… 53
7　スフィンゴ脂質の代謝異常が酵母の生育
　　に及ぼす影響 ………………………… 54
8　おわりに ……………………………… 54

第7章　担子菌酵母によるバイオ化学品の生産　　　雑賀あずさ，森田友岳

1　はじめに ………………………………… 56
2　担子菌酵母による物質生産 …………… 56

3　有機酸の生産 ………………………… 56
4　脂質の生産 …………………………… 58

5 糖脂質（バイオ界面活性剤）の生産
　……………………………… 59

6 おわりに…………………………… 60

第8章　バイオ医薬品生産に向けた出芽酵母の
　　　　　糖鎖構造改変　　　　冨本和也，安部博子

1 バイオ医薬品とその動向…………… 63

2 バイオ医薬品と糖タンパク質糖鎖 … 63

3 バイオ医薬品生産プラットフォームとし
　ての出芽酵母 …………………… 64

4 出芽酵母の N-結合型糖鎖構造改変 … 64

5 出芽酵母の O-結合型糖鎖構造改変 … 68

6 出芽酵母によるバイオ医薬品生産の
　現状と今後の展望 ……………… 69

第9章　新しい創薬ツールとしての出芽酵母　　久保佳蓮，大矢禎一

1 はじめに…………………………… 71

2 化学遺伝学プロファイリング ……… 72

3 形態プロファイリング …………… 73

4 遺伝子発現プロファイリング ……… 75

5 細胞壁をターゲットとした
　新しい抗真菌剤 ………………… 76

6 おわりに…………………………… 77

第10章　酵母ケミカルゲノミクスを用いた化合物作用機序解明のため
　　　　　の大規模高速解析法　　　　　　八代田陽子，吉田　稔

1 はじめに…………………………… 79

2 合成致死性にもとづいた
　ケミカルゲノミクス ……………… 80

3 ハプロ不全にもとづいた

　ケミカルゲノミクス ……………… 83

4 遺伝子過剰発現による化合物の耐性化を
　利用したケミカルゲノミクス ……… 83

5 おわりに…………………………… 85

第11章　老香を発生させにくい清酒酵母の育種
　　　　　若林　興，井上豊久，磯谷敦子，藤井　力

1 はじめに…………………………… 87

2 スクリーニング方法の検討 ………… 88

3 MTA 非資化性変異株のスクリーニング
　……………………………… 88

4 DMTS-P1 簡易生成試験…………… 89

5 DMTS-P1 低生産株の原因遺伝子の調査

　……………………………… 89

6 DMTS-P1 低生産株による小仕込試験
　……………………………… 89

7 ホモ変異型2倍体の取得 …………… 90

8 ホモ変異型2倍体による小仕込試験
　……………………………… 91

9 安定性試験 …………………… 91 │ 10 まとめ ………………………… 92

【第Ⅱ編　麹菌】

第1章　麹菌のカーボンカタボライト抑制関連因子の制御による酵素高生産
田中瑞己，一瀬桜子，五味勝也

1 はじめに ……………………… 95
2 CCR 制御に関わる因子 ……………… 95
3 糸状菌における CCR の制御機構 …… 96
4 麹菌の CCR 関連因子（CreA，CreB）の破壊によるアミラーゼの高生産 ……… 97
5 麹菌の *creA* および *creB* 破壊によるバイオマス分解酵素の高生産 ………… 98
6 CreD の機能解析と変異導入による酵素高生産 ……………………… 99
7 まとめと今後の展望 ……………100

第2章　麹菌によるタンパク質大量生産システムの開発
坊垣隆之，坪井宏和，幸田明生

1 はじめに ………………………103
2 麹菌タンパク質高発現システムの構築と改良 ………………………103
2.1 シス・エレメント Region Ⅲ の機能を利用したプロモーターの構築 ………………………103
2.2 5'UTR の改変による翻訳の効率化
………………………105
2.3 高効率なターミネーターを用いた発現システムの改良 …………107
3 高発現システムを用いたタンパク質生産の実績 ………………………108
4 おわりに ………………………109

第3章　麹菌酵素の生産と応用
黒田　学，石垣佑記，天野　仁

1 麹菌酵素製剤の歴史 ………………111
2 麹菌酵素製剤の製造 ………………112
3 麹菌酵素の応用 ………………112
3.1 ヘルスケア分野 ………………112
3.1.1 日本国内での消化酵素製剤への利用 ………………………112
3.1.2 米国でのダイエタリーサプリメント利用 ………………114
3.2 食品加工分野 ………………115
3.2.1 糖質加工分野 ………………115
3.2.2 タンパク質加工分野 …………115
3.2.3 その他分野 ………………116

第4章　麹菌の有性世代の探索・不和合性の発見と交配育種への利用　丸山潤一

1　はじめに………………………120

2　麹菌には2つの接合型 MAT1-1 型と MAT1-2 型が存在する……………121

3　麹菌の接合型遺伝子の機能解析……122

4　麹菌の細胞融合能の再発見…………123

5　麹菌における不和合性の発見………124

6　麹菌における有性生殖の発見の試み………………………126

7　おわりに………………………128

第5章　麹菌 *Aspergillus oryzae* が産生する環状ペプチド，フェリクリシン，デフェリフェリクリシン　堤　浩子，福田克治，秦　洋二

1　フェリクリシン（Fcy）……………131

　1.1　貧血改善効果…………………131

　1.2　Fcy の溶解特性………………131

2　デフェリフェリクリシン（Dfcy）……132

　2.1　抗酸化活性……………………132

　2.2　メラニン抑制効果……………133

　2.3　炎症抑制効果…………………133

第6章　α-エチル-D-グルコシドの発酵生産法の開発と新規機能性を利用した各種商品への応用　尾関健二

1　はじめに………………………135

2　焼酎醸造での α-EG 生産…………136

3　酒粕再発酵での α-EG 生産………137

　3.1　高生産発酵法…………………137

　3.2　蒸留残渣の用途開発…………138

4　日本酒醸造での α-EG 生産………139

　4.1　酒母仕込の純米酒……………139

　4.2　純米吟醸酒……………………141

5　ヒトパッチ試験による α-EG の評価

　…………………………………142

　5.1　有効濃度と時間………………142

　5.2　浴用酒としての用途開発………144

6　ヒト成人線維芽細胞による α-EG の評価

　…………………………………144

　6.1　有効濃度………………………144

　6.2　クロロゲン酸との比較………145

7　まとめと今後の展開………………146

第7章　麹菌由来酸性プロテアーゼによる腸内善玉菌増加作用　加藤範久，楊　永寿，Thanutchaporn Kumrungsee

1　はじめに………………………149

2　麹菌発酵ごぼうの機能性…………149

3　麹菌由来プロテアーゼ剤の機能性……150

4　米麹菌由来酸性プロテアーゼの善玉菌増

加作用の発見 ……………152 | 5　おわりに ……………………154

第8章　麹菌を宿主としたカビの二次代謝産物の生産
南　篤志, 劉　成偉, 尾﨑太郎, 及川英秋

1　はじめに ………………………155
2　麹菌異種発現系を用いた天然物の
　異種生産 ………………………156
　2.1　生合成マシナリーの再構築による
　　天然物の異種生産 …………157
　2.2　麹菌異種発現系の特徴 …………159
　　2.2.1　標的遺伝子に含まれるイントロ

ンの除去が不要 ……………159
　　2.2.2　補助酵素の共発現が不要 ……159
　　2.2.3　毒性物質に対する自己耐性能
　　　………………………160
　　2.2.4　課題 ………………………160
3　麹菌異種発現系の応用例 …………160
4　まとめ……………………………161

第9章　麹菌の細胞壁 α-1,3-グルカン欠損株による高密度培養と
　　　物質高生産への利用　　　　吉見　啓, 宮澤　拳, 張　斯来

1　糸状菌の細胞壁構築シグナル伝達機構
　解析 ……………………………162
2　糸状菌における細胞壁多糖 AG の
　生物学的機能 …………………164

3　AG 欠損株の高密度培養への応用 ……164
4　麹菌における第二の菌糸接着因子の発見
　………………………………166

第10章　麹菌由来界面活性タンパク質（ハイドロフォービン）の
　　　特性とその応用技術　　　　田中拓未, 中島春紫, 阿部敬悦

1　ハイドロフォービンの生態…………168
2　ハイドロフォービンの構造と重合性
　………………………………169
3　ハイドロフォービンの物理的性質 ……170

4　ハイドロフォービンと酵素タンパク質の
　相互作用 ………………………171
5　ハイドロフォービンの産業応用 ………172

第11章　黒麹菌のゲノム解析とその産業応用　　塚原正俊, 山田　修

1　黒麹菌のゲノム解析の意義…………176
2　黒麹菌の歴史 …………………176
3　黒麹菌のゲノム解析による再分類 ……177
4　黒麹菌 A. luchuensis NBRC 4314 株の

全ゲノム解析 …………………179
5　全ゲノム情報による A. luchuensis の
　種内系統解析 …………………180
6　黒麹菌の源流は沖縄県 ……………181

7 黒麹菌のゲノム解析によるさらなる　　産業振興 ……………………………182

第 12 章　麹菌酵素活性の制御による機能性ペプチド高含有醤油の開発
　　　　　　　　　　　　　　　　　　　　　　　　　仲原丈晴，内田理一郎

1 はじめに …………………………184
2 醤油中のペプチドを増加させる試み
　 …………………………………185
3 諸味中のペプチダーゼ活性の抑制方法
　 …………………………………186
4 大豆発酵調味液からの ACE 阻害ペプチ

ドの単離同定と定量 ……………187
5 血圧が高めのヒトを対象とした
　 連続摂取試験 ……………………189
6 特定保健用食品（トクホ）としての実用
　 化と機能性表示食品への展開 ………190

【第Ⅲ編　乳酸菌】

第 1 章　乳酸菌の脂肪酸変換機能とその産業利用
　　　　　　　　　　　　　　　　小川　順，岸野重信，米島靖記

1 はじめに …………………………193
2 乳酸菌に見出された不飽和脂肪酸飽和化
　 代謝 ……………………………193
3 乳酸菌の脂肪酸変換活性を活用した
　 脂肪酸誘導体の生産 ……………195
　 3.1 共役脂肪酸生産 ……………195
　　 3.1.1 リノール酸の異性化による共役
　　　　 リノール酸（CLA）生産 ……195
　　 3.1.2 リシノール酸の脱水による共役
　　　　 リノール酸（CLA）生産 ……195
　　 3.1.3 乳酸菌による種々の共役脂肪酸

　 の生産 …………………………195
　 3.2 水酸化脂肪酸，オキソ脂肪酸などの
　　　 不飽和脂肪酸飽和化代謝産物の生産
　　　 …………………………………196
4 水酸化脂肪酸にみる乳酸菌脂質変換物の
　 実用化開発 ………………………197
　 4.1 HYA の生物ならびに食品における
　　　 存在 ……………………………197
　 4.2 HYA の生理機能 ……………197
　 4.3 HYA の実用化検討 …………198
5 おわりに …………………………199

第 2 章　乳酸菌の遺伝子操作技術の進展
　　　　　　　　　　　岡野憲司，田中　勉，本田孝祐，近藤昭彦

1 はじめに …………………………201
2 プラスミドの発見とその利用 ………201
3 従来の遺伝子破壊／置換技術 ………203

4 最新の遺伝子破壊／置換技術 ………204
　 4.1 λRed 相同組換え法の応用 ………204
　 4.2 CRISPR-Cas9 システムを用いたゲ

VII

ノム編集 ················ 205

第3章　乳酸菌由来抗菌性ペプチド，バクテリオシンの機能と応用

池田史織，善藤威史，園元謙二

1　はじめに ················ 208
2　乳酸菌バクテリオシンの多様性 ······· 209
3　乳酸菌バクテリオシンの生合成と
　　作用機構 ················ 211
4　ナイシンの利用 ············ 212
　4.1　食品保存への応用 ········· 212
　4.2　非食品用途への応用 ········ 212

　　4.2.1　手指用殺菌洗浄剤 ········ 212
　　4.2.2　乳房炎予防剤・治療剤 ······· 213
　　4.2.3　口腔ケア剤 ············ 213
5　新しい乳酸菌バクテリオシンの利用と
　　展望 ················ 213
6　おわりに ················ 214

第4章　乳酸菌と酵母との相互作用，および乳酸菌の炭水化物への接着現象の解析とプロバイオティクスへの応用

山崎（屋敷）思乃，谷口茉莉亜，片倉啓雄

1　はじめに ················ 216
2　発酵食品における乳酸菌と酵母の関与
　················ 216
3　乳酸菌と酵母の共生系を利用した
　　物質生産 ················ 217
4　乳酸菌と酵母の接着機構 ········ 218

5　乳酸菌と酵母の接着による応答 ····· 219
6　乳酸菌と酵母との接着の意義 ······· 219
7　乳酸菌の炭水化物への接着と
　　プロバイオティクスとしての応用 ···· 220
8　おわりに ················ 221

第5章　ビフィズス菌・乳酸菌のプロバイオティクス機能と製品開発

吉本　真，武藤正達，小田巻俊孝，清水（肖）金忠

1　プロバイオティクスとは ········· 223
2　プロバイオティクスの生理作用 ······ 224
　2.1　プロバイオティクスの抗アレルギー
　　　作用 ················ 224
　2.2　プロバイオティクスの抗肥満作用
　················ 224
　2.3　プロバイオティクスによる
　　　抗がん作用 ············ 225

　2.4　プロバイオティクスによる
　　　脳機能改善 ············ 225
3　プロバイオティクスとしてのビフィズス
　　菌・乳酸菌の製品開発 ·········· 226
　3.1　ヨーグルト製品開発 ········ 227
　3.2　菌末製造開発 ············ 229
　3.3　ビフィズス菌の生菌数測定法 ···· 230
4　おわりに ················ 231

第6章　乳酸菌・ビフィズス菌発酵を利用した基礎化粧品素材の開発　伊澤直樹

1　はじめに ……………………………233
2　皮膚と乳酸菌発酵液 ………………234
3　乳酸菌・ビフィズス菌発酵を利用した
　　化粧品素材 …………………………235
　3.1　脱脂粉乳の乳酸菌発酵液 ………235
　3.2　乳酸桿菌／アロエベラ発酵液……235
3.3　大豆ビフィズス菌発酵液 ………236
3.4　ヒアルロン酸 ……………………237
4　効果測定 ……………………………238
5　安全性 ………………………………238
6　おわりに ……………………………239

第7章　乳酸菌由来活性物質を用いた新規治療薬の開発　藤谷幹浩

1　乳酸菌由来の腸管保護活性物質 ……241
　1.1　菌培養上清からの腸管保護活性物質
　　　の同定 …………………………241
　1.2　乳酸菌由来長鎖ポリリン酸の
　　　作用機序 ………………………242
　　1.2.1　腸管バリア機能の増強作用
………………………………242
　　1.2.2　腸炎モデルへの治療効果 ……245
2　乳酸菌由来の抗腫瘍活性物質 ………246
　2.1　菌培養上清からの抗腫瘍活性物質の
　　　同定 …………………………246
　2.2　腫瘍モデルに対する治療効果……248

第8章　乳酸菌による細胞のリプログラミング　伊藤尚文，太田訓正

1　はじめに ……………………………251
2　多能性幹細胞について………………252
3　細菌感染による細胞変性……………253
4　乳酸菌による細胞形質の転換 ………254
5　細菌による細胞リプログラミングの応用
　　可能性 ………………………………256

第9章　アレルギー改善乳酸菌の開発　山本直之

1　はじめに ……………………………259
2　アレルギーリスクの抑制への課題 ……259
3　アレルギーリスク低減乳酸菌の選択
………………………………………260
4　ヒトに対する有効性の確認 …………261
5　作用メカニズム ……………………262
6　おわりに ……………………………264

【第Ⅰ編　酵母菌】

第1章　木質系バイオマスからの有用物質生産に向けた酵母の育種開発

松鹿昭則[*]

1　はじめに

　再生可能な，生物由来の有機資源であるバイオマスは，CO_2を増加させない「カーボンニュートラル」と呼ばれる特徴をもつ。このため，化石資源由来のエネルギーや製品をバイオマスに代替するバイオリファイナリー技術により，石油に依存した現代の社会から，持続可能な循環型社会の構築や地球温暖化の防止に貢献できると考えられる。これらバイオマスは化学的・生物学的変換によって有用物質へ変換されるが，生物学的変換では主に微生物を用いた発酵技術によって有用物質が生産される[1]。バイオマス原料や目的生産物により発酵に利用される微生物は多種多様であるが，古来より醸造などのエタノール生産に利用されてきた出芽酵母（*Saccharomyces cerevisiae* など）はその代表である。実用的な重要性に加えて，*S. cerevisiae* は，真核生物のモデル生物として遺伝学的，分子生物学的に研究が進展しており，分子・代謝・細胞レベルで数多くの基盤情報が蓄積している。原料となるバイオマスは，サトウキビやトウモロコシなどの糖質・デンプン系から，稲わらやバガス，廃材などのリグノセルロース系までさまざまな種類の資源を含んでいる。しかし，糖質・デンプン系バイオマスを原料とした生産は，食糧生産と競合して国際的な穀物需要に大きな影響を与えるという問題があるため，非可食性である草本・木質由来のリグノセルロース系バイオマス（以降特記する以外，バイオマスはリグノセルロース系バイオマスを示す）を加水分解して得られる糖を原料にした発酵生産に関して，実用化が大きく期待されている。しかしながら，糖質・デンプン系バイオマスを原料とした発酵生産と比較して，プロセスが複雑となり，技術的・経済的なハードルが高いため，前処理・糖化工程に加えて，発酵工程の効率化などが課題となっている[2]。

　バイオマスからの有用物質生産において，目的生産物の高生産性が重要なことは言うまでもないが，発酵工程をより効率化するうえで，3つの主要な特性が酵母に求められる（図1）。すなわち，バイオマスの加水分解物中にグルコースに次いで多く含まれるキシロースの発酵性，高い温度域でも増殖可能で発酵を行う高温耐性，バイオマスの糖溶液に含まれる酸や塩などの発酵阻害物質に対するストレス耐性である[3]。本稿では，これら3つの有用形質のうち，キシロースの発酵性と高温耐性を中心に解説する。さらに，著者らが取り組んでいる事例とその研究成果についても紹介する。

　＊　Akinori Matsushika　(国研)産業技術総合研究所　機能化学研究部門　バイオ変換グループ
　　　　研究グループ長

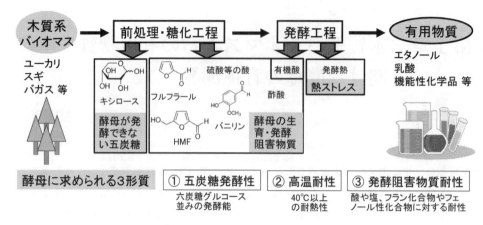

図1　木質系バイオマスからの有用物質生産において酵母に求められる3形質

2　バイオマスの特徴と発酵生産における酵母の必要特性

　バイオマスの主要な構成成分は，植物の細胞壁に含まれるセルロース，ヘミセルロース，およびリグニンであり，このうちセルロースとヘミセルロースを加水分解（糖化）して発酵原料となる糖類が得られる。セルロースからはグルコースが得られるが，ヘミセルロースには多様な糖類が含まれており，六炭糖のグルコース，マンノース，ガラクトースに加え，キシロースやアラビノースなどの五炭糖が含まれる。図2には，様々なバイオマスを原料としてボールミル処理・酵素糖化を行った後の糖化液における糖類の組成を示した。バイオマス原料によって得られる糖類組成は異なるが，広葉樹や草本ではヘミセルロースにおけるキシロースの含有量が高く，得られる糖類のうち3～4割はキシロースである[4]。また，針葉樹や草本の一部では，キシロースの含有量に比べると少ないが，アラビノースも数％程度含まれている。このため，バイオマスから

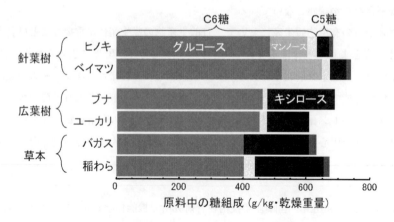

図2　様々な木質系バイオマスを原料とした糖化液の組成

第1章　木質系バイオマスからの有用物質生産に向けた酵母の育種開発

より多くの有用物質を微生物発酵により得るためには，グルコースに加えて，キシロースなど他の糖類も効率良く変換することが重要である。しかし，多くの有用微生物と同様，出芽酵母 *S. cerevisiae* も五炭糖を資化・利用することができないので，生産される有用物質収量の低下を引き起こす。そのため，バイオマスからの効果的な物質生産技術の確立のために，五炭糖（特にキシロース）から効果的に物質生産可能な六炭糖・五炭糖並行発酵菌の育種開発が急務とされている[5]。

　発酵による物質生産工程は，酵母にとって過酷なストレス環境であるため，鍵となるのは環境ストレスに対する耐性を獲得した酵母の育種開発である。例えば，発酵の進行に伴い発生する発酵熱は発酵槽の温度上昇につながり，酵母に高温ストレスを与えてしまう。また，前処置や糖化工程で使用される酸やアルカリによるストレス，それらの中和で生成する高濃度の塩，さらに糖化で生成する高濃度の糖が高い浸透圧により細胞が脱水するなど，酵母に多種多様なストレスが負荷される。加えて，バイオマスの前処理や糖化工程では，有機酸（酢酸やギ酸などの弱酸類）やセルロースやヘミセルロース由来の糖過分解物であるフラン化合物（フルフラール，5-ヒドロキシメチルフルフラールなど），リグニンに由来するフェノール性化合物（バニリンやシリングアルデヒドなど）が生成することが問題となっている[6,7]。このような過分解物の生成はバイオマスから得られる糖の収率を低下させ，また発酵阻害物質として発酵工程における酵母の物質生産を阻害する。これらの環境ストレスは複合的および連続的に酵母に負荷されるケースが多い。したがって，前処理・糖化工程において過分解物の生成を抑える工夫が必要であり，さらに酵母の環境ストレス応答や耐性機構を理解して，その知見を活用することは，プロセスの高度化や低コスト化に寄与することにつながる。本稿では紙面の都合上詳細は割愛するが，著者らは，酸や塩などのストレスに強い耐性を示す酵母 *Issatchenkia orientalis*（*Pichia kudriavzevii*）[8] から酸耐性・塩耐性に関わる遺伝子（*IoGAS1*）を単離し，その推定アミノ酸配列から，*S. cerevisiae* において細胞壁の構成要素である β1,3-グルカンの合成に関与する GPI アンカー型タンパク質 Gas1 との高い相同性を示すことを明らかにしている[9]。*S. cerevisiae* において *IoGAS1* を過剰発現することにより，低 pH（pH 2.0）および高塩濃度（pH 2.5，7.5 % Na_2SO_4）の条件下での生育が可能となることから，*IoGAS1* は酸耐性・塩耐性に寄与する遺伝子であることが判明した。また，*S. cerevisiae* において内在性の *GAS1* を過剰発現することにより，酸耐性を付与することができる（ただし，耐性効果は *IoGAS1* 過剰発現の場合より低い）[10]。このように，*IoGAS1* や *GAS1* を酵母において高発現することにより，低 pH などのストレス条件下において，増殖阻害や発酵阻害が回避でき，エタノールやポリ乳酸プラスチックなど有用物質の生産性向上と生産コスト低減に効果を発揮すると期待される。

3 酵母のキシロース発酵性

3. 1 キシロース発酵性酵母の開発

　上述したように，*S. cerevisiae* はキシロースを利用することができないが，*Scheffersomyces stipitis*（*Pichia stipitis*），*Candida shehatae* といった酵母はキシロースを発酵できることが知られている。ただし，これらの酵母はキシロースを代謝するために酸素を必要とするため，発酵液中の溶存酸素濃度の厳密なコントロールが必要な一方で，酸素存在下では発酵が進みにくくなるという矛盾が生じるため，キシロースの発酵制御が非常に困難となる。これらキシロース発酵性酵母では，細胞内に取り込まれたキシロースはキシロースレダクターゼ（XR）によりキシリトールに還元され，次にキシリトールデヒドロゲナーゼ（XDH）によりキシルロースに酸化される。生成したキシルロースはキシルロキナーゼ（XK）によりキシルロース 5-リン酸となり，ペントースリン酸経路での反応によりグリセロアルデヒド 3-リン酸が生成され，解糖系に合流することにより代謝される（図 3）。*S. cerevisiae* は XK を有することから，*S. stipitis* などキシロース発酵性酵母由来の XR と XDH を *S. cerevisiae* に導入することにより，キシロース発酵性を付与することができる。この方法により，キシロース発酵性の遺伝子組換え酵母が 1993 年に世界で初めて開発された[11]。*S. cerevisiae* の XK 活性は元々低いため，XR および XDH に加えて *S. cerevisiae* 由来の XK を過剰発現させることで，より効率的にキシロースを発酵させる手法が米国 Purdue 大学の Ho らによって開発され[12]，その後も多くの研究で利用されている。これら代謝工学的な手法に，ペントースリン酸経路の高発現[13~15]やキシローストランスポーターの高発現[16]を組み合わせて，エタノールを高生産する酵母株も育種されている。

　酸化還元酵素である XR と XDH は補酵素を必要とするが，これら酵素間の補酵素依存性の違いによって細胞内の酸化還元のアンバランスが生じることが指摘されている。すなわち，XR は NADPH に対する特異性が高く主に NADP$^+$を生成するが，XDH は NAD$^+$のみ利用して NADH に変換する（図 3）。この結果，両補酵素のリサイクルが起こらず，細胞内の酸化還元バランスが崩れ，キシリトールを副産物として大量に生成する[17]。この問題を解決するために，代謝工学的なアプローチにより，XR や XDH のアミノ酸配列を改変し，補酵素特異性を変換した XR や XDH の開発が実施されている[18, 19]。著者たちも，NAD$^+$の代わりに NADP$^+$を反応に用いる *S. stipitis* 由来 XDH を *S. stipitis* 由来 XR および *S. cerevisiae* 由来 XK とともに，*S. cerevisiae*（実用酵母も含む）において発現させて補酵素特異性を揃えることにより，キシリトールの蓄積を抑えて良好なキシロース発酵能の付与に成功している[20~22]。同様の研究として，*Kluyveromyces marxianus* によるエタノール生産[23]や *Candia utilis* によるエタノール生産[24]および乳酸生産[25]においても有効性が認められている。補酵素特異性の改変以外にも，内在性アルドースレダクターゼの欠損[26]，グルタミン酸デヒドロゲナーゼの欠損および過剰発現[27]，キシロース代謝系酵素（XR，XDH，XK）の発現量のファインチューニング[28~31]，NADH および NADP$^+$を消費して NAD$^+$および NADPH の生成が可能なトランスヒドロゲナーゼ様シャントの活性化[32]などが実

第1章　木質系バイオマスからの有用物質生産に向けた酵母の育種開発

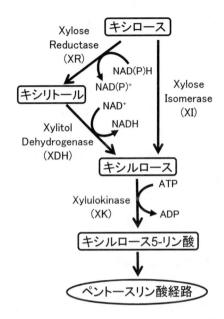

図3　真菌および細菌におけるキシロース代謝経路

施されている。これらの試みにより，キシロース代謝の改善，エタノール収率の向上など一定の成果が得られているものの，完全にはキシリトールを抑制するまでには至っていない。

一方，XR-XDH 間の補酵素のアンバランスを回避する別の経路として，バクテリアや嫌気性細菌由来のキシロースイソメラーゼ（XI）を経由する経路が知られている（図3）。XI はキシロースをキシルロースへと一段階で変換する酵素であり，XR-XDH 経路のような補酵素のアンバランスやそれに由来するキシリトール蓄積の問題がないため，XI 経路の方が理論上優れていると考えられている。しかし一方で，原核生物由来の XI を真核生物である酵母において発現すると，XI の活性が低くなり，XR-XDH 経路に比べてキシロースの消費速度が遅くなるというデメリットも存在する[33]。2003年にオランダ Delft 大学の Pronk らのグループが真菌（*Pyromyces* sp. E2）由来の XI を *S. cerevisiae* で発現させることに成功したのを契機に[34]，*Pyromyces* 類縁の真菌や他の嫌気性細菌から XI が単離され，XI 経路の研究開発が再び注目されることになった。さらに，豊田中央研究所と理化学研究所のグループは，シロアリ原生生物の cDNA ライブラリーから XI を単離し，*S. cerevisiae* に導入して優れたキシロース発酵能を保持する酵母株の開発に成功している[35]。

3.2　キシロース発酵性酵母のオミックス解析

細胞内の活動を理解する上で，ゲノム，トランスクリプトーム，プロテオーム，メタボロームなどの様々な網羅的な分子情報であるオミックス情報は有用であり，このような網羅的分子情報のアプローチにより，酵母をはじめとする微生物の代謝状態の実測に基づいて，有用物質の発酵

生産における問題点や律速点を見つけ出すことができる。また，細胞内の代謝フラックスを予測し，最適化するための計算機によるシミュレーション法も開発されており，これらの技術は酵母の代謝の改変を合理的にデザインする上で重要なツールとなる[36]。S. cerevisiae にキシロース発酵性を付与した酵母についても，キシロースからエタノールを生産する速度や収率を改善するために，多くのオミックス情報が蓄積しつつある。例えば，フィンランド国立技術研究センター（VTT）の Penttilä らのグループは，プロテオーム解析を行い，グルコース培養時と比較してキシロース培養時では，アルコール脱水素酵素 2（Adh2p），アセトアルデヒド脱水素酵素 4 および 6（Ald4p，Ald6p），グリセロール 3-ホスファターゼ（Gpp1p）などのタンパク質が高いレベルで蓄積することを見出した[37]。一方，我々のグループは，実用酵母を用いて，物質生産に適した宿主に改変するために各種オミックス解析を実施したので紹介したい。

複数の実用酵母（S. cerevisiae）株の中から，凝集性を持つ実用酵母 IR-2 株（FERM BP-754 号）[38] がキシルロース発酵性に最も優れることを見出し[22]，遺伝子組換えによりキシロース発酵性を付与する最適な宿主酵母として IR-2 株を選抜した。S. stipitis 由来の XR と XDH，ならびに S. cerevisiae 由来の XK を含む一連のキシロース代謝系酵素遺伝子を PGK プロモーターで恒常的に発現するように IR-2 株の染色体に組込むことにより，キシロース発酵性凝集性酵母 MA-R4 株を構築した[39]。酵母の凝集性は，菌体の回収コスト低減に有効な形質であり，これを利用して，連続発酵，繰り返し発酵が可能になる[40]。従来のキシロース発酵性を付与した S. cerevisiae 株では，グルコース存在下ではキシロース発酵が抑制を受けるが，MA-R4 株はグルコースとキシロースを同時に発酵することができた[39]。しかしながら，キシロース発酵速度はグルコース発酵速度と比べ，1/5 程度低下していた。そこで，キシロース発酵速度をできる限りグルコース発酵速度に近づけるために，グルコース発酵時およびキシロース発酵時の MA-R4 株における細胞内の代謝および転写レベルでの変化を明らかにし，キシロース代謝を停滞させるボトルネックの探索を行うことにした。

まず，キャピラリー電気泳動（CE）と飛行時間型質量分析計（TOFMS）を組み合わせた CE-TOFMS によるメタボローム解析を行い，炭素源変化による酵母細胞内の代謝物を測定し，グルコース発酵能と比べてキシロース発酵能が低い要因を明らかにしようと試みた[41]。そのために，MA-R4 株をグルコース（45 g/L）あるいはキシロース（45 g/L）を炭素源とする合成培地（炭素源以外に 10 g/L yeast extract と 20 g/L peptone を含む）において嫌気的に培養した。発酵中に採取した酵母菌体をフィルター上に集菌し，内部標準物質を含んだメタノールで抽出後，限外ろ過を行い，CE-TOFMS により分析を行った。測定は中空のフューズシリカキャピラリ（i.d. 50 μm × 80 cm）を用い，カチオンモード，アニオンモードの 2 つのメソッドにて行った。CE-TOFMS で検出されたピークは，自動積分ソフトウェア MasterHands（慶応義塾大学開発）を用いて自動抽出し，ピークの面積値を得た[42]。得られたピーク面積値の変動について，内部標準物質による規格化および各試料の菌体数による補正を行い，メタボローム解析のデータとして用いた。CE-TOFMS 法によるメタボローム解析の結果，91 種（カチオン：41 種，アニオ

第1章　木質系バイオマスからの有用物質生産に向けた酵母の育種開発

ン：50種）の化合物を測定し，これらの候補化合物の代謝物の定量を行った。本実験において最も顕著に代謝プロファイルの変動が現れたのは，ペントースリン酸経路および解糖系におけるエネルギー代謝であった。すなわち，キシロース発酵の際，酸化的ペントースリン酸経路の中間体やフルクトース6-リン酸が蓄積したものの，グリセルアルデヒド3-リン酸からピルビン酸までの中間体は著しく減少していた。このことから，キシロース発酵時にグリセルアルデヒド3-リン酸より下流の解糖系の代謝活性が低下することが，グルコース発酵時と比べて糖の代謝速度が遅くエタノール生産性が低下する原因の1つであり，これを改善するためには，ペントースリン酸経路から解糖系へのフラックスを強化する必要があることが示唆された。さらに，ATPやGTPはグルコース発酵時に増加し，キシロース発酵時に減少する傾向が見られた。逆にAMPやGMPはキシロース発酵時に増加し，グルコース発酵時に減少する傾向が見られた。またこのリボヌクレオチドの挙動と関連して，アデニル酸とグアニル酸のエネルギーチャージ率はグルコース発酵時に増加し，キシロース発酵時に減少することが分かった。加えて，キシロース発酵時には，多くのアミノ酸レベルが低下していた。一方で，キシロース発酵時に，トリプトファン（Trp）やチロシン（Tyr）などの芳香族アミノ酸が蓄積したが，この現象は炭素源飢餓の時に引き起こされることが報告されている[43]。これらの結果から，キシロース発酵時には物質生産やエネルギーチャージ率が低下し，炭素源飢餓の状態にシフトしていることが示唆された。

　さらに，炭素源変化によって酵母細胞内のトランスクリプトームにどのような影響を与えるかについて，MA-R4株を用いて，DNAマイクロアレイ解析により網羅的に解析した[44]。そのため，メタボローム解析時と同様に，MA-R4株をグルコース（45 g/L）あるいはキシロース（45 g/L）を炭素源とする合成培地において嫌気的に培養し，発酵中の培養酵母菌体を採取した。採取した酵母培養液からtotal RNAを調整し，3D-Gene Yeast Oligo chip 6 k（東レ社）を用いて二色法（Dye swap実験）により解析した。得られたマイクロアレイデータはGeneSpringGX10（アジレント社）を用いて解析し，Gene Ontology（GO）を用いたデータマイニングおよびGenMAPPを用いたPathway解析を行った。DNAマイクロアレイ解析の結果，グルコース発酵時と比べてキシロース発酵時に高発現する（Fold Change ≧ 2.0）829遺伝子，グルコース発酵時と比べてキシロース発酵時に低発現する（Fold Change ≧ 2.0）876遺伝子を抽出した。主要代謝経路における多くの遺伝子の転写レベルが炭素源に応答してほとんど変化しなかったものの，キシロース発酵の際，嫌気的な条件であるにも関わらず，本来は好気的条件下で発現する遺伝子（TCAサイクルの酵素遺伝子やミトコンドリアで発現している遺伝子など）が高発現していた（表1）。また，キシロース発酵時において，ストレス応答性の遺伝子や胞子壁形成，トレハロース代謝，アンモニア輸送に関わる遺伝子などが高発現したことから（表1），キシロース発酵時に飢餓応答や酸化ストレス応答などが生じていることが示唆された。さらに，実用酵母IR-2株にキシロース発酵性を付与したMA-R4株のみならず，他の実験室酵母を宿主とするキシロース発酵性酵母も，炭素源変化に応答して同様の遺伝子発現挙動を示したことから，これらの現象は *S. cerevisiae* において普遍的であることが示唆された[44]。

酵母菌・麹菌・乳酸菌の産業応用展開

表1　グルコース発酵時と比較してキシロース発酵時に発現レベルが上昇した遺伝子群

遺伝子座名	遺伝子名	タンパク質機能	分類
YBL045C	COR1	Core subunit of the ubiquinol-cytochrome *c* reductase complex (bc1 complex)	呼吸代謝
Q0045	COX1	Subunit I of cytochrome *c* oxidase	
YIL111W	COX5B	Subunit Vb of cytochrome *c* oxidase	
YMR256C	COX7	Subunit VII of cytochrome *c* oxidase	
YGL191W	COX13	Subunit VIa of cytochrome *c* oxidase	
YDR231C	COX20	Mitochondrial inner membrane protein	
YJL166W	QCR8	Subunit 8 of ubiquinol cytochrome *c* reductase complex	
YAL039C	CYC3	Cytochrome *c* heme lyase (holocytochrome *c* synthase)	
YEL039C	CYC7	Cytochrome *c* isoform 2	
YPL159C	PET20	Mitochondrial protein	
YLR154W-C	TAR1	Mitochondrial protein	
YER150W	SPI1	GPI-anchored cell wall protein	ストレス応答
YOL052C-A	DDR2	Multi-stress response protein	
YBR117C	TKL2	Transketolase	
YGR088W	CTT1	Catalase T	
YMR169C	ALD3	Aldehyde dehydrogenase	
YBL075C	SSA3	Chaperone protein	
YLR258W	GSY2	Glycogen synthase	
YDR171W	HSP42	Heat shock protein	
YDR258C	HSP78	Heat shock protein	
YMR170C	ALD2	Aldehyde dehydrogenase	
YLL026W	HSP104	Heat shock protein	
YDR074W	TPS2	Trehalose-6-phosphate phosphatase	
YBR126C	TPS1	Trehalose-6-phosphate synthase	
YHR008C	SOD2	Superoxide dismutase	
YHR139C	SPS100	Protein required for spore wall maturation	胞子壁形成
YDR403W	DIT1	Sporulation-specific enzyme required for spore wall maturation	
YDR402C	DIT2	N-formyltyrosine oxidase	
YGR032W	GSC2	Catalytic subunit of 1,3-beta-glucan synthase	
YMR306W	FKS3	Protein involved in spore wall assembly	
YDL239C	ADY3	Protein required for spore wall formation	
YBR126C	TPS1	Synthase subunit of trehalose-6-P synthase/ phosphatase complex	トレハロース代謝
YDR074W	TPS2	Phosphatase subunit of the trehalose-6-P synthase/ phosphatase complex	
YML100W	TSL1	Large subunit of trehalose 6-phosphate synthase/ phosphatase complex	
YNR002C	ATO2	Putative transmembrane protein involved in export of ammonia	アンモニア輸送

3. 3　呼吸欠損株によるキシロース発酵

　DNAマイクロアレイ解析の結果，キシロース発酵性酵母では，キシロース発酵の際，嫌気的条件にも関わらず，酵母細胞内が非常に酸化的な状態となり，キシロースを非発酵性炭素源とし

第1章　木質系バイオマスからの有用物質生産に向けた酵母の育種開発

て認識していることが示唆された。そこで、呼吸系やクエン酸回路における遺伝子の発現を調整する転写アクティベーターをコードする *HAP4* 遺伝子に着目した。*S. cerevisiae* の HAP（Heme Activation Protein）複合体では、3つのサブユニット *HAP2*、*HAP3*、*HAP5* が転写開始点の上流領域に見出されるシスエレメント（制御配列）CCAAT 配列への結合に必要であり、*HAP4* は転写促進に関与するサブユニットとして、呼吸系遺伝子群の活性化に関与していると考えられている[45]。そこで、キシロース発酵性酵母において *HAP4* 遺伝子を欠損させて細胞内を嫌気的環境にすれば、好気条件下でもキシロースから効率良くエタノールを生産できるのではないかと推測した。そのために、*HAP4* 遺伝子を破壊した *S. cerevisiae* に 3 種類のキシロース代謝系酵素遺伝子（XR、XDH、XK）を *PGK* プロモーターで恒常的に発現させた[46]。その結果、*HAP4* 遺伝子を破壊したキシロース資化性酵母（B42-DHAP4 株）は、非発酵性炭素源のグリセロール培地で生育できなかったことから、ミトコンドリアにおける電子伝達系が破壊されていることが示唆された。興味深いことに、B42-DHAP4 株はこれまでエタノールの生産に不向きであった好気的条件下でも、キシロースからエタノールを生産することが可能であった（図 4A）。また、B42-DHAP4 株は、*HAP4* 遺伝子が破壊されていない野性型酵母にキシロース代謝系酵素遺伝子を導入した対照酵母株と比べて、好気的条件下で混合糖（グルコースとキシロース）から

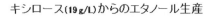
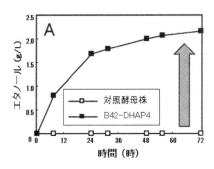
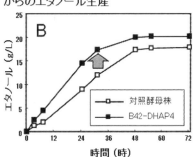
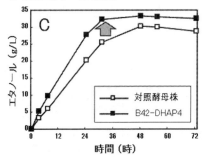

図 4　*HAP4* 遺伝子破壊株を用いた好気的条件下でのバイオエタノール生産

のエタノール生産速度が顕著に増加した（図4B）。さらに，好気的条件下において，B42-DHAP4株は対照酵母株よりも，リグノセルロース（スギ）糖化液に含まれる混合糖からエタノールを高生産することが可能であった（図4C）。

　これまで，キシロースから効率良くエタノールを得るためには，発酵液中の溶存酸素濃度を厳密に制御する必要があり，大規模なエタノール生産には不向きであったため，溶存酸素に依存しないキシロース資化性酵母株の開発が有望視されていた。今回開発したキシロース資化性酵母（B42-DHAP4株）は，溶存酸素濃度を厳密に制御する必要はなく，通常の好気的培養条件でキシロースやグルコース・キシロース混合糖，リグノセルロース系バイオマスの糖化液に含まれる混合糖からエタノールを短期間で効率良く生産することができ，バイオマス資源の利活用促進および発酵工程の経済性向上に大きく貢献できるものと期待される。

4　酵母の高温耐性

4.1　高温発酵の重要性

　バイオマスを原料とし，発酵により有用物質を生産するためには，「前処理」，「糖化」を経て「発酵」に至る工程が必要である。これまでに提案されている発酵プロセスの中には，糖化した後に発酵を行う糖化発酵分離方式（単行複発酵，Separate Hydrolysis and Fermentation：SHF）および糖化と発酵を同時に行う同時糖化発酵方式（並行複発酵，Simultaneous Saccharification and Fermentation：SSF）が知られている（図5）。SHFの主な欠点は，糖化酵素セルラーゼの働きによりグルコースへと加水分解される際に，この糖の蓄積によってセルラーゼの活性を大幅に阻害し，糖化率も低下することである。これは，用いられる調製物中のβ-グルコシダーゼの活性を増加させることにより，少なくとも部分的には克服可能であるが，基本的にバイオマスから濃いグルコース溶液を得ることが困難となる。この問題を解決するため

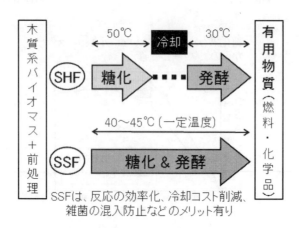

図5　木質系バイオマスを原料とした発酵プロセス（SHFおよびSSF）

第1章　木質系バイオマスからの有用物質生産に向けた酵母の育種開発

にSSFが開発されている[47]。本方法では，糖化酵素の活性が阻害される前に酵母が糖を有用物質に変換することができるため，酵素活性を維持したまま糖化を実現できる。しかし，糖化が酵素活性の至適温度である45〜50℃で行われるのに対して，出芽酵母 S. cerevisiae による発酵の最適温度は30℃付近と大きな差がある。このため，通常の酵母を使用したSSFでは，糖化酵素が十分な機能を示すことができず，現在多くの場合，SHFが用いられている。糖化酵素の添加量を増やせばこの問題を解決できるものの，大幅なコストの増大につながるため，より糖化酵素の至適温度に近い40℃以上での温度で発酵可能な酵母を利用する発酵技術の開発が，SSFの実用化に不可欠であると考えられている。また，耐熱性の高い酵母を用いることは，SSFのみならずSHFにおいても，糖化から発酵の工程に移る際の冷却コスト削減につながることや，雑菌汚染のリスクを低減できることから，SHFに比べて大きな利点がある。一方で，バイオマスを利用したSSFによる有用物質生産には，糖化酵素の至適温度に合わせた酵母の耐熱性のみならず，キシロースなど五炭糖資化性の付与およびバイオマスに含まれるあるいは前処理によって生ずる様々な化合物に発酵能が抑制されない育種開発も必要である。

4. 2　酵母の耐熱性機構の解析と耐熱性酵母の活用

　一般的に，S. cerevisiae の上限温度は37℃とされる[48]。しかし，S. cerevisiae の中には，37℃よりも高い温度で発酵する株がわずかながら報告されている[1]。例えば，インドネシアの発酵食品から分離されたIR-2株[38]は，40℃までの耐熱性を有している[49]。S. cerevisiae において，どの遺伝子が高温（33〜38℃）での増殖に必要かを明らかにするために，すべての非必須遺伝子をそれぞれ破壊した遺伝子破壊ライブラリーの中から，125株の高温感受性株が選抜され，このうち33〜38℃で増殖ができない株が報告されている[50]。これら株の中には，タンパク質分解に関与するユビキチン・プロテアソームに関連する遺伝子が含まれており，変性タンパク質への対応は耐熱性との関連性が示唆される。さらに，細胞分裂周期，DNA修復，形態形成，RNA関連機能などの遺伝子群も含まれていたが，これらは複数のタンパク質の複雑な相互作用を必要とする機能群であるため，耐熱性を付与する遺伝子なのか，生存に必須な機能を低下させる遺伝子なのか区別することは難しい。

　耐熱性酵母 Kluyveromyces marxianus は，高温エタノール発酵が可能であり[51]，バイオマスを用いたSSFに最も多く利用されている。一般的に，S. cerevisiae の生育限界温度は42℃程度であるのに対し，K. marxianus の生育限界温度は55℃弱であることが知られている。著者らも数年前に，耐熱性酵母 K. marxianus DMB1株をバガス糖化液から単離し，48℃でも増殖し，S. cerevisiae 並みのエタノール生産性を示すことを発見した[52]。DMB1株は，好気条件下でキシロースやアラビノースなどの五炭糖を炭素源として利用できるが，嫌気条件下で炭素源として利用できないという K. marxianus 特有の糖代謝能を示した。一方，興味深いことに，DMB1株は，他の K. marxianus 株には見られないソルビトール資化性を示した。DMB1株を含めて，K. marxianus の多くのタンパク質は，ゲノム解析により，S. cerevisiae のものと相同性を示すこ

11

とが分かってきた[53, 54]。K. marxianus については，山口大学のグループが精力的に研究を進めており，全遺伝子の整理のみならずそれらの発現解析，遺伝子破壊や導入，交配や胞子形成など，モデル生物である S. cerevisiae に匹敵する分子遺伝学的解析系が完備されつつある[55]。今後この耐熱性酵母を活用することで，耐熱性のメカニズムの解明に接近できると期待している。

4. 3 耐熱性を示すキシロース発酵性酵母株の開発

　これまで，S. cerevisiae を中心とする酵母を利用した高温発酵の研究は，もっぱらグルコース発酵に関して実施されてきた。一方で，実用化に結びつくような酵母の高温キシロース発酵についての報告はされてこなかった。このような背景のもと，著者らは SSF に最適な実用酵母を開発するため，耐熱性の優れた K. marxianus DMB1 株に他酵母由来のキシロース代謝系酵素遺伝子を導入し，高温でキシロースを発酵できる組換え K. marxianus 株を開発した[56]。そのために，まず紫外線照射によって DMB1 から栄養要求性（ウラシル要求性）変異株を取得した。次に，DMB1 株の染色体上（URA 遺伝子座）に，S. stipitis 由来の XR，XDH，および S. cerevisiae 由来の XK 遺伝子を導入し，キシロース代謝酵素の活性を有する形質転換体を取得した。得られた形質転換体 DMB3-7 株は，42℃でもキシロースからエタノールを生産することができ（図 6A），30℃で発酵するよりも 1.3 倍キシロース消費速度が高くなった。しかし，30℃と比較して 42℃では，副産物であるキシリトールの生産量が増大したことにより，エタノール生産量とエタノール収率が低下した。さらに，45℃でも DMB3-7 株はキシロースからエタノールを生産したが，42℃と比較して，DMB3-7 株のキシロース消費とエタノール生産はさらに阻害された。このように，高温でキシロースを発酵可能な組換え K. marxianus 株の開発に成功したが，高温域でキシロース発酵能が阻害されることも確認された。そこで，DMB3-7 株において発現する 3 種類のキシロース代謝酵素（XR，XDH，XK）の活性を調べたところ，いずれの酵素も高温になるほど活性が阻害されることが明らかとなった（図 6B）。そのため，高温域で DMB3-7 株のキシロース発酵能が阻害されたのは，DMB3-7 株において発現する他酵母由来のキシロース代謝系酵素の耐熱性が低いことが原因であることが示唆された。また，30℃では，DMB1 株が保持するキシロース代謝酵素の活性は他酵母由来のキシロース代謝系酵素の活性と比較して全体的に低いことも判明した。しかしながら，予想通り，高温でも DMB1 株由来の酵素活性はほとんど低下しなかったため，K. marxianus 由来の酵素は耐熱性が高いことが示唆された（著者ら未発表データ）。これらの結果から，耐熱性酵母へ導入する遺伝子については，宿主が活動する高温域でも十分な機能を発揮しうる高温耐性を付与する必要があることが示唆された。そこで，現在著者らは，K. marxianus 由来のキシロース代謝酵素を過剰発現する組換え K. marxianus 株を構築するとともに，構造生物学的な観点から，一般的に耐熱性に優れている S. stipitis および S. cerevisiae 由来のキシロース代謝系酵素に変異を導入して，熱安定性を向上させる研究を進めている。

第1章　木質系バイオマスからの有用物質生産に向けた酵母の育種開発

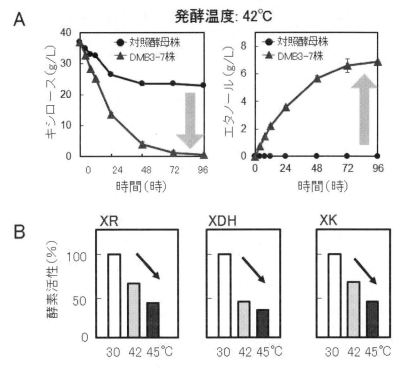

図6　DMB3-7株によるキシロース発酵性および発現酵素の熱安定性

5　おわりに

　本稿では，バイオマスを原料とした酵母による有用物質変換の基盤技術として，キシロースの発酵性および高温耐性の付与技術を中心に，著者らが取り組んでいる事例も踏まえて概説した。これらの基盤技術の他にも，アラビノースなど他の五炭糖発酵性，五炭糖取り込み能の向上，バイオマス由来あるいは前処理によって生じる酸や塩，有機酸，アルカリ，高濃度のエタノールなど種々の発酵阻害物質に対する耐性など，確立すべき基盤技術の課題は多い。加えて，細胞内の代謝フラックスを予測し，最適化するための計算手法を駆使するなどの合成生物工学的アプローチも必要となるであろう。今後は，発酵能が高く，六炭糖と五炭糖を同時にかつ高収率に発酵することができ，しかも環境ストレスに強いといった，これらすべての長所を兼ね備えた酵母の育種開発が求められる。このような酵母の創製を可能にするには，実用酵母を遺伝子資源として活用して，その優れた機能を遺伝子組換えの容易な実験室酵母に導入したり，遺伝子組換えが困難な実用酵母の倍数性を低くしたり形質転換系の構築などによって，遺伝子操作や代謝改変を容易にするなどの取り組みが必要である。また，従来から存在する実用酵母や実験室酵母に加えて，酵母の種多様性からの新たな実用酵母の発見や有用な性質を保持する酵母の探索も期待される。

酵母菌・麹菌・乳酸菌の産業応用展開

さらに，発酵の研究だけでなく，前処理や糖化など他の工程との密接な連携が重要であり，プロセス全体を最適化するという観点から研究開発を進めることが不可欠である。一方で，遺伝子組換え酵母を利用するためには，環境への悪影響を避けるため，発酵槽を密封するなど閉鎖系の施設が必要であり，発酵残渣の処理やそれに対処するためのコストがかかるなど実用化が難しい現状がある。バイオマスを原料とした酵母による有用物質生産の実用化を目指すには，その技術的発展に加えて，遺伝子組換え技術が社会に受け入れられるために，科学者や技術者一人ひとりが社会に対してそれぞれが開発した持続可能な社会を構築するための技術として社会に対して分かり易く解説し，社会から技術が受け入れ可能な環境づくりへの取り組みも求められる。

謝辞

本稿で紹介した研究は，おもに「NEDO セルロース系エタノール革新的生産システム開発事業」(2009〜2013) や「NEDO バイオ燃料製造の有用要素技術開発事業」(2013〜2016) の支援を受けて進めてきた。また，本稿の作成にあたり，さまざまなご助言を頂いた独立行政法人酒類総合研究所の五島徹也博士，(元)産総研特別研究員の鈴木俊宏博士に感謝の意を表したい。

文　　　献

1) 星野保ほか，日本エネルギー学会誌，**93**，573 (2014)
2) 蓮沼誠久ほか，化学と生物，**53**(10)，689 (2015)
3) J. Choudhary *et al., J. Biosci. Bioeng.*, **123**(3), 342 (2017)
4) 榊原祥清，食糧その科学と技術，**51**，65 (2013)
5) A. Matsushika *et al., Appl. Microbiol. Biotechnol.*, **84**(1), 37 (2009)
6) 島純ほか，生物工学会誌，**89**(9)，536 (2011)
7) 中村敏英，食糧その科学と技術，**51**，47 (2013)
8) M. Hisamatsu *et al., J. Appl. Glycosci.*, **53**(2), 111 (2006)
9) A. Matsushika *et al., PLoS One*, **11**(9), e0161888 (2016)
10) A. Matsushika *et al., J. Biosci. Bioeng.*, **124**(2), 164 (2017)
11) P. Kötter & M. Ciriacy, *Appl. Microbiol. Biotechnol.*, **38**(6), 776 (1993)
12) N. W. Ho *et al., Appl. Environ. Microbiol.*, **64**(5), 1852 (1998)
13) B. Johansson & B. Hahn-Hägerdal, *FEMS Yeast Res.*, **2**(3), 277 (2002)
14) A. Matsushika *et al., Enzyme Microb. Technol.*, **51**(1), 16 (2012)
15) Y. Kobayashi *et al., J. Ind. Microbiol. Biotechnol.*, **44**(6), 879 (2017)
16) A. Matsushika *et al., Microbial Stress Tolerance for Biofuels*, pp.137-160 (2011)
17) P. M. Bruinenberg *et al., Eur. J. Appl. Microbiol. Biotechnol.*, **18**(5), 287 (1983)
18) M. Jeppsson *et al., Biotechnol. Bioeng.*, **93**(4), 665 (2006)

第1章　木質系バイオマスからの有用物質生産に向けた酵母の育種開発

19) S. Watanabe *et al., J. Biol. Chem.*, **280**(11), 10340 (2005)
20) A. Matsushika *et al., J. Biosci. Bioeng.*, **105**(3), 296 (2008)
21) A. Matsushika *et al., Appl. Microbiol. Biotechnol.*, **81**(2), 243 (2008)
22) A. Matsushika *et al., Appl. Environ. Microbiol.*, **75**(11), 3818 (2009)
23) B. Zhang *et al., J. Ind. Microbiol. Biotechnol.*, **40**(3-4), 305 (2013)
24) H. Tamakawa *et al., Biosci. Biotechnol. Biochem.*, **75**(10), 1994 (2011)
25) H. Tamakawa *et al., J. Biosci. Bioeng.*, **113**(1), 73 (2012)
26) K. L. Träff *et al., Appl. Environ. Microbiol.*, **67**(12), 5668 (2001)
27) C. Roca *et al., Appl. Environ. Microbiol.*, **69**(8), 4732 (2003)
28) Y. S. Jin & T. W. Jeffries, *Appl. Biochem. Biotechnol.*, **105-108**, 277 (2003)
29) K. Karhumaa *et al., Appl. Microbiol. Biotechnol.*, **73**(5), 1039 (2007)
30) A. Matsushika & S. Sawayama, *J. Biosci. Bioeng.*, **106**(3), 306 (2008)
31) A. Matsushika & S. Sawayama, *Enzyme. Microb. Technol.*, **48**(6-7), 466 (2011)
32) H. Suga *et al., Appl. Microbiol. Biotechnol.*, **97**(4), 1669 (2013)
33) 冨高正貴，生物工学会誌，**91**(6), 350 (2013)
34) M. Kuyper *et al., FEMS Yeast Res.*, **4**(1), 69 (2003)
35) 片平悟史，徳弘健郎，村本伸彦，高橋治雄，守屋繁春，大熊盛也，特開 2011-147445 (2011)
36) 清水浩，松田史生，戸谷吉博，化学と生物，**53**(7), 455 (2015)
37) L. Salusjärvi *et al, Yeast*, **20**(4), 295 (2003)
38) H. Kuriyama *et al., J. Ferment. Technol.*, **63**(2), 159 (1985)
39) A. Matsushika *et al., Bioresour. Technol.*, **100**(8), 2392 (2009)
40) A. Matsushika *et al., Appl. Biochem. Biotechnol.*, **174**(2), 623 (2014)
41) A. Matsushika *et al., PLoS One*, **8**(7), e69005 (2013)
42) M. Sugimoto *et al., Metabolomics*, **6**(1), 78 (2010)
43) M. Klimacek *et al., Appl. Environ. Microbiol.*, **76**(22), 7566 (2010)
44) A. Matsushika *et al., Microb. Cell Fact.*, **13**, 16 (2014)
45) D. S. McNabb *et al., Genes Dev.*, **9**(1), 47 (1995)
46) A. Matsushika & T. Hoshino, *J. Ind. Microbiol. Biotechnol.*, **42**(12), 1623 (2015)
47) H. Kawaguchi *et al., Curr. Opin. Biotechnol.*, **42**, 30 (2016)
48) K. L. Kadam & S. L. Schmidt, *Appl. Microbiol. Biotechnol.*, **48**(6), 709 (1997)
49) 村上利雄ほか，微工研報告，**67**, 45 (1987)
50) 山田守ほか，化学と生物，**53**(11), 763 (2015)
51) D. Radecka *et al., FEMS Yeast Res.*, **15**(6), fov053 (2015)
52) T. Goshima *et al., Biosci. Biotechnol. Biochem.*, **77**(7), 1505 (2013)
53) T. Suzuki *et al., Genome Announc.*, **2**(4), e00733-14 (2014)
54) N. Lertwattanasakul *et al., Biotechnol. Biofuels*, **8**, 47 (2015)
55) H. Hoshida *et al., Yeast*, **31**(1), 29 (2014)
56) T. Goshima *et al., J. Biosci. Bioeng.*, **116**(5), 551 (2013)

第2章 スーパー酵母・スーパー麹菌による
バイオリファイナリー技術

秦 洋二*

はじめに

化石燃料の枯渇防止／炭酸ガス排出量の削減／環境に優しい循環型社会の形成を目指し，カーボンニュートラル型エネルギーへの変換の必要性が提唱されて久しい。また持続可能な社会を形成するためには，バイオマスからエネルギーだけでなく有用な化成品のような資源を幅広く製造するバイオリファイナリー技術の確立が求められている。ただしセルロースを含むようなバイオマスは，強固で複雑な構造を持つため，これらの原料を有用資源へと変換するためには，その分解・変換に多大なコストが必要で，バイオリファイナリー技術の実用化の大きなハードルとなっている。また実際に製造する場合に求められることは，高速度・高効率・低コストなど生産性だけでなく，環境負荷や安全性など環境問題も解決する必要があり，解決すべき課題がますます多岐に渡っている。

我々は，伝統的エタノール発酵で用いられてきた醸造微生物がもつ特性：「強力な発酵力」「ストレス環境（エタノール）への耐性」「遺伝学的安定性」「多様な糖分解活性」「複数の微生物を同時に用いる発酵プロセス」「食用レベルの安全性」が，バイオエタノール生産の課題解決に貢献できるのではと考えた。ここでは，清酒醸造技術と，微生物を高機能化する最新技術「細胞表層工学」や亜臨界状態での物理的変化を解析する「流体工学」とを組み合わせることにより，セルロースをはじめとする非食用バイオマスからのエタノール製造の開発状況について紹介する。

1 清酒醸造とバイオエタノール[1]

清酒醸造とは，米と水を原料とし，酵母と麹菌の2種類の微生物を巧みに操ることによって，アルコール20％以上の発酵液（清酒；図1）を製造する技術である。ただ最初からこのような高いアルコール発酵が可能であったわけではない。酒造りの主役である酵母と麹菌について，長年より良いものを求めて選抜し続け，さらに酒造りの手順や工程についても，様々な試行錯誤による技術革新を経た結果，現在の清酒醸造方法が確立するに至っている。まさしく酒造りとは，我々先人たちの長年の技術が結晶した貴重な技術資産である。

図2には，代表的な醸造酒の製造方法の概略を記載する。酵母は糖分をアルコールに変換することによってエネルギーを獲得するため，糖分を含む原料を酵母に与えるとお酒ができる。例

---

* Yoji Hata 月桂冠㈱ 総合研究所 常務取締役製造副本部長／総合研究所長

第2章　スーパー酵母・スーパー麹菌によるバイオリファイナリー技術

図1　伝統的発酵技術で造られる清酒

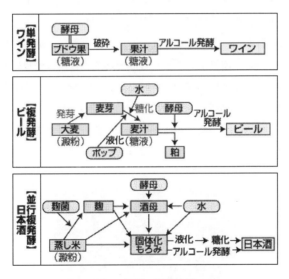

図2　酒類の製造方法

えばワインなどの果実酒では，原料中に糖分が含まれているため，果汁に酵母を混ぜるだけでアルコール発酵ができる。ビールの原料である大麦中のデンプンはそのままでは酵母によるアルコール発酵ができないので，あらかじめ麦芽の酵素によってデンプンを糖分に分解させてから酵母によってアルコール発酵を行う。糖化と発酵の2つプロセスに分けて行うことから複発酵と呼ばれている。一方清酒では，原料の米デンプンを麹菌というカビの酵素を用いて糖分に分解して，アルコール発酵を行う。清酒醸造の複雑な点は，このデンプンから糖分へ分解する工程と酵母によるアルコール発酵の工程を同時に並行して行うことである（並行複発酵）。どちらかの工

程が進みすぎでも，正常な発酵ができず，麹菌と酵母の働きを上手くバランスをとることが重要である。このように清酒醸造における清酒モロミでは，固体状の米の溶解・溶解した糖質のグルコースへの分解・グルコースからエタノールへの変換が全て同じタンク内で同時に進行するが，この反応こそが，現在バイオマス利用の究極の目標とされる統合型バイオプロセス（CBP）と極似している。

2 清酒酵母と細胞表層工学

清酒酵母は，地球上で最も高濃度のアルコールを生産している微生物である。先述の並行複発酵により清酒酵母は米デンプンから20％を越えるエタノールを製造することができる。この高いアルコール製造能力は，清酒酵母として長年育種・選抜されてきた形質であり，他の酵母では同じ製造方法を用いてもこのような高濃度アルコールは生産されない。

一方，近年生物の細胞表層にタンパク質などの機能性分子を提示し，細胞表層を物質変換の場として利用する試み（細胞表層工学）が注目されている[2]。例えば微生物の細胞表層に酵素タンパク質を提示すれば，微生物細胞が固定化酵素の機能を持ち，さらに自己増殖可能な触媒ともなりうる。また提示させる酵素の働きと酵母の代謝を共役させれば，酵母が代謝できない物質でも分解・資化できる新機能酵母を創出することも可能である。我々は酵母細胞表層にモデルタンパク質として蛍光タンパク質（GFP）を提示させた場合，図3にように細胞表面が蛍光発色する酵母を得た。またその蛍光強度から，細胞1個あたりに提示されるタンパク質量は従来使用されていた実験室酵母より多いことが明らかとなった。そこでこの清酒酵母から，バイオマスからエタノールを製造できるスーパー酵母の開発を試みた。

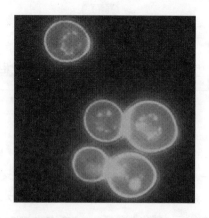

図3　細胞表層に蛍光タンパク質を提示した清酒酵母

第2章　スーパー酵母・スーパー麹菌によるバイオリファイナリー技術

3　清酒酵母に麹菌の機能を付与させる[3)]

　清酒醸造のもう一人の主役は麹菌である。麹菌は原料米のデンプンやタンパク質を分解する酵素を大量に生産する。また近年のゲノム解析情報から，デンプンやタンパク質だけでなくセルロースやヘミセルロースを分解する酵素の遺伝子も複数保有していることが明らかとなっている。これらの酵素を細胞表層工学にて酵母細胞表層に提示できれば，バイオマスを自ら分解し，エタノールに変換できる「スーパー酵母」が造成できると考えた。すなわち，麹菌の糖質分解力と酵母のアルコール発酵力の両方をあわせ持つスーパー酵母ができるわけである。具体的には，セルロースの部分分解物であるセロオリゴ糖をグルコースに分解するβ-グルコシダーゼの遺伝子を麹菌ゲノムから抽出し，最も変換効率の高い酵素遺伝子を酵母に導入した。さらに，提示する酵素と細胞表層に固定するアンカーとのスペーサーの鎖長を最適化したり，タンパク質の菌体外への分泌に必要なシグナル配列部分を交換したりすることにより，細胞表層での酵素活性は10倍以上に上昇した。このスーパー酵母を，セロオリゴ糖が含まれるβ-グルカン溶液と混合し，30℃でエタノール発酵を行ったところ，2%（w/v）β-グルカンから24時間で1.0%（v/v）のエタノールを生産することができた（図4）。酵母はグルコースがβ結合で繋がったβグルカンを分解することができない。しかしながら，このβ結合を分解する酵素を酵母の細胞表層に提示することにより，細胞表層のβグルコシダーゼがβ-グルカンを糖化し，生成したグルコースを酵母菌体内でエタノールに変換することができた。まさしく，スーパー酵母の1つの細胞で行う並行複発酵である。このように，バイオマス分解物から直接エタノール発酵ができるスーパー酵母が開発できた。

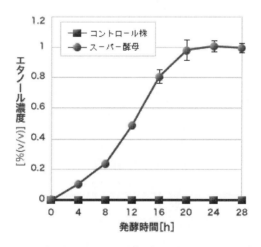

図4　スーパー酵母によるβ-グルカンからのエタノール発酵

4 バイオマスからのエタノール発酵

開発したスーパー酵母によりバイオマスからエタノールを製造させるには、前処理としてセルロース原料をセロオリゴ糖まで部分分解する必要がある。この前処理で我々が注目した技術は亜臨界可溶化法である。現在、酸加水分解に代わる新たなセルロース分解方法として、超臨界・亜臨界処理法が検討されている。基本的に高温・高圧の「水」で分解する方法であるため、地球環境にやさしい処理方法であるといえる。ただ結晶性セルロースを超臨界・亜臨界でグルコースまで糖化する場合は、多くのエネルギーが必要なことと、過分解物が発酵を阻害することなどの問題点が生じている。スーパー酵母は、グルコースまで糖化しなくとも可溶化したセルロースから直接エタノールを生産できるため、亜臨界処理も比較的温和な条件で行うことができる。図5には、結晶セルロースの亜臨界処理試料をHPLCにて糖組成を分析した結果を示す。グルコース以外にもセロオリゴ糖を大量に含む可溶化セルロースが調整できていることが確認できる。次にこのセロオリゴ糖をスーパー酵母で発酵させたところ、ほとんどのオリゴ糖はエタノールに変換され、最終的に5％を超えるエタノールが得られた。これは、完全糖化する条件よりも収率は高く、オリゴ糖を分解しながら発行させる並行複発酵を行うことにより、発酵の歩留まりも向上したことを示している。さらに亜臨界処理にてセルロースを部分分解で留めておくことは、亜臨界処理でのエネルギー投入量の削減にも貢献できる。

さらにこの亜臨界可溶化法を用いて、稲わらや籾殻からのエタノール生産を検討した。いずれのバイオマスも亜臨界処理にて可溶化することができ、少量ではあるがスーパー酵母による発酵にてエタノールが生産されることを確認した。今後はさらに詳細な条件検討が必要であるが、酸や酵素を使用せず、触媒としてスーパー酵母のみを用いてバイオマスからエタノールを製造することに成功した。

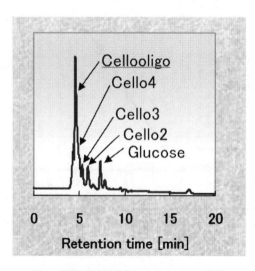

図5　亜臨界で可溶化したセルロース溶液

第2章　スーパー酵母・スーパー麹菌によるバイオリファイナリー技術

5　安定な遺伝子発現するための新技術－HELOH法[4～6]

　遺伝子組換え体での物質生産においての課題の一つに，導入した遺伝子の安定発現があげられる。導入した遺伝子の脱落や変異などによって，組換え体の形質が変化し，物質の生産性が大きく低下することが良く見られる。特に培養プロセスをスケールアップした大量生産において，この形質の不安定性は大きな問題となり，時として培養失敗などの損失につながることもある。導入した遺伝子の安定化技術として，遺伝子の染色体組込みが上げられる。核外プラスミドとして遺伝子を導入する場合は，一般的に遺伝子導入が容易で，細胞あたりの遺伝子コピー数が多くなるといった特徴を持つ。ただし，プラスミドの脱落など導入形質の安定性は低い。一方，導入遺伝子を宿主の染色体に組み込む方式は，遺伝子の脱落がおきにくく，安定な形質を持つ組換え体が得られるが，細胞あたりの遺伝子コピー数を上げることが難しいなどの欠点を持つ。さらに清酒酵母のような産業用微生物は，染色体が2倍体のものが多く，1倍体酵母に比べて染色体に遺伝子を組み込むことが非常に難しい。我々は，清酒酵母のような2倍体酵母に確実に遺伝子を導入し，その遺伝子を安定に発現させるために，新技術HELOH法を開発した。

　2倍体酵母に遺伝子を導入するには，一方の染色体に対して目的の遺伝子を組換える（ヘテロ導入）。ただし，この状態では導入した遺伝子は不安定で，導入されていない染色体と置き換わって遺伝子を脱落する可能性がある。一方，酵母にはこのような対となった染色体の構造が異なる状態（ヘテロ接合性）を解消して，同じ構造（ホモ接合性）に戻る機能を持っている。ただ

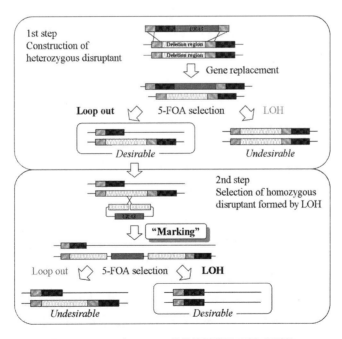

図6　HELOH法による2倍体清酒酵母の遺伝子破壊

この接合性消失（Loss of heterozygosity：LOH）の頻度は非常に低く，消失株を人為的に選抜することは難しい。そこで，図6にこの接合性消失株を効率的に選抜できるよう工夫されたHigh-efficiency loss of heterozygosity（HELOH）法を示す。5-FOA の薬剤耐性と PCR による染色体組換え状況を確認することにより，目的遺伝子をホモに持つ株を容易に選抜できる仕組みである。本方法により，2 倍体の清酒酵母の両方の染色体に確実に目的の遺伝子を導入することが可能となった。これらホモ導入株は，遺伝子コピー数が 2 倍に向上するだけでなく，染色体上での安定性も格段に向上し，産業用の生産酵母としての特性に優れている。

6　スーパー麹菌によるバイオマスの直接分解

　スーパー酵母においては，麹菌の酵素を酵母細胞表層に提示させることにより，酵母と麹菌の両方の性質を併せ持つバイオ触媒を作製することができた。一方，麹菌のもう一つの特徴としては，固体状基質に菌糸を伸長させて，様々な加水分解酵素を分泌しながら，固体を分解し栄養源として生育できる「固体培養」が可能であることが挙げられる。清酒醸造において麹菌は，白米を基質として，澱粉分解酵素を分泌しながら，白米の表面や内部に網目のように菌糸を伸長させることができる。この固体基質に直接生育できる性質を活かして，バイオマスを分解しながら増殖できるスーパー麹菌の造成を試みた。麹菌にはセルラーゼを分解する酵素群の遺伝子をゲノム上に保有しているものの，その発現量は低いため，固体培養で高発現する遺伝子のプロモーターを利用してバイオマス分解酵素遺伝子の大量発現を試みた。その結果，フスマや稲わらのようなバイオマスに直接生育して，バイオマス分解酵素を大量に分泌するような「バイオマス麹」の造成が可能となった。またこれにスーパー酵母を加えることにより，固体バイオマスからの直接アルコール発酵も実験室レベルでは可能である。

　これまでのバイオリファイナリー技術では，バイオマスに水を加えてセルロースなどの主要成分を分解し，次に微生物などのバイオ触媒により有用物質への変換を行い，最終的に蒸留などの操作により余分の水分を除去して，目的成分の濃縮を図る。もしバイオマスに加水せずに，固体状のまま分解・変換できれば，反応装置の大幅なダウンサイジングが可能になるばかりか，エネルギーを大量に消費する蒸留などの濃縮工程をも省略することもできる。今後は，バイオマスに直接アプローチできるバイオマスの開発が期待される。

7　醸造技術をバイオ燃料生産へ[7]

　麹菌の機能を清酒酵母に付与することによりバイオマスから直接エタノール発酵可能なスーパー酵母が開発できた。このスーパー酵母は遺伝子組換え体であるが，清酒酵母と麹菌以外の遺伝子は含まれていない。今後のバイオ燃料製造においては，組換え微生物の利用は避けて通れないが，その際に使用する微生物の安全性については十分な議論が必要である。今回のスーパー酵

第2章　スーパー酵母・スーパー麹菌によるバイオリファイナリー技術

母の宿主である清酒酵母や遺伝子資源である麹菌の安全性は，我々日本人が1000年以上かけて身をもって実証してきたものである。

　先に述べたとおり，現在バイオマス変換プロセスにおいては，各変換工程を統合して，プロセスを減少させることが課題となっている。その点で，並行複発酵式の清酒醸造プロセスは理想系の一つである。また清酒醸造で使用されてきた清酒酵母や麹菌も，その対象をバイオマスに変えるだけで，そのままバイオマス分解・発酵に大きく貢献することができる。わが国の伝統発酵技術が，地球環境問題に役立つことができれば，「酒造り」に携わる一員としてこれほど喜ばしいことはない。

文　　献

1)　日本醸造協会編，増補改訂清酒製造技術
2)　A. Kondo *et al.*, *Appl. Microbiol. Biotechnol.*, **64**, 28 (2004)
3)　A. Kotaka *et al.*, *J. Biosci. Bioeng.*, **105**, 622 (2008)
4)　A. Kotaka *et al.*, *Appl. Microbiol. Biotechnol.*, **82**, 387 (2009)
5)　小髙敦史，生物工学会誌，**90**，66 (2011)
6)　H. Sahara *et al.*, *J. Biosci. Bioeng.*, **108**, 359 (2009)
7)　佐原弘師，化学と工業，**63**，888 (2010)

第3章　耐熱性酵母 *Kluyveromyces marxianus* を用いた物質生産と育種技術

赤田倫治[*1]，中村美紀子[*2]，星田尚司[*3]

1　はじめに

酵母菌といえばお酒やパンの酵母菌である *Saccharomyces cerevisiae* がよく知られており，*S. cerevisiae* のことを conventional yeast（ふつうの酵母），それ以外を non-conventional yeast（ふつうでない酵母）と呼ぶことがある。しかし，種々の産業利用にとって，ふつうの酵母 *S. cerevisiae* が特に優秀であるわけではない。利用する目的が違えば，*S. cerevisiae* 以上の能力を示す酵母が当然いるはずである。したがって，単に情報が多く長く利用されてきた *S. cerevisiae* を基本と考えて，発酵生産プロセスの至適化や育種を進めてしまうのは早計であり，それぞれの酵母の持ち味を活かしながら，その酵母に合わせて発酵や育種を進めることこそが重要である。

S. cerevisiae とは異なる生活を過ごしてきたふつうでない酵母には，その酵母の常識があり，そのポイントをつかめば育種が容易となる。一方で，ふつうでない酵母の視点から *S. cerevisiae* を見返すと，*S. cerevisiae* の欠点さえ見えてくる。この章では，高温での増殖と発酵が可能な酵

表1　様々な酵母を扱う上での考慮すべき要素

考慮すべき要素	*Kluyveromyces marxianus*	*Saccharomyces cerevisiae*
産業実績	酵素，香料生産	お酒，パン，他多数
安全性	GRAS	GRAS
耐熱性	高い	普通
増殖速度	速い	普通
糖資化性	多種類	少種類
エタノール発酵性	高い	高い
倍数性	1倍体性	2倍体性
交配能	低い	高い
胞子形成能	高い	低い
接合型変換	変換する	変換しない株を利用
FOA 選択	*ura3* と *ura5*	*ura3* のみ
遺伝子ランダム挿入（NHEJ[*1]）	高い	低い
遺伝子ターゲッティング（HR[*2]）	低い	高い
タンパク質発現能	高い	普通

[*1] Non-homologous end joining（非相同末端結合）
[*2] Homologous recombination（相同組換え）

＊1　Rinji Akada　山口大学　創成科学研究科化学系専攻　教授

＊2　Mikiko Nakamura　山口大学　創成科学研究科化学系専攻　非常勤講師

＊3　Hisashi Hoshida　山口大学　創成科学研究科化学系専攻　准教授

第 3 章　耐熱性酵母 *Kluyveromyces marxianus* を用いた物質生産と育種技術

母 *Kluyveromyces marxianus* でバイオエタノール生産や組換えタンパク質生産を行ってきた経験から見えてきた様々な酵母を扱う上で考慮すべき要素を紹介する（表 1）。

2　耐熱性酵母 *Kluyveromyces marxianus* の歴史

Kluyveromyces marxianus は 1888 年には報告[1]されており，当時は *Saccharomyces marxianus* と呼ばれていた。その後，分類学的な変遷を経て，現在では *Kluyveromyces* 属は，*K. lactis*, *K. dobzhanskii*, *K. aestuarii*, *K. nonfermentans*, *K. wickerhamii*, と *K. marxianus* の 6 種に分類される[2]。*Kluyveromyces* 属は，*Saccharomyces* 属と近縁であり，*Zygosaccharomyces* や *Torulaspora* などのグループに入っている。産業的な目的で酵母株を扱う上では，種内の株間の差，近縁種間の違い，系統の近い属間の違いや共通性なども参考になるので，分類は重要な情報である[3]。

1980 年代から *K. marxianus* の産業的な有用性が研究対象となり，いくつかの報告がなされ始めた。中でも，分泌性イヌリナーゼ[4]や細胞内 β ガラクトシダーゼ[5]などの酵素類の利用や，生産される香気成分[6]が研究対象であった。また，食べ物からも採取されることから generally-regarded-as-safe（GRAS）という一般的に安全である酵母株として認められている点でも利用価値が高い。さらに，高温での増殖，エタノール発酵能力，増殖の速さ，様々な糖の資化性を併せ持ち，研究や産業によく使われている *S. cerevisiae* や *K. lactis* に比べても遜色のない酵母といえる（表 1）。

3　*Kluyveromyces marxianus* の耐熱性と糖資化性

K. marxianus の最大の特徴は，その耐熱性である。*S. cerevisiae* が増殖できなくなる 42℃以上の温度帯でも問題なく増殖し，いくつかの論文では 50℃や 52℃の耐熱性発酵が報告[7]されている。我々も，*K. marxianus* 株の DMKU3-1042 株[8]や UBU1-1 株[9]の耐熱性増殖を調べたところ，この酵母は高い温度帯に適応している酵母種であると考えられた。特別な育種をしなくても高温増殖や高温発酵が可能となるので，高温での安定な生産プロセスが設計できる点が大きなメリットとなる[10]。

K. marxianus の温度に続く特徴として，様々な糖の資化性が挙げられる。ふつうの酵母 *S. cerevisiae* はキシロース，キシリトール，アラビノース，セロビオース，ラクトースなどを資化できない欠点を持つ。長年エタノール発酵に利用されてきた *S. cerevisiae* は，ブドウ，米，小麦に由来する特定の糖しか利用できないように変貌してしまったためではないかと想像している。例えば，清酒醸造に利用する協会 7 号酵母はガラクトース資化能でさえ低下しており[11]，米を原料とする清酒醸造の歴史の過程で変異した可能性が考えられる。したがって，様々な糖を含むバイオマスを利用する場合など，目的に合わせて，特定の糖に対する高い資化性を調べてから

25

酵母菌・麹菌・乳酸菌の産業応用展開

酵母種を選び，育種へ進むのも一つの方法である。

4 *Kluyveromyces marxianus* のエタノール発酵

　K. marxianus は，古くからその有用性が認識されていたにもかかわらず，エタノール発酵産業の主役にはなれていない。もしかすると，この原因は，*K. marxianus* のエタノール発酵能が弱いと誤解されていたせいではないかと思われる。我々は，実際に *K. marxianus* とバイオエタノール生産に使われているブラジル由来の *S. cerevisiae* 株を比較し，そのエタノール発酵性能を評価した[10]。培養条件を *S. cerevisiae* に合わせると，ブラジル株の高い性能が理解できたが，*K. marxianus* に合わせて設定すると，35℃で *S. cerevisiae* と *K. marxianus* は同等の発酵能力であった。このレベルは，産業的にも充分な性能であった。さらに，*S. cerevisiae* でエタノール生産が遅れ始める40℃において，至適レベルの発酵を示した。また *S. cerevisiae* では全く発酵できない45℃では，発酵速度は遅いもののエタノール生産は可能であった[10]。温度が5℃高いだけでも，酵素活性の上昇，クーリングコストの削減，コンタミネーションの低下など，工業化する上で高いアドバンテージを持つので，*K. marxianus* はエタノール発酵において非常に有望な酵母である[10]。

　ここで重要なことは，*K. marxianus* に適した発酵条件は，*S. cerevisiae* と同じとは限らないと考えることであった。情報が多く，モデル酵母とされている *S. cerevisiae* を常識として扱い慣れてしまうと，異なる性質を持つ酵母を，*S. cerevisiae* の発酵条件に合わせてしまいがちである。開発当初は *S. cerevisiae* の条件設定から進めていたので，その優秀さが目立っていたが，徐々に *K. marxianus* の性質が把握され始めると，こちらの酵母の優秀さが理解できるようになった。酵母それぞれに至適条件があり，その条件が他の酵母と必ずしも同じではないことをいつも念頭におくことが大事であろう。

5 *Kluyveromyces marxianus* の遺伝学を確立するために

　ゲノム全配列を簡単に解読できる現在でも，遺伝学的操作や遺伝子操作ができる酵母を育種することは難しい。多くの酵母株は野外からも取得できるし，菌株保存機関からも入手できるが，工業的に利用価値が高いレベルの株を育種するには，*S. cerevisiae* に負けない遺伝学や遺伝子操作技術は強いツールとなる。しかし多くの研究が，*S. cerevisiae* の遺伝学や遺伝子操作法に習ってしまい，苦労しているのではないだろうか。*K. marxianus* の遺伝学や遺伝子操作技術を確立してきた経験から，ふつうの酵母 *S. cerevisiae* の常識から離れて開発を進めることが大事であることを教えられた。

26

第3章　耐熱性酵母 Kluyveromyces marxianus を用いた物質生産と育種技術

6　1倍体性酵母（haploid-prone yeast）と2倍体性酵母（diploid-prone yeast）

酵母の遺伝学的な育種において，最も重要だと考えられる新しい概念を示す（図1）。一般に酵母は，2倍体が胞子形成して1倍体になり，その1倍体には**a**型とα型の接合型があり**a**型の1倍体とα型の1倍体が接合して2倍体a/α型になる。これは正しいのであるが，酵母には，2倍体での生活を好む S. cerevisiae のような酵母と，1倍体での生活を好む K. marxianus のような酵母がいるという概念を提案する（図1）。

産業に利用されているふつうの酵母 S. cerevisiae の多くの株は2倍体であり，胞子形成率が低く，なかなか1倍体を取得できない。しかし，S. cerevisiae の1倍体の**a**型とα型を混ぜると栄養豊富な培地でも，高効率で交配する[12]。この性質から，S. cerevisiae は2倍体で生きていくことを選んだ酵母と考えると理解しやすく，この性質を持つ酵母を2倍体性酵母（diploid-prone yeast）と名付けたい。

K. marxianus を調べて行くうちに，野外から取得した株も，ストックセンターから入手した株も，通常は1倍体であることがわかった。栄養要求性変異株を取得して，扱ってみると，この酵母は接合型が変換するホモタリック性質を持ち，栄養飢餓条件で低い効率で交配することが

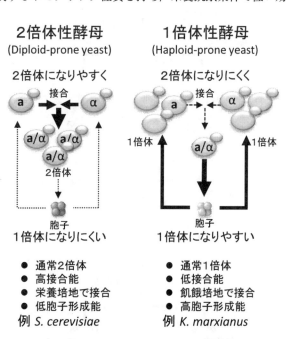

図1　2倍体を好む酵母と1倍体を好む酵母

S. cerevisiae は1倍体の接合能力が高く，2倍体の胞子形成能が低いので2倍体性（diploid-prone），K. marxianus は1倍体の接合能力が低く，胞子形成能が高いので，1倍体で過ごすことが多いので1倍体性（haploid-prone）と考える。酵母を2倍体性と1倍体性に分けて扱うと育種の方針が定められる。

できで，取得した2倍体は，非常に高い効率で胞子形成を示した[13]。K. marxianus は普段は1倍体での生活を好む1倍体性酵母（haploid-prone yeast）と呼ぶことができる。

ふつうの酵母 S. cerevisiae が2倍体性酵母であったせいで，なかなか1倍体性酵母の性質が理解されておらず，遺伝学や育種において苦労があったのではないかと考えている。次から，2倍体性酵母とは全く異なる1倍体性酵母である K. marxianus の遺伝学的な操作法とその育種について解説する。

7　1倍体性ホモタリック酵母 Kluyveromyces marxianus の交配育種

接合型変換を行うホモタリック性質を持った S. cerevisiae では集団内ですぐに接合してしまい2倍体になるので1倍体の維持ができない。したがって，S. cerevisiae では接合型変換をしない株が選ばれて研究用酵母として利用されるようになった。一方，K. marxianus では，たとえ集団内で接合型が変換していても接合能が弱いので，通常の培養では1倍体で維持できる。この1倍体性は，変異株スクリーニングや交配育種する上で，非常に有利である。

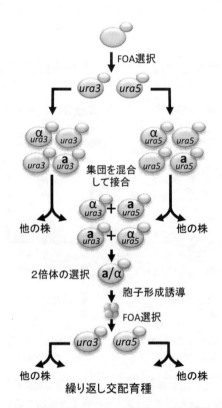

図2　1倍体性ホモタリック酵母の交配育種戦略
FOA 選択により ura3 と ura5 変異株が取得できるので，ホモタリック性質を利用して四分子分離を行わなくても交配育種を進めて行くことができる。

第3章　耐熱性酵母 *Kluyveromyces marxianus* を用いた物質生産と育種技術

ホモタリックな *K. marxianus* の細胞集団の中には，自然と **a** 型と α 型の両方が存在しているが，2倍体にはなりにくく，飢餓状態を作ることで初めて接合を開始する。つまり，細胞集団をそのまま別の株と混ぜ，飢餓状態を誘導すれば，**a** 型株は α 型株と接合するので，2倍体になる。それぞれに異なる栄養要求性変異を持たせて，2倍体を選択するしくみを与えておけば，異なる株間の交配が可能である（図2）。この方法では，*S. cerevisiae* の育種でよく行われる顕微鏡下での四分子分離などの職人的な技術を必要としないので，1倍体性酵母の交配育種は2倍体性酵母よりも簡単である。

8　1倍体性酵母 *Kluyveromyces marxianus* の栄養要求性変異株の取得

2倍体性酵母 *S. cerevisiae* では，酵母株をまず1倍体に育種して，変異株スクリーニングや遺伝学に利用されてきた。産業用酵母が2倍体であるので，我々は2倍体をそのまま利用した清酒酵母の変異育種法も開発してきたが，LOH などの特殊な手法を必要とする[14]。一方，もともと1倍体性の酵母では，そのまま，変異株のスクリーニングを行えばよい。我々は，紫外線による変異誘導とレプリカ法で 15,000 コロニー程度を選択し，最少培地で生えない 79 株の栄養要求性変異株を取得した[13]。*S. cerevisiae* でよく使われているアデニン，ロイシン，ヒスチジン，トリプトファン，リジン，メチオニンに対する要求性を調べてみると 79 株の内，50 株がこれらに含まれていた。*S. cerevisiae* で利用している栄養要求性変異は，変異株として取れやすい変異であったと考えられる（表2）。スクリーニングでは *ura3* 変異株を親株に使っていたので，この中には *ura* 変異は含まれていない。新しい酵母株で栄養要求性変異株を取得する場合は，これらの要求性をまず調べてみれば確率よく手に入るはずである。

表2　紫外線変異誘導で得られた *K. marxianus* 栄養要求性変異株の同定

要求性	株数	同定した遺伝子または要求性（株数）
Ade⁻	13	*ADE2*（1），*ADE5,7*（2），*ADE6*（3）
Lys⁻	11	*LYS1*（1），*LYS2*（5），*LYS4*（2），*LYS9*（2）
His⁻	10	*HIS2*（1），*HIS3*（1），*HIS4*（2），*HIS5*（1），*HIS6*（1），*HIS7*（2）
Met⁻	7	*MET2*（1），*MET6*（2），*MET17*（1）
Trp⁻	5	*TRP3*（2），*TRP4*（1），*TRP5*（1）
Leu⁻	4	*LEU1*（1），*LEU2*（2）
その他	16	Arg⁻（9），Ser⁻（1），Thr⁻（1），Ile/Val⁻（3），Thr/Met⁻（2）
未同定	13	

9　*Kluyveromyces marxianus* におけるウラシル要求性変異株の取得

S. cerevisiae では 5-fluoroorotic acid（FOA）を利用したウラシルを要求する *ura3* 変異株の取得法が開発され，いろいろな遺伝子操作技術に利用されている[15]。*S. cerevisiae* において，

FOA培地で生えてくる株を選択すると，ウラシル合成系の酵素遺伝子である*ura3*が壊れた変異株が取得できる。この方法を*K. marxianus*に用いると，*ura3*変異だけでなく*ura5*変異株も取得された[13]。実は，*S. cerevisiae*では*URA5*遺伝子と相同な*URA10*遺伝子が存在し，どちらかが変異してももう一方が働くので*ura5*も*ura10*変異も取得できない。*K. marxianus*でこれら2つの遺伝子変異が一度のスクリーニングで同時に手に入ることは，大きなメリットになった。様々な*K. marxianus*株をFOA選択すると*ura3*変異株と*ura5*変異株がほぼ同じ比率で手に入る。*ura3*変異株と*ura5*変異株を混合すると*ura3*と*ura5*は別々の遺伝子なので，それぞれが相補しあい，ウラシル欠損培地で増殖する交配株*ura3*/*URA3*$^+$ *URA5*$^+$/*ura5*（2倍体）が取得できる。つまり，FOA選択により*ura3*変異株と*ura5*変異株をそれぞれ取得すれば，他の株と次々に交配できるしくみができた（図2）。

　さらに，これら2倍体株は栄養飢餓条件で胞子形成するので，胞子形成後には，1倍体となった*ura3*変異，または，*ura5*変異を持った株が含まれている。胞子形成させた酵母集団をFOA選択すれば，*ura3*または*ura5*変異株が取得できるので，次の交配育種サイクルへ進むことができる。このように，FOA選択と取得した株の掛け合わせというプレート操作だけでの交配育種法となる（図2）。この方法を，*K. marxianus*のラクトース資化性の解析に利用した[16]。

10　*Kluyveromyces marxianus*の遺伝子操作と非相同末端結合

　新しい酵母での遺伝子操作技術を確立することは意外と難しい。特に，ふつうの酵母*S. cerevisiae*の常識を使うと，プラスミドベクターの開発や遺伝子同定のためのプラスミドライブラリーを構築しなければならないと考えてしまう。プラスミドベクターにはその酵母の自律複製配列やセントロメア配列の取得に加え，発現プロモータも必要だと思えば，なかなか新しい酵母の開発へ踏み込めない。

　我々は，*K. marxianus*の遺伝子操作を開発する過程で，PCRで合成したDNA断片が染色体に高頻度に導入されることを見出した[17]。しかも導入した遺伝子は，*S. cerevisiae*の*URA3*遺伝子で，プロモータも変換していなければ，プラスミドも利用していない。解析の結果わかったことは，*K. marxianus*においては，非相同末端結合（non-homologous end joining：NHEJ）が高効率に働いて高頻度なDNA挿入が行われていること，および，遺伝子発現能力が高く，異種のプロモータでも充分量の発現ができているせいであることがわかった。後者の性質はタンパク質生産宿主としての高い可能性を示している[18]。

　ここでも1倍体性と2倍体性酵母の考え方を適用すると理解しやすい。1倍体で生活していれば，相同染色体を持っていないので，1倍体の時期のDNA切断を修復するには，相同配列を利用しない非相同末端結合による修復を行うしかない。一方，2倍体を好む生活を行う*S. cerevisiae*では，いつも相同染色体があるので，相同組換えによるDNA修復機構を好んで使ったと考えることができる。したがって，相同組換えによる遺伝子ターゲッティングが効率良くで

第 3 章 耐熱性酵母 *Kluyveromyces marxianus* を用いた物質生産と育種技術

きるが DNA 断片の染色体へのランダムな挿入が起こりにくい *S. cerevisiae* は非相同末端結合能力が低い酵母なのである。非相同末端結合は，相同組換えと並んで重要な DNA 修復機構の一つであるが，このしくみを用いた遺伝子操作法は開発されてこなかった。ふつうの酵母 *S. cerevisiae* での相同組換えが著しく研究されたせいで，相同組換えを意識しすぎ，非相同末端結合を利用することをほとんど考えてこなかったからだと考えられる。*K. marxianus* における非相同末端結合は，大変便利な遺伝子操作法（NHEJ 法）となった。

　我々は，*K. marxianus* の ura3 変異株を *S. cerevisiae* の *URA3* 遺伝子の PCR 産物を直接利用し，染色体へ挿入された形質転換体を効率よく得ることができた[8, 17]。これができるならば，*K. marxianus* で取得した様々な栄養要求性変異株を *S. cerevisiae* の遺伝子で相補できるのではないかと考えるようになった。PCR で *S. cerevisiae* の遺伝子を増幅し，そのまま NHEJ 法で変異株に導入し，もし形質転換コロニーが出現すれば，その *S. cerevisiae* 遺伝子が相補したことになる。相補性クローニングを NHEJ によるランダム染色体挿入により，異種の遺伝子の PCR 産物で行う全く新しい方法である。

　S. cerevisiae のロイシン合成経路の Sc*LEU1*, Sc*LEU2*, Sc*LEU4*, Sc*LEU9* など（Sc は *S. cerevisiae* の意味）を PCR 合成し，*K. marxianus* のロイシン要求性株 3 株に形質転換すると *LEU2* が 2 株と *LEU1* が 1 株同定できた。同様に，ヒスチジン要求性では，Sc*HIS2*, Sc*HIS3*, Sc*HIS4*, Sc*HIS5*, Sc*HIS6* および Sc*HIS7* が同定できた。結局取得された遺伝子変異と，その相補遺伝子は，表 2 のようになり，異種酵母遺伝子で NHEJ 法により，一気に多数の遺伝子を同定することができた。ふつうの酵母の遺伝子の同定は，ゲノムプラスミドライブラリーを作製し，そのライブラリーを形質転換して，変異を相補する株を取得し，相補したプラスミドの中の遺伝子をシークエンスして同定する。この方法では，よいプラスミドライブラリーを作製することも大変であるし，多くのプレート操作や大腸菌操作を含むので 1 つの遺伝子であっても随分と時間と手間がかかる。*K. marxianus* の変異株の 35 株から 21 遺伝子を同定できた NHEJ 法は，プラスミド開発も大腸菌操作も必要ないので，非相同末端結合を高頻度に働かせている酵母には有効な方法であろう。

11 *Kluyveromyces marxianus* をモデル酵母とする基礎研究

　非相同末端結合は，導入した DNA 末端が細胞内で自動的に結合するので，結合する DNA 領域に選択性を持たせるか，あるいは，環状プラスミド内の結合に利用することで新しい DNA クローニング法となった。これを利用すると，網羅的な遺伝子発現解析[19]や，網羅的な分泌シグナル配列解析[20]もできるようになった。ふつうでない酵母の性質は，新しい遺伝子工学的な方法を導入することに繋がり，基礎研究にも利用できるようになった。

　さらに，*K. marxianus* がコードするタンパク質は，タンパク質構造解析にも有利であることがわかってきた。他の酵母に由来するタンパク質では結晶化ができなかったものが，耐熱性酵母

のタンパク質でだけ結晶化が可能になった研究例も現れている[21]。新しい酵母には思いもよらない有用性質が潜んでいる。本章で述べた考え方で，ふつうでない酵母がふつうに産業に有用な酵母になることを願っている。

文　　献

1) G. G. Fonseca *et al.*, *Appl. Microbiol. Biotechnol.*, **79**, 339 (2008)
2) M. M. Lane & J. P. Morrissey, *Fungal Biol. Rev.*, **24**, 17 (2010)
3) C. P. Kurtzman, *FEMS Yeast Res.*, **4**, 233 (2003)
4) R. J. Rouwenhorst *et al.*, *Appl. Environ. Microbiol.*, **54**, 1131 (1988)
5) J. A. Goncalves & F. J. Castillo, *J. Dairy Sci.*, **65**, 2088 (1982)
6) C. E. Fabre *et al.*, *Biotechnol. Lett.*, **17**, 1207 (1995)
7) I. M. Banat *et al.*, *World J. Microbiol. Biotechnol.*, **8**, 259 (1992)
8) S. Nonklang *et al.*, *Appl. Environ. Microbiol.*, **74**, 7514 (2008)
9) H. Hoshida *et al.*, *International Exchange Core Program in Yamaguchi University*, ISBN：978-4-9906826-0-6 (2012)
10) B. M. Abdel-Banat *et al.*, *Appl. Microbiol. Biotechnol.*, **85**, 861 (2010)
11) R. Akada *et al.*, *J. Biosci. Bioeng.*, **87**, 43 (1999)
12) R. Akada *et al.*, *Genetics*, **143**, 103 (1996)
13) T. Yarimizu *et al.*, *Yeast*, **30**, 485 (2013)
14) S. Hashimoto *et al.*, *Appl. Environ. Microbiol.*, **71**, 312 (2005)
15) J. D. Boeke *et al.*, *Method. Enzymol.*, **154**, 164 (1987)
16) J. A. Varela *et al.*, *FEMS Yeast Res.*, **17**(3) (2017) doi：10.1093/femsyr/fox021.
17) B. M. Abdel-Banat *et al.*, *Yeast*, **27**, 29 (2010)
18) A. K. Gombert *et al.*, *Appl. Microbiol. Biotechnol.*, **100**, 6193 (2016)
19) A. Suzuki *et al.*, *FEMS Yeast Res.*, **15**, (2015) doi：10.1093/femsyr/fov059.
20) T. Yarimizu *et al.*, *Microb. Cell Fact.*, **14**, 20 (2015)
21) Y. Fujioka *et al.*, *Nat. Struct. Mol. Biol.*, **21**, 513 (2015)

第4章 酵母による高活性ターミネーターを利用したタンパク質高生産

松山　崇[*]

1　はじめに

　現在そして未来の社会において，多種多様な有機化合物を持続可能な形で入手して利用することが求められており，バイオリファイナリーによる植物由来バイオマス原料からの有用な有機化合物の生産は，その有力な手段と考えられる。遺伝子組換え微生物を用いた発酵生産技術は，構造は単純だが安価・大量に必要な燃料・樹脂原料から，構造が複雑で多段階酵素反応を必要とする医薬品までの広い範囲で活用が期待されている。これを実現するためには，基盤をなす生物工学の様々な考え方や技術を深化・発展させる必要がある。

　生物工学の中でも新しい分野の「合成代謝工学」は，1990年代初頭にBaileyとStephanopoulosが提唱した遺伝子組換えにより有用物質の生産性を向上させる「代謝工学」[1, 2]と2000年のCollinsとElowitzの人工遺伝子回路[3, 4]を端緒とする「合成生物学」の融合から誕生した。従来の遺伝子工学と合成生物学の違いは，生物が生来持っていない，あるいはこれまで存在していない性質を，後者においては，大規模に創り出して利用する点にあると考えられている。「合成代謝工学」のうち「合成生物学」の方法論は「合成」「進化」「*de novo*」の3つに大別され，筆者は「合成」を方法の中心に置いた。

　出芽酵母は，産業で利用される微生物として，また真核生物のモデル生物として，発酵，醸造，生化学，生理学，細胞生物学，分子生物学，分子遺伝学，オミックス，一細胞解析などの幅広い分野の研究において，膨大な知見が積み上げられてきた。この大河の中で，1978年にFinkにより出芽酵母の遺伝子組換え技術が確立され[5]，以来，今日まで数えきれないほどの導入遺伝子の発現システムが構築され，広く利用されている[6]。

　弊社において以前に実施した乳酸を生産する酵母の代謝工学的な育種において，これらの発現システムを利用し，さらに独自の工夫も加えてきた。しかしながら，導入する酵素遺伝子がたとえ1種類であっても，代謝の流れを大きく変えるのに必要な量の酵素タンパク質を生産するには，ゲノムに導入する遺伝子は1コピーでは足りず，6コピーへと増やす必要があり[7]，開発に長い時間を費やした。この苦い経験によって，次世代の複雑な構造を有する有機化合物を生産する遺伝子組換え酵母の開発コストを低減するためには，代謝改変に関わる多種類の導入遺伝子の酵素タンパク質を選択的に高生産する技術が必要不可欠だと痛感された。そこで，「合成代謝工

---

　*　Takashi Matsuyama　㈱豊田中央研究所　社会システム研究領域　健康創出プログラム主任研究員

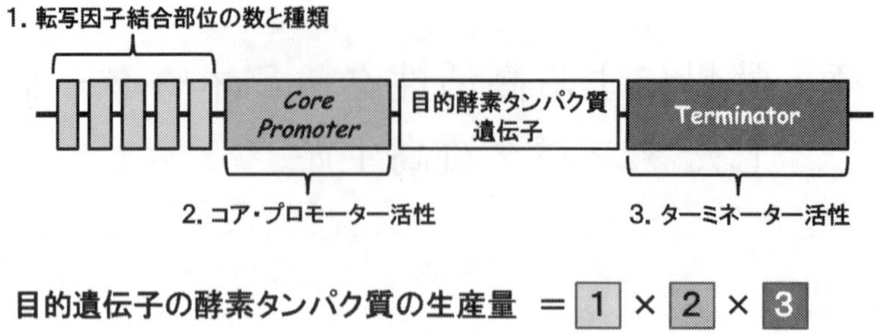

図1 導入遺伝子の発現カセットの3種類のモジュール

学」の考え方に基づき，出芽酵母の汎用的な酵素タンパク質の生産量を制御する技術の開発へと歩を進めた。

　筆者は出芽酵母における導入遺伝子の発現システムを再考し，3つのモジュールの効果の掛け算で目的の酵素タンパク質の生産量が決まると考えた（図1）。中でも mRNA 転写後の制御が期待されたターミネーターを軸として，目的タンパク質の高生産システムの構築に取り組み，一定の成果を上げることができた。

2　ターミネーター活性の網羅的な評価と最高活性 *DIT1* ターミネーターの発見

　遺伝子のターミネーター領域は，転写の終了や polyA の付加などの役割に加え，3′-UTR として，mRNA 半減期・翻訳効率・細胞内局在等の制御を通じて遺伝子発現を調節する。導入遺伝子の発現にはプロモーターとターミネーターが相乗的に作用すると考えられるが，研究を開始した時点では，強力なプロモーターについては徹底的に探索されてきた一方で，ターミネーターについては，ほとんど研究されていなかった。そこで，出芽酵母において，上流に配置した目的遺伝子のタンパク質の生産量を増加させる活性の高いターミネーター，すなわち，高活性ターミネーターの探索に注力した。

　単純なモデルを用いたシミュレーションによって，mRNA 半減期が長くなれば，その mRNA にコードされたタンパク質の生産量が増加すると推論されていた[8]。また，3′-UTR の配列に依存した mRNA 安定性の変化や出芽酵母 mRNA 半減期の網羅的な解析が既に報告されていた[9]。そこで，半減期の長い mRNA の 3′-UTR は mRNA の転写と分解に大きな負担をかけることなく目的タンパク質の生産を増加させる，という作業仮説を立てた。

　仮説を検証するため，図2に示した方法を用いて半減期の長い mRNA のターミネーター活性を評価した。その結果，*TPS1* ターミネーター（*TPS1t*）が，常用されている *PGK1t* や *CYC1t* と比較して，2割ほど高い活性を持つことが観察された[10]。予想と比べて大幅に低い活性であるものの，高活性ターミネーターが存在することが示された。

第4章 酵母による高活性ターミネーターを利用したタンパク質高生産

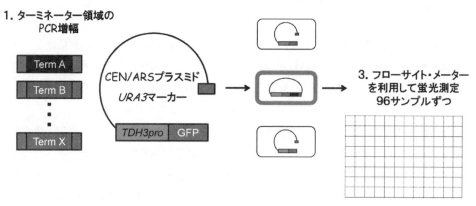

図2 ターミネーター活性の評価手法
任意のターミネーター領域の上流に GFP レポーター遺伝子を配置したコンストラクトを1コピー有する遺伝子組換え酵母を作製し，フローサイト・メーターで緑色蛍光強度を測定し，ターミネーター活性の指標とした。

そこで，さらに活性の高いターミネーターを同定するために網羅的な活性評価を実施し，*PGK1t* を基準として 5,302（全体の約 90％）の相対活性を決定した[11]（図3）。上位 30 種類の高活性ターミネーターに対する精度の高い活性測定の結果，これらが *PGK1t* の約2倍の活性を有することを明らかにした。上位5種類の高活性ターミネーターについて，プロモーター，レポーター，宿主，培地の炭素源などの違いが活性に与える影響を解析した結果，調べたほぼ全ての条件の下で *DIT1* ターミネーターが最も高い活性を示した[12]。実際，目的タンパク質の高生産が必要な場合，遺伝子導入用コンストラクトのターミネーターに *DIT1t* を使用することにより，良好な結果が得られている。

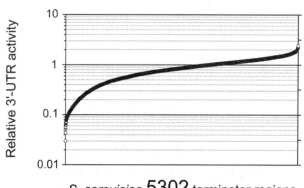

図3 出芽酵母のターミネーター活性の網羅的評価[11]

35

3 DIT1 ターミネーターの作用原理の解明と目的タンパク質の高生産への応用

上記の解析を進めていた時に，DIT1 ターミネーターの活性において，他の高活性ターミネーターでは観察されない2つの特徴に気がついた。1つは，他の高活性ターミネーターの活性は対数期から静止期にかけて漸減するのに対し，DIT1t 活性のみ高まることである[12]。もう1つは，静止期の DIT1t 活性値がバラついて CV が大きな値を示したことである。

前者は DIT1t を活性化する因子が存在し，上流 ORF にコードされたタンパク質の生産量を増加させることを示唆した。後者は DIT1t 活性化の ON/OFF の切り替えが明確である，つまり，活性化された ON 細胞と活性化されていない OFF 細胞が混在している状態がバラつきとして観察された，という推論を与えた。これらの推論を元に，DIT1t 活性化の作用機作に関する作業仮説を立てた（図4）。すなわち DIT1 3′-UTR 内部に特定の cis 配列が存在し，この cis 配列が特定の trans 因子と特異的に結合し，mRNA 3′末端からの分解を防いで半減期を長くする，あるいは，ポリソームや 5′キャップ構造に作用して翻訳効率を高める，と考えた（図4）。

仮説を元にした逆遺伝学的な方法によって，2種類の DIT1t 活性化遺伝子を同定した[13]。両者とも RNA 結合タンパク質（NAB6 遺伝子（Nucleic acid-binding protein 6）と PAP1 遺伝子（poly(A)RNA polymerase））であり，作業仮説に合うと考えられた。遺伝学的な解析などから，図4に示したように DIT1 3′-UTR 内の cis 配列に Nab6 タンパク質が特異的に結合し，Nab6 タンパク質が Pap1 タンパク質をリクルートして，DIT1t の上流にコードされた目的タンパク質の生産を増産するものと推察された。また，一連の欠損型 DIT1t の解析により DIT1t 活性化に必要な塩基配列を同定し，これらの塩基配列に対する飽和一塩基型変異と機能獲得型変異

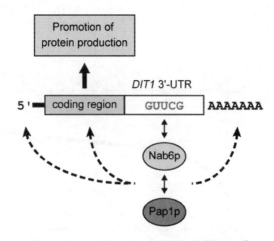

図4　DIT1 ターミネーター活性化の作業仮説[13]
遺伝学的に同定された DIT1t 活性化 cis 配列 GUUCG と2つの DIT1t 活性化 trans 因子，Nab6 タンパク質と Pap1 タンパク質を示す。両矢印は，物理的な相互作用の予想を示す。点線矢印は，複合体の作用点の可能性を示す。

第4章 酵母による高活性ターミネーターを利用したタンパク質高生産

の解析により *DIT1t* 活性化 *cis* 配列は GUUCG/U であることが判明した。

目的タンパク質の高生産という視点から鑑みると，生育の遅延という短所はあるものの，*NAB6* 遺伝子と *PAP1* 遺伝子の過剰発現の効果により，*DIT1t* 上流の目的遺伝子のタンパク質の生産量は 2.5 倍も増加し，*DIT1t* の効果と合わせて標準的な発現系の 5 倍となった。また，*DIT1t* の活性を高める変異を集積したところ，変異型 *DIT1t*-d22 は，生育に影響を与えることなく，最大で野生型 *DIT1t* の 1.5 倍の生産量の増加をもたらした。

4 発現カセット・ライブラリを利用したコンビナトリアル・スクリーニング

以上のように，高活性ターミネーターを主軸とした目的タンパク質の高生産については，一定の成果が得られた。その一方，代謝改変した遺伝子組換え酵母を用いた有機化合物の発酵生産において，目的産物の生産量を最大化するには，導入遺伝子の発現量を最適化することが重要と考えられる。これを実現するための手段として，大きく 2 つの方法論が考えられた。1 つは，代謝フラックス解析とシミュレーション技術を用いて合理的に設計・開発する方法である。もう 1 つは，様々な発現カセットと遺伝子の組み合わせを利用して，コンビナトリアル・スクリーニングを行い，実験的に選抜する方法である。

筆者は，どちらの方法でも有益なダイナミックレンジの広い発現カセットのライブラリを，図 1 に示した 3 種類のモジュールを組み合わせて作製した[14]（図 5）。恒常的に発現させた人工転写因子とこれらの発現カセットを用いることにより，約 30,000 倍のダイナミックレンジを実現した[14]。

これらのカセットから 4 種類のカセットを用いて，触媒作用が異なる 3 種類のセルラーゼ遺

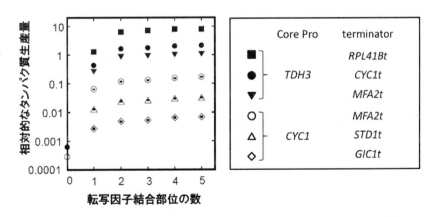

図5　発現カセットのダイナミックレンジ（左）とモジュールの内容（右）[14]
転写因子結合部位は 6 種類，コア・プロモーターは 2 種類，ターミネーターは 6 種類を用い，合計 32 種類のカセットを作製した。

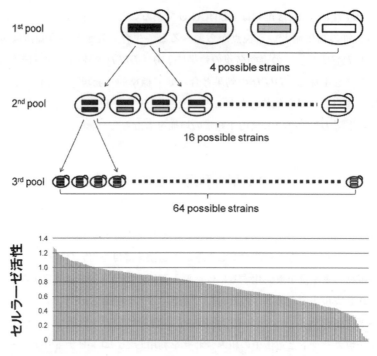

図6 発現カセット・ライブラリを用いたコンビナトリアル・スクリーニング[15]
1回目の形質転換には，4種類の発現カセットに *CBH2* 遺伝子を挿入したコンストラクトを混合して用い，4種類の異なる CBH2 生産酵母を同時に作製した。同様に *EG2* 遺伝子で2回目，*CBH1* 遺伝子で3回目の形質転換をした。最終的に64種類の異なる CBH1-CBH2-EG2 生産酵母が含まれるプールが作製された（上）。このプールから368株を選んで，セルラーゼ活性を評価した（下）。

伝子（*CBH2*, *EG2*, *CBH1*）の発現量を最適化するコンビナトリアル・スクリーニングの実証実験を実施し[15]，多様な活性を有するセルラーゼ生産酵母を作出できた。その中には想定以上の高い活性を示す株が含まれていた（図6）。

5 おわりに

上記の一連の研究[10〜15]によって出芽酵母の導入遺伝子の発現系を改良することができ，目的タンパク質の生産量の向上や最適化が簡便化された。その結果，有用物質を生産する遺伝子組換え酵母の育種に要する期間が大幅に短縮され，当初の目的を達成することができた。また，これらの研究が端緒となり，他のターミネーターに着目した研究[16,17]も進んでいる。今後，目的タンパク質の高生産について，*DIT1* ターミネーター活性化の作用機作を解明・応用することによって，さらに優れた技術が生まれることが期待される。

第 4 章　酵母による高活性ターミネーターを利用したタンパク質高生産

文　　献

1) J. E. Bailey, *Science*, **252**, 1668 (1991)
2) G. Stephanopoulos & J. J. Vallino, *Science*, **252**, 1675 (1991)
3) T. S. Gardner *et al.*, *Nature*, **403**, 339 (2000)
4) M. B. Elowitz & S. Leibler, *Nature*, **403**, 335 (2000)
5) A. Hinnen *et al.*, *Proc. Natl. Acad. Sci. USA*, **75**, 4224 (1978)
6) M. S. Siddiqui *et al.*, *FEMS Yeast Res.*, **12**, 144 (2012)
7) N. Ishida *et al.*, *Appl. Biochem. Biotechnol.*, **131**, 795 (2006)
8) J. L. Hargrove & F. H. Schmidt, *FASEB J.*, **3**, 2360 (1989)
9) Y. Wang *et al.*, *Proc. Natl. Acad. Sci. USA*, **99**, 5860 (2002)
10) M. Yamanishi *et al.*, *Biosci. Biotechnol. Biochem.*, **75**, 2234 (2011)
11) M. Yamanishi *et al.*, *ACS Synth. Biol.*, **2**, 337 (2013)
12) Y. Ito *et al.*, *J. Biotechnol.*, **168**, 486 (2013)
13) Y. Ito *et al.*, *Sci. Rep.*, **6**, 36997 (2016)
14) Y. Ito *et al.*, *ACS Synth. Biol.*, **4**, 12 (2015)
15) Y. Ito *et al.*, *PloS One*, **10**, e0144870 (2015)
16) K. A. Curran *et al.*, *ACS Synth. Biol.*, **4**, 824 (2015)
17) M. MacPherson & Y. Saka, *ACS Synth. Biol.*, **6**, 130 (2017)

第5章　酵母によるコエンザイム Q_{10} の生産

戒能智宏[*1]，川向　誠[*2]

1　コエンザイム Q（CoQ）とは

コエンザイム Q（ユビキノン，CoQ）は，真核生物では主にミトコンドリアの電子伝達系で機能し，ATP 生産に関与する非常に重要な物質である。CoQ は，酸化型（酸化型コエンザイム Q，ユビキノン）と還元型（還元型コエンザイム Q，ユビキノール）の構造をとることができるため，抗酸化剤としての機能を持つことも知られている。近年，生物種によって異なるものの CoQ が硫化物の代謝やピリミジン合成に関与していることなどの新たな機能も報告され，注目が集まっている[1,2]。遺伝子破壊によって CoQ 生合成を欠損させると，植物や動物では発生の初期に致死となることから，CoQ は生きていく上で必須の成分である。また，細胞内の CoQ 量が低下するヒトの CoQ 欠損症の原因として，CoQ 合成酵素遺伝子に変異が存在する事例が最近になって多数報告されている[3]。CoQ の化学構造は，キノン骨格と 6 位のイソプレノイド側鎖とから構成されていて，イソプレノイド側鎖長は生物種によって異なっているため，生物種の分類の指標としても用いられている。CoQ のイソプレノイド側鎖長は，主に 6 から 10 の長さのものが知られており，この長さは生物が持つ固有のポリプレニル二リン酸合成酵素（PDS）によって決められている。例を挙げると，出芽酵母（*Saccharomyces cerevisiae*）ではイソプレン単位数が 6 の CoQ_6，大腸菌（*Escherichia coli*）では CoQ_8，マウスでは CoQ_9，ヒトや分裂酵母（*Schizosaccharomyces pombe*）では CoQ_{10} を有しており，いずれも細胞中に合成経路が存在し，自身で合成することが可能である。

ヒトが本来有する CoQ_{10} は，1974 年に鬱血性心不全の補助治療薬として発売され，2001 年には厚生労働省の食薬区分の改訂により，一般飲食物添加物として取り扱うことが可能となったため，数多くのサプリメントや CoQ_{10} が添加された食品（飲料，飴など）が発売された。2004 年頃には，テレビ番組などによる紹介もあり CoQ_{10} の需要が爆発的に増加したが，その後も市場は安定的に拡大している。2007 年からは細胞内で直接機能することが謳われた還元型 CoQ_{10} が発売され，さらに 2015 年から始まった機能性表示食品制度によって，科学的根拠に基づいた機能性を表示することができるようになり，2017 年 10 月現在，18 件の還元型 CoQ_{10} を含む機能性表示食品が登録されている。CoQ_{10} はもともとヒトの体内で生合成されている物質であり，安全性が高いとされていることも，サプリメントとして普及した要因である。日本コエンザイム

＊1　Tomohiro Kaino　島根大学　生物資源科学部　生命工学科　准教授

＊2　Makoto Kawamukai　島根大学　生物資源科学部　生命工学科　教授

第 5 章 酵母によるコエンザイム Q_{10} の生産

Q 協会では，品質認定マーク申請条件に適合した製品には，認定マークを付与し，適正な製品の普及活動が行われている[4]。

2 酵母における CoQ 研究～CoQ 合成とイソプレノイド側鎖合成～

　CoQ の研究に用いられてきた酵母には，モデル生物としてよく知られている *S. cerevisiae* と *S. pombe* がある。出芽酵母である *S. cerevisiae* は，基礎研究のモデル生物として多くの研究者によって利用されているのみならず，産業上もパンや日本酒を作るのに用いられている微生物である。一方，分裂酵母である *S. pombe* は，ヒトの細胞と同じ分裂によって増殖するため，細胞の増殖に関わる細胞周期などの基礎研究で特に盛んに用いられているが，アフリカのポンベ酒と呼ばれるお酒を造るのに用いられている以外は *S. cerevisiae* とは異なりあまり利用されていない。酵母が持つ CoQ の側鎖長は多様で，*Candida utilis* は CoQ_7，*Candida albicans* は CoQ_9，*Hansenula polymorpha* は CoQ_7，*Yarrowia lipolytica* は CoQ_9，*Rhodotorula minuta* は CoQ_{10} を合成している[5,6]。*S. cerevisiae* を用いた研究により，CoQ 合成に関与する *COQ1～8* の 8 個の遺伝子が同定され[7]，その後さらに関与する遺伝子が報告されるとともに分裂酵母 *S. pombe* や植物，動物の CoQ 合成酵素遺伝子も報告され，CoQ 合成経路とその合成酵素遺伝子が高く保存されていることが明らかになっている[8]。CoQ の合成は図 1 に示すように，ポリプレニル二リン酸合成酵素（*S. cerevisiae* では Coq1 のホモマー，*S. pombe* では Dps1 と Dlp1 のヘテロテトラマー）によって生物に固有の長さを持つイソプレノイド鎖が合成され，PHB（*p*-ヒドロキシ安息香酸）：ポリプレニル二リン酸転移酵素（Coq2(Ppt1)）によってキノン骨格に転移された後，Coq3，Coq5，Coq6，Coq7 などによってキノン骨格に水酸化，メチル化，脱炭酸化などの修飾が行われ CoQ が合成される（図1）[1,2]。*S. cerevisiae* の CoQ 合成酵素遺伝子破壊株は，呼吸欠損の表現型を示し，*COQ1*，*COQ2* を除く遺伝子破壊株では初期の中間体物質 HHB（4-hydroxy-3-hexaprenyl benzoate）が蓄積することから，Coq タンパク質は Coq synthome という複合体を形成していることが提唱されている[9]。また，これまで CoQ のキノン骨格の基質としては PHB のみが用いられていると考えられてきたが，出芽酵母では pABA（*p*-アミノ安息香酸）も用いられていることが明らかとなっている。一方，*S. pombe* の CoQ 合成酵素遺伝子破壊株は，呼吸欠損以外にも，最少培地での生育遅延，酸化ストレス感受性，硫化水素の発生など様々な表現型を示し，*coq7* の破壊株では直前の中間体物質 DMQ_{10} が蓄積することが報告されている。同じ酵母でありながら，*S. cerevisiae* と *S. pombe* では，側鎖長の長さ，側鎖合成酵素の遺伝子構成，破壊株の性質など多くの点で異なっている。

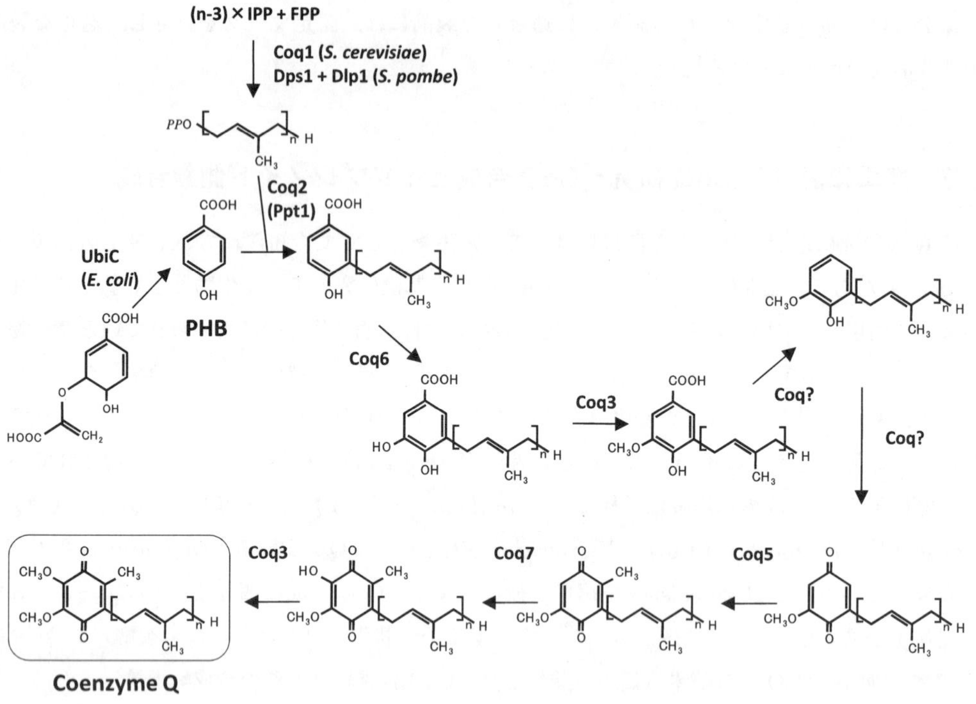

酵母菌・麹菌・乳酸菌の産業応用展開

図1　真核生物のコエンザイム Q 生合成経路
真核生物の出芽酵母と分裂酵母の CoQ 生合成経路を示している。図中の *PP* は二リン酸を示す。

3　CoQ 合成経路の上流の経路～メバロン酸経路～

　メバロン酸経路は，イソプレノイド化合物合成の基質となるイソペンテニル二リン酸（IPP）をアセチル-CoA から生合成する経路である（図2）。CoQ のイソプレノイド側鎖の合成は，多くの場合ファルネシル二リン酸（FPP）合成酵素によって合成された FPP に IPP を PDS が順次縮合することによって様々な長さのものが合成されている。この経路の律速酵素は HMG-CoA 還元酵素であり，この酵素の阻害剤はヒトのコレステロール値を低下させるスタチン薬としてよく知られている。

　1993 年に Rohmer らによってメバロン酸を経由しない新規な経路（非メバロン酸経路）によっても IPP が合成されることが発見され，IPP の合成経路は生物種によって異なっていることが明らかになってきた[10]。IPP の合成は，多くの細菌や植物のプラスチドでは非メバロン酸経路で，植物の細胞質や酵母やヒトなどの真核生物ではメバロン酸経路で行われている[11]。

第5章 酵母によるコエンザイム Q_{10} の生産

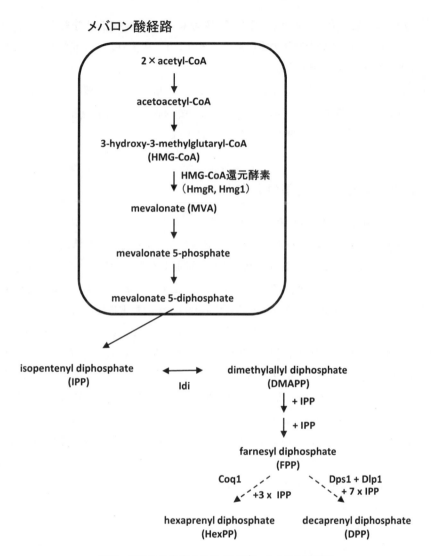

図2 IPP から合成されるイソプレノイド合成経路
イソペンテニル二リン酸（IPP）は，酵母や動物ではメバロン酸経路によって合成される。IPP と FPP を基質にしてポリプレニル二リン酸合成酵素（S. cerevisiae では Coq1，S. pombe では Dps1 + Dlp1）によって，CoQ のイソプレノイド側鎖が合成される。

4 CoQ の高生産

微生物を用いた物質の高生産を目指した研究は，古くから行われている。物質生産を行う菌株の育種は，化学物質である変異剤によって変異を誘発し，毒性アナログなどを添加した培地でスクリーニングすることによって生産性が向上した菌株の取得が行われてきた。現在では，様々な物質の生合成経路が解明され，また遺伝子工学の技術が発達したことから，微生物を用いて物質

酵母菌・麹菌・乳酸菌の産業応用展開

生産を行うために，遺伝子の高発現や，遺伝子の破壊によって生産の向上を行うアプローチが用いられている。微生物を用いた物質の生産性は，そのような菌株の違いはもちろんのこと，培養条件（培養器のスケール，培地の成分，培養方法（フラスコ，ジャーファーメンター），震盪速度，培養時間）などによっても大きく異なってくるため，単純な比較は難しい。原核微生物を用いた CoQ の高生産株の育種については，*Agrobacterium tumefaciens*，*Rhodobacter sphaeroides* や大腸菌を用いた研究が多数報告されている[12]。

5 酵母を用いた CoQ 生産性の向上

出芽酵母 *S. cerevisiae* は CoQ_6 を合成するが，ヘキサプレニル二リン酸合成酵素遺伝子（*COQ1*）を欠損させ，別の長さのイソプレノイド鎖を合成する遺伝子を導入することで，出芽酵母を用いて CoQ_5 から CoQ_{10} を合成させることが可能である[13]。酵母を用いた CoQ 生産について表 1 にまとめた。*S. cerevisiae* を用いた CoQ の生産性向上としては，*COQ2* 遺伝子の高発現による CoQ の高生産が試みられている[14]。*S. cerevisiae* の野生株に，*S. cerevisiae* の *COQ2* を発現させると，培養液あたりの CoQ_6 量が約 1.8 倍に増加した。さらに，*COQ2* の上流に小胞体移行シグナルと，下流に小胞体残留シグナルを付加すると，CoQ_6 量が約 3 倍に増加している。出芽酵母の Coq2 はミトコンドリア内膜に局在しているが，人為的にその局在を小胞体に変更することで CoQ 量が増加することから，真核生物においてはタンパク質の局在を変化させることで生産の場である細胞小器官を変えることが，生産性の向上に寄与することが有効であることを示唆している。また，*S. cerevisiae* で CoQ_{10} を生産させるために *COQ1* を欠損させ，*Paracoccus denitrificans* 由来のデカプレニル二リン酸合成酵素遺伝子（*dps*）を導入した *S. cerevisiae* に，HMG-CoA 還元酵素遺伝子（*HMG1*）を導入すると，CoQ の生産性が 1.7 倍に増え，さらに様々な CoQ 合成酵素遺伝子の組み合わせの中で *COQ2* と *COQ5* を同時に発現させると約 2.5 倍に増加している[15]。このことから，イソプレノイド鎖の基本骨格である IPP を合成するメバロン酸経路の HMG-CoA 還元酵素を高発現することや，CoQ 合成酵素遺伝子を増強することが CoQ の高生産に有効である。

分裂酵母 *S. pombe* は，産業上もタンパク質の生産にも用いられている酵母で，ヒトと同じ CoQ_{10} を合成するため，CoQ_{10} の生産に利用する場合には出芽酵母のように側鎖合成酵素を改変する必要がないことが利点である。*S. pombe* は，メバロン酸経路によって IPP を合成しているため HMG-CoA 還元酵素（*hmgR*）の高発現による CoQ_{10} の高生産が報告されている[16]。分裂酵母に，分裂酵母由来の HMG-CoA 還元酵素遺伝子をプラスミドで導入すると，CoQ_{10} 量が 2.95 倍に増加する。また，アラキドン酸を添加すると *hmgR* の遺伝子発現が向上することから，培地にアラキドン酸を添加すると無添加に比べて CoQ_{10} 量がさらに向上することが報告されている。また，HMG-CoA 還元酵素の制御領域を削除した出芽酵母の *hmg1* 遺伝子を高発現させると CoQ 量が野生株に比べて 1.3 倍に増加している[17]。CoQ 合成酵素遺伝子の高発現も試

44

第5章 酵母によるコエンザイム Q_{10} の生産

表1 酵母を用いた CoQ_{10} 生産

菌種	株	発現させた遺伝子または培養条件	CoQ量 (mg/L)	CoQ量 (mg/g DCW)	CoQ量 生産性 (%)	CoQ種	文献
S. cerevisiae							
W303-1a	Wild type	vector	0.89			CoQ_6	14)
W303-1a	Wild type	*COQ2*（*S. cerevisiae*）	1.62			CoQ_6	
W303-1a	Wild type	（*Phaseolus vulgaris* ER-targeting signal）-*COQ2*（*S. cerevisiae*）-（ER-retention signal）	2.66			CoQ_6	
Y2N14907	*coq1::URA3*	*Paracoccus denitrificans dps*			100	CoQ_{10}	15)
Y2N14907	*coq1::URA3*	*Paracoccus denitrificans dps*, *S. cerevisiae HMG1*			170	CoQ_{10}	
Y2N14907	*coq1::URA3*	*Paracoccus denitrificans dps*, *S. cerevisiae HMG1, COQ2, COQ5*			248	CoQ_{10}	
S. pombe							
SPQ01	Wild type			0.2		CoQ_{10}	16)
SPQ01	Wild type	*hmgR*（*S. pombe*）		0.59		CoQ_{10}	
CHP429	Wild type			0.4~0.5		CoQ_{10}	17)
CHP429	Wild type	*HMG1* 触媒ドメイン（*S. cerevisiae*）または *ubiC*（*E. coli*）		0.52~0.65		CoQ_{10}	
CHP429	Wild type	*HMG1* 触媒ドメイン（*S. cerevisiae*）および *ubiC*（*E. coli*）		0.8~1.0		CoQ_{10}	
SPQ-01	Wild type	vector			100	CoQ_{10}	18)
SPQ-01	Wild type	*ppt1*			370	CoQ_{10}	
SPQ-01	Wild type	（ER-targeting signal）-*ppt1*-（ER-retention signal）			510	CoQ_{10}	
Sporidiobolus johnsonii							
	Wild type	PHB 無添加		1.3		CoQ_{10}	19)
	Wild type	25 mg/L PHB 添加		10.5		CoQ_{10}	
Rhodotorula glutinis							
	Wild type	PHB 無添加	10.1			CoQ_{10}	20)
	Wild type	500 mg/L PHB 添加	24.2			CoQ_{10}	
	Wild type	500 mg/L PHB 添加，5 % soybean oil 添加	31.9			CoQ_{10}	

みられている。ミトコンドリアに局在する Ppt1 を *S. pombe* で高発現させると乾燥重量あたりの CoQ_{10} 量が約 3.7 倍に増加し，Ppt1 の上流に小胞体移行シグナルと，下流に小胞体残留シグナルを付加すると CoQ_{10} 量が約 5.1 倍に増加し，菌の増殖にも影響がないことが報告されている[18]。しかしながら，Ppt1 に限らず *S. pombe* で CoQ 合成酵素遺伝子を高発現させると増殖が遅延するということを筆者らは観察しており，CoQ 合成経路の遺伝子 10 個（*dps1, dlp1, ppt1, coq3, coq4, coq5, coq6, coq7, coq8, coq9*）すべてを染色体に挿入した高発現株においても，CoQ_{10} 量に増加は見られないことを報告している[17]。また，キノン骨格の生産性の増加を狙って，大腸菌でコリスミ酸から PHB を合成するコリスミ酸リアーゼ（UbiC）を高発現し

た株においては，CoQ_{10}量が 1.3 倍に増加する[17]。

　これまでの報告では，CoQ 生産の向上のために合成酵素遺伝子の導入（複数の場合もある）によって，出芽酵母では生産性の向上が見られるが，分裂酵母の場合は必ずしも CoQ 量の増加につながっていないため，高発現させる遺伝子の数や種類，発現量，その他にもタンパク質の安定化などの工夫が必要である。また，増殖に影響が出ることもあるため，単純に細胞あたりの CoQ 量が増加してもそのことがすぐに生産性の向上には繋がらない場合もある。一方で，側鎖の合成経路の上流にあるメバロン酸経路の律速酵素である HMG-CoA 還元酵素の高発現はどちらの酵母でも生産性の向上に効果があり，もう一方のキノン骨格の前駆体である PHB の合成酵素である大腸菌の UbiC の導入も効果が認められる。

　酵母の一種である *Sporidiobolus johnsonii* では，乾燥重量あたり 1.3 mg/g であった CoQ_{10} 生産性を PHB の添加により，10.5 mg/g まで増加させることに成功したという報告があり，PHB による顕著な CoQ_{10} 生産増強効果が見られている[19]。また，赤色酵母 *Rhodotorula glutinis* では，培養液あたり 10.1 mg/L であった CoQ_{10} 生産が PHB の添加により 24.2 mg/L に，さらに soybean oil の添加により 31.9 mg/L に増加したことが報告されている[20]。筆者らが最近解析した分裂酵母の *S. japonicus* では元々 CoQ_{10} 量は極微量であるが，PHB の添加により生産量は増加することを見出している[21]。

6　CoQ_{10} 高生産に向けたアプローチ

　これまで，CoQ の生合成経路と，酵母を用いた CoQ 高生産の例について紹介してきた。真核生物の CoQ 生合成に関わる遺伝子の解明は酵母を中心に行われてきているが，現在でも機能が不明の遺伝子が複数あるうえ，遺伝子発現の制御機構はほとんど解明されていない。また，キノン骨格の基質となる PHB の真核生物での合成経路はチロシンから合成されるといわれているが，その詳細な経路は不明のままである。そのため，遺伝子の高発現による CoQ_{10} 高生産菌の育種では直接 CoQ 生合成に関わる遺伝子やその上流経路の遺伝子発現，大腸菌由来の遺伝子の発現が試みられているだけである。

　酵母をはじめとする微生物を用いた CoQ_{10} の高生産は，多くの様々な要因によって影響を受ける。培養条件（スケール，培養器の種類，培地の量，培養方法，震盪速度，培養時間，温度，炭素源）はもちろんのこと，生産性の向上には，培地への基質（PHB）の添加も非常に有効である。実際に筆者らは，分裂酵母で糖源の種類やグルコースの有無が CoQ_{10} の生産に影響することを見出している。また，遺伝子発現の向上のためのアプローチにおいても，キノン骨格生合成経路やキノン骨格修飾系の遺伝子発現と，イソプレノイド側鎖合成経路（特にその上流のメバロン酸経路，非メバロン酸経路）の複数の経路の向上が，最終産物である CoQ_{10} の生産量の増加に大きく影響する。最近では，酵母が本来持っていない非メバロン酸経路の遺伝子導入がエルゴステロールを指標に試みられており[22]，CoQ_{10} の高生産にも利用できる可能性もある。真核生

第 5 章　酵母によるコエンザイム Q_{10} の生産

物であれば，タンパク質の局在場所を人為的に変更し，細胞内での生産の場を変更することも，
生産性の向上に有効である。今後，CoQ_{10} 生合成経路の完全解明と，遺伝子発現制御機構の解明
が進めば，遺伝子工学的手法を用いた CoQ_{10} の高生産にも大きな進展が期待されるため，基礎
的な研究の進展が望まれるとともに，代謝経路の改変を伴う高生産に向けた新たなアプローチの
開発が行われることが期待される。

文　　献

1) M. Kawamukai, *Biosci. Biotechnol. Biochem.*, **80**, 23 (2016)
2) L. Aussel *et al.*, *Biochim. Biophys. Acta*, **1837**, 1004 (2014)
3) L. N. Laredj *et al.*, *Biochimie*, **100**, 78 (2014)
4) 日本コエンザイム Q 協会（編），コエンザイム Q10 の基礎と応用，丸善プラネット (2015)
5) K. H. Hofmann & F. Schauer, *Antonie van Leeuwenhoek*, **54**, 179 (1988)
6) D. Moriyama *et al.*, *Appl. Microbiol. Biotechnol.*, **101**, 1559 (2017)
7) A. Tzagoloff & C. L. Dieckmann, *Microbiol. Rev.*, **54**, 211 (1990)
8) K. Hayashi *et al.*, *PLoS One*, **9**(6), e99038 (2014)
9) C. H. He *et al.*, *Biochim. Biophys. Acta*, **1841**, 630 (2014)
10) M. Rohmer *et al.*, *Biochem. J.*, **295**, 517 (1993)
11) T. Gräwert *et al.*, *Cell. Mol. Life Sci.*, **68**, 3797 (2011)
12) 戒能智宏，川向誠，*BIO INDUSTRY*, **34**, 63 (2017)
13) K. Okada *et al.*, *FEBS Lett.*, **431**, 241 (1998)
14) K. Ohara *et al.*, *Plant J.*, **40**, 734 (2004)
15) 森昌昭ほか，ユビキノンの製造方法，特開 2006-204215 (2006)
16) B. Cheng *et al.*, *Appl. Biochem. Biotechnol.*, **160**, 523 (2010)
17) D. Moriyama *et al.*, *Biosci. Biotechnol. Biochem.*, **79**, 1026 (2015)
18) D. Zhang *et al.*, *J. Biotechnol.*, **128**, 120 (2007)
19) D. Dixson *et al.*, *Chem. Biodivers.*, **8**, 1033 (2011)
20) P. A. Balakumaran & S. Meenakshisundaram, *Prep. Biochem. Biotechnol.*, **45**, 398 (2015)
21) T. Kaino *et al.*, *Biosci. Biotechnol. Biochem.* (in press)
22) J. Kirby *et al.*, *Metab. Eng.*, **38**, 494 (2016)

第6章　酵母によるヒト型セラミドの高効率生産技術

船戸耕一[*]

1　はじめに

　スフィンゴ脂質，セラミドは皮膚や毛髪の健康に欠くことのできない脂質であるが，外部から補給することが可能な生体物質である。そのため，近年では乾燥敏感肌を伴う皮膚疾患に対する治療薬あるいは化粧品・美容健康食品の素材として大変注目されており，化粧品分野ではセラミドを配合した製品が数多く市販されている。過去5年間（2011～2015年）では国内の化粧品素材の市場規模が前年比約2%増で推移しているのに対し，セラミドの伸長率は10%以上で最も市場が拡大している[1]。セラミドはこれまで牛脳などの動物由来のものや化学合成品が使われていたが，安全性の観点から，現在では米，小麦，大豆や芋などの植物性由来のセラミドが利用されている。しかし，植物に含まれるセラミドは微量であるため，抽出・精製が困難であり，市場価格は非常に高いのが現状である。そのため，今後のセラミド市場の拡大に対応すべく，低コストな新しい生産技術の開発が望まれている。

　本章では，出芽酵母 Saccharomyces cerevisiae のスフィンゴ脂質合成経路を代謝工学的に改変し，ヒトのスフィンゴイドΔ4-デサチュラーゼ（DES）遺伝子を導入・発現させることで，出芽酵母で合成されないスフィンゴシンを骨格に持つヒト型セラミドを高効率的に生産する方法を開発したので紹介する。

2　スフィンゴ脂質について

　スフィンゴ脂質はスフィンゴイド塩基とよばれる長鎖アミノアルコールを骨格にもつ脂質の一群であり，酵母からヒトに至る真核生物に普遍的に存在する。スフィンゴ脂質の生合成はセリンとパルミトイル CoA の縮合反応による3-ケトスフィンガニンの合成からはじまる（図1A）[2, 3]。この反応を触媒するセリンパルミトイル転移酵素（SPT）は小胞体に局在する膜タンパク質である。SPT により合成された3-ケトスフィンガニンは還元酵素（哺乳動物 KDSR，出芽酵母 Tsc10）の作用によりスフィンガニン（ジヒドロスフィンゴシン）になる。次いで，ジヒドロスフィンゴシンはセラミド合成酵素（CerS：哺乳動物 CERS1-6，出芽酵母 Lag1，Lac1）の働きにより，ジヒドロセラミドへと変換される（図1A，1B）[2, 3]。これ以降の反応は哺乳動物細胞と酵母の間で大きく異なり，哺乳動物細胞では DES の作用によりセラミドが，出芽酵母では C4-

---

*　Kouichi Funato　広島大学　大学院生物圏科学研究科　准教授

第 6 章　酵母によるヒト型セラミドの高効率生産技術

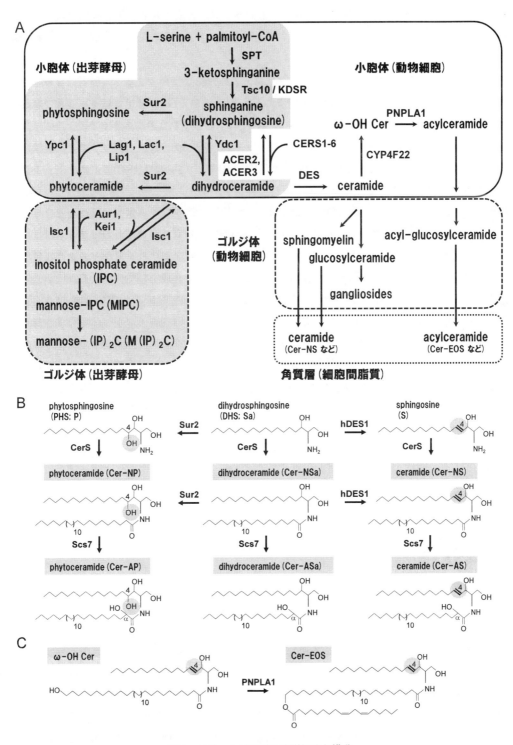

図 1　スフィンゴ脂質の代謝経路と構造

ヒドロキシラーゼ（Sur2）の作用によりフィトセラミドが合成される。出芽酵母では，ジヒドロスフィンゴシンからフィトスフィンゴシンの合成を経てフィトセラミドが合成される経路も存在する。

セラミドとフィトセラミドはゴルジ体へ運ばれ，より複雑な複合スフィンゴ脂質になる。複合スフィンゴ脂質の分子種については生物種による多様性が高い。出芽酵母では，小胞体で合成されたフィトセラミドは小胞輸送と非小胞輸送のいずれかの機構によりゴルジ体へ運ばれ[4]，ゴルジ体でイノシトールリン酸が付加されてイノシトールリン酸セラミド（IPC），マンノースが付加されてマンノシルイノシトールリン酸セラミド（MIPC），さらにMIPCにイノシトールリン酸がもう1つ付加されることでマンノシルジイノシトールリン酸セラミド（M(IP)$_2$C）へと変換される（図1A）[2]。一方，哺乳動物細胞では，小胞輸送によりゴルジ体へ運ばれたセラミドはグルコースが付加されてグルコシルセラミドに，非小胞輸送を介して運ばれたセラミドはコリンリン酸が付加されてスフィンゴミエリンへと変換される[3]。ガングリオシドなどのより複雑なスフィンゴ糖脂質はグルコシルセラミドからラクトシルセラミド合成を経て作られる。

皮膚の角質層に存在するアシルセラミドは，オメガ水酸化セラミド（ω-OH Cer）にリノール酸が付加されて合成される（図1A，1C）[5]。基底層から顆粒層の細胞のゴルジ体で合成されたスフィンゴミエリン，グルコシルセラミド，アシルグルコシルセラミドは，角質層でスフィンゴミエリナーゼとグルコセレブロシダーゼによりセラミドとアシルセラミドへ再変換され，角質細胞間脂質の約50％を占める主成分としてラメラ構造を構築する（図2A）[5~7]。

セラミドはセラミダーゼによってスフィンゴシンと脂肪酸に分解される。出芽酵母においては小胞体に局在しているアルカリセラミダーゼ（Ydc1，Ypc1）がジヒドロセラミドとフィトセラミドを分解させる（図1A）[2]。IPC，MIPCやM(IP)$_2$Cなどの複合スフィンゴ脂質はイノシトールスフィンゴ脂質ホスホリパーゼC（Isc1）によって分解され，フィトセラミドやジヒドロセラミドが作られる。

3　皮膚や毛髪におけるセラミドの役割について

皮膚の最外層に存在する角質層は角化した表皮細胞と細胞間脂質から成る厚さ$20~\mu$mの層状構造である。異物侵入に対する物理的バリアーとして機能しており，その機能の中心は細胞間脂質が形成するラメラ構造である（図2A）[5~7]。ラメラ構造は，セラミド，コレステロール，脂肪酸などの脂質がつくる疎水性の層と水分子の層が交互に何層も重なり合った構造であり，水溶性と油溶性のどちらの物質も通りにくくなっているため，抗原や細菌などの侵入を防ぐだけでなく，皮膚の水分保持においても重要な役割を果たしている。細胞間脂質の約半分を占めるセラミドがそれらの機能に深く関与しているが，角質層にあるセラミドは単一な成分ではなく，10種類以上のセラミド分子から構成されている。加齢やアトピー性皮膚炎の患者の角質ではセラミド量が低下しており[5~7]，セラミドを外部から補うことでバリアー機能や保湿機能が改善されるこ

第6章 酵母によるヒト型セラミドの高効率生産技術

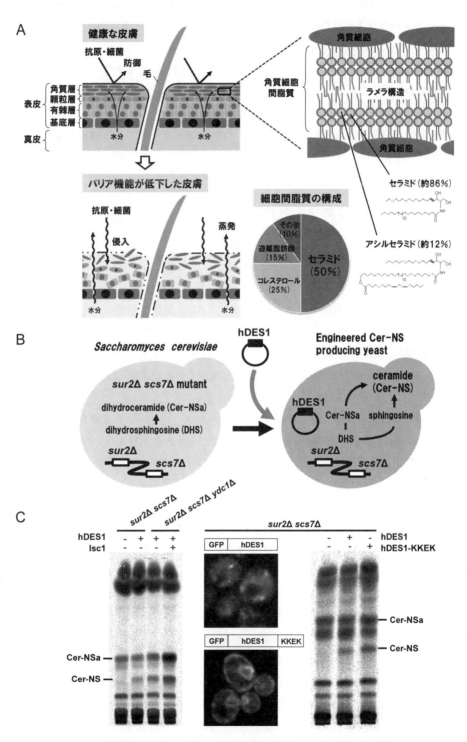

図2 皮膚におけるセラミドの役割と酵母によるセラミドNSの生産

とが分かっている。特に，セラミドのオメガ末端に水酸基が結合したω-OH Cer にリノール酸が結合したアシルセラミド（Cer-EOS；図1C）が最も効果があるとされている[6,7]。また，セラミドは毛髪の細胞膜複合体の構成成分でもあり，最も多く含まれているタイプがセラミド NS（Cer-NS；図1B）である。さらに，セラミドを外部から補うことでダメージヘアが改善されることも確認されている[8]。

筆者らは，セラミドを外部から補うことで皮膚や毛髪のダメージを改善させることを目的とし，出芽酵母では合成されないヒト型セラミド（Cer-NS）を生産させる技術の開発を行うことにした。

4　組換え酵母によるセラミド NS の生産

出芽酵母ではフィトスフィンゴシンとその前駆体であるジヒドロスフィンゴシンを骨格にもつセラミドおよび複合スフィンゴ脂質が合成されるが，DES 遺伝子を有していないことから，スフィンゴシンを骨格にもつスフィンゴ脂質は合成されない（図1A, 1B）[9]。もし，出芽酵母にスフィンゴシンをセラミドへ変換する能力があるなら，DES 遺伝子を酵母細胞へ導入することによってセラミドを生産させることができると考えられる（図1B）。そこで，酵母に変換する能力があるかについて放射能標識したスフィンゴシンを用いて解析したところ，スフィンゴシンを骨格にもつ IPC の合成が確認された[10]。つまり，スフィンゴシンをセラミドへ変換する能力を出芽酵母が持つことが示唆された。

次に，どの生物由来の DES 遺伝子が酵母内で高いスフィンゴシン合成能力を持つかについて解析を行った。解析には，出芽酵母の Sur2 を欠失した $sur2\Delta$ 破壊株を用いた。ヒト（hDES1），マウス（mDES1, mDES2）および分裂酵母（SpDSD1）の DES 遺伝子をグリセロールアルデヒド-3-リン酸デヒドロゲナーゼ（GPD）遺伝子の構成的プロモーターの下流に挿入した酵母過剰発現用ベクターを構築した。それらのベクターを導入した $sur2\Delta$ 破壊株のスフィンゴシンを骨格にもつスフィンゴ脂質の量を調べたところ，最も高い生産性を示したのは hDES1 を導入した酵母株であった[10]。mDES2 と SpDSD1 を導入した株では，スフィンゴシンの他に，$sur2\Delta$ 破壊株では合成されないフィトスフィンゴシンを骨格にもつスフィンゴ脂質が生産された。これは，mDES2 や SpDSD1 が C4-ヒドロキシラーゼ活性を持つことに起因する。一方，hDES1 および mDES1 を導入した $sur2\Delta$ 酵母株ではフィトスフィンゴシンを骨格にもつスフィンゴ脂質は生産されなかった。また，$sur2\Delta$ 破壊株に hDES1 を導入した株においては遊離のスフィンゴシンも検出された。同じような結果は，Sur2 とスフィンゴ脂質 α-ヒドロキシラーゼ（Scs7）の両方の遺伝子を破壊した $sur2\Delta scs7\Delta$ 二重破壊株でも認められた。

hDES1 を導入した $sur2\Delta scs7\Delta$ 二重破壊株においてスフィンゴシンが検出されたことから，スフィンゴシンに脂肪酸がアミド結合したセラミド NS がどの程度生産されるか（図2B），放射能標識したジヒドロスフィンゴシンを用いて調べた。その結果，全セラミド（ジヒドロセラミド

（Cer-NSa）とセラミド NS）の 30～50％に相当するセラミドがセラミド NS であった（図 2C）[10]。また，質量分析計による解析の結果，セラミド NS のほとんどは脂肪酸部分が C26：0 を主成分とするセラミドであった。

5 代謝改変によるセラミド NS 生産の向上

セラミド NS の生産量を増やすため，ジヒドロセラミドをジヒドロスフィンゴシンと脂肪酸へ分解させる Ydc1 の遺伝子を破壊した *sur2*Δ*scs7*Δ*ydc1*Δ 三重破壊株を作製した。また，IPC などの複合スフィンゴ脂質をセラミドへ分解させる Isc1 の遺伝子を GPD プロモーター下で過剰発現させるベクターを構築し，hDES1 を発現する *sur2*Δ*scs7*Δ*ydc1*Δ 三重破壊株へ導入した。得られた形質転換体のセラミド NS 量を調べたところ，*sur2*Δ*scs7*Δ 二重破壊株でのセラミド NS 量を 100％とした場合，*sur2*Δ*scs7*Δ*ydc1*Δ 三重破壊株では約 200％，Isc1 を過剰発現させた *sur2*Δ*scs7*Δ *ydc1*Δ 三重破壊株では約 800％に増加した（図 2C）[10]。さらに，Isc1 の過剰発現によってジヒドロセラミド（Cer-NSa）量も増加した。このことから，セラミド NS の生産量は細胞内セラミドの全体量に依存するものと考えられる。以上より，酵母のセラミド量を増加させる代謝工学的アプローチがセラミド NS の生産量を向上させるために非常に有効であることが示された。

6 代謝の区画化によるセラミド NS 生産の向上

目的化合物の生産性を向上させるには，酵素の発現量を増加させる他に，酵素をその基質が多く存在している場所に局在化させることも有効であると推測される。哺乳動物細胞において，DES やその活性は小胞体に主に存在することが知られている[11, 12]。DES の基質であるジヒドロセラミドは小胞体で合成されるので，hDES1 を小胞体に局在化させることがセラミド NS の生産に最も有効であると考えられる。

hDES1 の出芽酵母における細胞内局在性を調べるために，hDES1 の N 末端に緑色蛍光タンパク質 GFP を融合させたタンパク質（GFP-hDES1）を発現させるベクターを構築し酵母へ導入後，蛍光顕微鏡で観察した。その結果，GFP-hDES1 はリング状の小胞体様の構造ではなく，ドット状の構造体に局在することが分かった（図 2C）[10]。そこで，酵母の小胞体残留シグナルの 1 つ KKXX シグナル配列（KKEK）を hDES1 の C 末端に付加したタンパク質（GFP-hDES1-KKEK）を発現するベクターを構築，酵母へ導入し局在性の解析を行ったところ，小胞体に局在することが確認された。

次に，C 末端に KKEK を付加した hDES1（hDES-KKEK）を発現するベクターを *sur2*Δ*scs7*Δ 二重破壊株に導入し，セラミド NS の生産量を調べた。その結果，シグナル配列を付加していない hDES1 を導入した二重破壊株での生産量と比較して，約 2 倍の生産量の向上がみられ（図

2C），hDES1 の小胞体局在化の有効性が示された。これは，酵素を基質が多く存在する場所へ区画化させたことによる代謝反応の増加が原因であると考察している。

7　スフィンゴ脂質の代謝異常が酵母の生育に及ぼす影響

　上述したように，酵母のセラミド量を増加させる代謝工学的アプローチがセラミド NS の効率的生産に有効であることが分かった。小胞体で合成されたセラミドの大部分はゴルジ体へ運ばれて IPC などの複合スフィンゴ脂質へ変換される。したがって，その変換を抑えることによりセラミド全体の細胞内レベルを増加させれば，セラミド NS の生産量がさらに向上すると予想される。しかし，IPC の合成を触媒する酵素 Aur1 をコードする遺伝子は必須遺伝子であり，破壊すると酵母は生育できなくなる[2]。これは，Aur1 の機能欠損による複合スフィンゴ脂質の欠失あるいはセラミドの異常蓄積が原因であると考えられている[10, 13〜15]。筆者らは，複合スフィンゴ脂質の細胞内レベルがある一定量まで低下すると，カスパーゼ依存的なアポトーシスが誘導されて酵母が死に至ることを明らかにした[14]。また，谷らは，複合スフィンゴ脂質のレベルが低下した酵母の生存には，高浸透圧ストレス応答に関与する HOG シグナル伝達機構が重要な役割を果たしていることを明らかにしている[16]。このような複合スフィンゴ脂質の生理機能の解明を通じて，複合スフィンゴ脂質を欠失させても細胞死誘導が起こらない酵母を将来樹立することができれば，セラミド NS 生産量の飛躍的な向上に繋がると期待される。

　また，細胞内でのセラミドの量は de novo 合成と複合スフィンゴ脂質への変換反応の他に，セラミドの分解反応など，複数の制御機構によって厳密にコントロールされており，その恒常性維持の破綻によるセラミドの異常蓄積は細胞毒性を引き起こす[10, 13, 15]。最近，セラミドの毒性を軽減させる機構として，小胞体に局在するアシル転移酵素によるセラミドのアシルセラミドへの変換とそれに続く脂肪滴への局在化が報告された[13, 17]。また，セラミドの毒性作用のメカニズムは不明であるが，C18 の比較的短い脂肪酸を持つセラミドは毒性を示さないようである[15]。筆者らは，セラミドのスフィンゴイド塩基部分の構造と細胞毒性との関係性について調べた。その結果，フィトセラミドよりジヒドロセラミドが，ジヒドロセラミドよりセラミドが酵母にとって強い毒性を持つことが明らかになった[10]。今後，毒性を誘起するセラミドの局在場所や毒性のメカニズムの詳細が分かれば，毒性を軽減させる仕組みを酵母に導入することも可能になる。

8　おわりに

　筆者らは皮膚や毛髪に存在するセラミド NS を出芽酵母で生産する技術を開発した。また，効率よく生産させるために，セラミドの全体量を増加させる代謝工学アプローチと代謝の区画化が有効であることが示された。これらの技術はセラミド NS の持続可能かつ安定な供給に寄与すると考えられるが，さらに生産性を向上させるためには，今後はそれらの代謝工学アプローチと代

第 6 章　酵母によるヒト型セラミドの高効率生産技術

謝の区画化の組み合わせの他に，セラミドを特定のオルガネラ，例えば，脂肪滴へ強制的に局在化させる技術など，セラミドの毒性を軽減させる分子設計を酵母に導入することも必要であろう。また，酵母の複合スフィンゴ脂質が欠失した株が樹立できれば，それに CYP4F22 と PNPLA1 の遺伝子[18]を導入することによりアシルセラミド（図 1A，1C）を生産する酵母を開発できると考えられる。さらに，スフィンゴミエリン合成遺伝子やグルコシルセラミド合成遺伝子を出芽酵母に導入することにより，スフィンゴミエリンとグルコシルセラミドがそれぞれ生産されることが報告されていることから[19, 20]，グルコシルセラミド生産酵母にヒトの複合スフィンゴ脂質合成遺伝子を順次導入することによってガングリオシドのようなより複雑な脂質を作らせることも可能であると考えられる。何十種類以上あると言われているヒトの複合スフィンゴ脂質を生産する酵母ライブラリーができれば，新薬の取得を目指した薬剤スクリーニングのシステムや抗脂質抗体産生のための利用，あるいは癌やアルツハイマーなどの疾患の診断のための新たな検査法の開発への利用など幅広い活用が期待される。

文　　献

1)　2016 年 化粧品素材の市場動向分析調査，総合企画センター大阪（2016）

2)　K. Funato *et al.*, *Biochemistry*, **41**, 15105（2002）

3)　T. Yamaji & K. Hanada, *Traffic*, **16**, 101（2015）

4)　K. Funato & H. Riezman, *J. Cell Biol.*, **155**, 949（2001）

5)　A. Kihara, *Prog. Lipid Res.*, **63**, 50（2016）

6)　M. H. Meckfessel & S. Brandt, *J. Am. Acad. Dermatol.*, **71**, 177（2014）

7)　H. J. Cha *et al.*, *Int. J. Mol. Med.*, **38**, 16（2016）

8)　石田賢哉，城山健一郎，*Fragrance J.*, **11**, 23（2004）

9)　P. Ternes *et al.*, *J. Biol. Chem.*, **277**, 25512（2002）

10)　S. Murakami *et al.*, *Sci. Rep.*, **5**, 16319（2015）

11)　J. Idkowiak-Baldys *et al.*, *Biochem. J.*, **427**, 265（2010）

12)　D. L. Cadena *et al.*, *Biochemistry*, **36**, 6960（1997）

13)　L. K. Liu *et al.*, *J. Cell Biol.*, **216**, 131（2017）

14)　K. Kajiwara *et al.*, *Mol. Microbiol.*, **86**, 1246（2012）

15)　S. Epstein *et al.*, *Mol. Microbiol.*, **84**, 1018（2012）

16)　Y. Yamaguchi *et al.*, *Mol. Microbiol.*, 投稿中

17)　C. E. Senkal *et al.*, *Cell Metab.*, **25**, 686（2017）

18)　Y. Ohno *et al.*, *Nat. Commun.*, **8**, 14610（2017）

19)　K. Huitema *et al.*, *EMBO J.*, **23**, 33（2004）

20)　M. Leipelt *et al.*, *J. Biol. Chem.*, **276**, 33621（2001）

第7章 担子菌酵母によるバイオ化学品の生産

雑賀あずさ[*1]，森田友岳[*2]

1 はじめに

　酵母による物質生産には，エタノール，ブタノール等のバイオ燃料や有機酸，酵素等多くの報告例がある。酵母といえば，*Saccharomyces cerevisiae* や *Schizosaccharomyces pombe* 等の子嚢菌が有名で，物質生産の研究も子嚢菌を対象としたものが多い。一方，担子菌に分類される酵母も，子嚢菌とは異なる性質を活用して，バイオ化学品生産の研究に用いられている。本章では，担子菌酵母によるバイオ化学品の生産について，有機酸，脂質，糖脂質を対象とした研究事例を紹介する。

2 担子菌酵母による物質生産

　担子菌酵母は担子菌門（主にキノコが属する）に属する酵母であり，クロボキン亜門，サビキン亜門，ハラタケ亜門の3つに分類される。子嚢菌酵母に比べると研究例は少ないものの，Yeast 第4版に記載されている 700 種弱の酵母の内，担子菌酵母は約 200 種を占めており[1]，微生物資源としての有効活用が期待されている。担子菌酵母による物質生産で，商業利用された例としては，クロボキン亜門に属する *Pseudozyma* 属酵母を用いた産業用リパーゼの生産が有名であるが，近年，酵素はもちろん，有機酸，脂質，糖脂質等のバイオ化学品生産に向けた研究が活発になっている（図1）[2]。

3 有機酸の生産

　担子菌酵母による有機酸の生産に関して，最も研究が進んでいるもののひとつが，イタコン酸である（図1A）。イタコン酸は，ラテックス，樹脂原料，印刷インキ，繊維改質剤等の幅広い工業製品の原料である他，食品添加物や農薬としても用いられる有機酸であり，米国エネルギー省（DOE）が選定した，バイオリファイナリーの 12 の基幹物質にも含まれている[3]。現在，イ

---

*1　Azusa Saika　（国研）産業技術総合研究所　機能化学研究部門　バイオケミカルグループ　研究員

*2　Tomotake Morita　（国研）産業技術総合研究所　機能化学研究部門　バイオケミカルグループ　グループ長

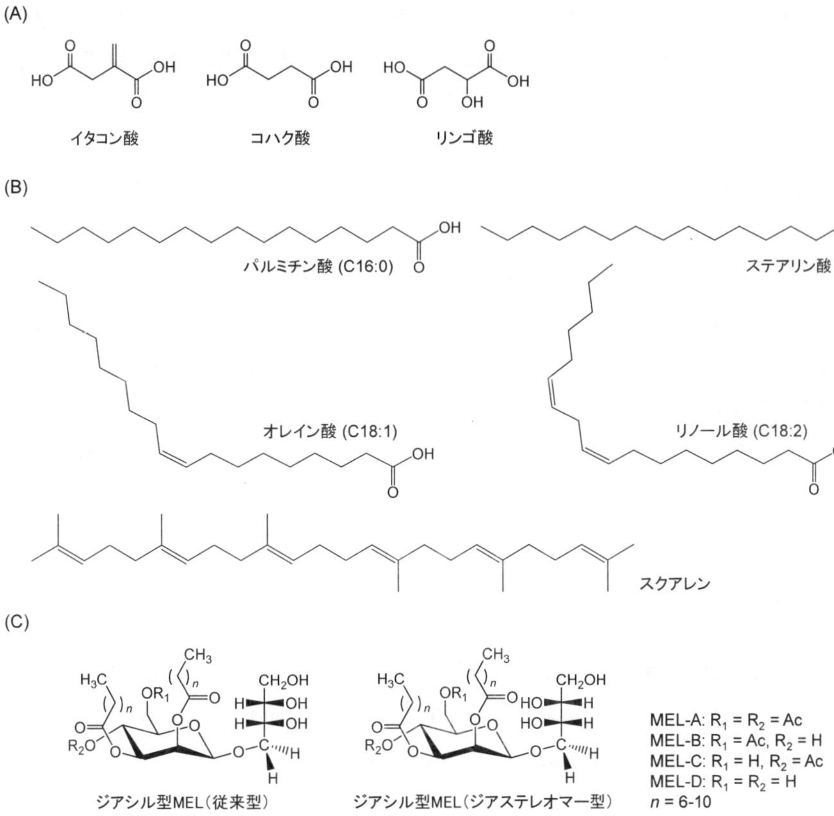

第7章　担子菌酵母によるバイオ化学品の生産

(A)

イタコン酸　　　　コハク酸　　　　リンゴ酸

(B)

パルミチン酸 (C16:0)　　　　ステアリン酸 (C18:0)

オレイン酸 (C18:1)　　　　リノール酸 (C18:2)

スクアレン

(C)

ジアシル型MEL（従来型）　　ジアシル型MEL（ジアステレオマー型）

MEL-A: R$_1$ = R$_2$ = Ac
MEL-B: R$_1$ = Ac, R$_2$ = H
MEL-C: R$_1$ = H, R$_2$ = Ac
MEL-D: R$_1$ = R$_2$ = H
n = 6-10

図1　担子菌酵母が生産するバイオ化学品

タコン酸の生産は *Aspergillus terreus* を用いたバイオプロセスが主流である。1939 年の最初の報告以来[4]，生産量の向上に関する研究が進められ，最近では対糖収率 0.62 g/g[5]でのイタコン酸生産が可能となっている（対糖収率の理論値は 0.72 g/g[6]）。一方，*A. terreus* には，培地や廃糖蜜などに含まれる不純物の影響を受けやすい，といった課題があり[7]，現在も生産プロセスの改良が進められている。

　担子菌の中では，クロボキン亜門に属する *Ustilago* 属がイタコン酸を生産することが知られている。*A. terreus* よりも少し遅れた 1955 年，Haskins ら[8]は，*U. zeae* が糖脂質と同時にイタコン酸とジアンスロンを生産することを初めて報告した。*Ustilago* 属は，*A. terreus* と比べて培地や炭素源中の不純物の影響を受けにくいこと，また，酵母様の形態を維持したままでの培養が可能であるため，菌糸形成による培養液の粘性上昇に伴う酸素供給量の低下，流体力学的ストレスへの感受性が回避できることから[9]，商業生産に有利な性質を持つ。最近では，培地・培養条件の最適化により，*U. maydis* によるイタコン酸生産量は対糖収率 0.34 g/g にまで向上できることが報告されている[10]。この収率は，*A. terreus* によるイタコン酸生産の 6 割弱であるが，今後，遺伝子工学技術による宿主の改良で，生産量の大幅な向上が期待されている。実際に

57

Geiser ら[6]は，*U. maydis* において，イタコン酸生合成遺伝子クラスターに含まれる *cyp3*（P450 monooxygenase）の破壊と，*ria1*（Cluster regulator）の過剰発現を組み合わせることで，イタコン酸の対糖収率を 0.05 g/g から 0.48 g/g にまで向上させている。

Ustilago 属では，イタコン酸以外にもリンゴ酸やコハク酸を生産することが知られている[11]（図 1A）。リンゴ酸は主に食品添加物（酸味料，乳化剤，pH 調整剤など）に使用されており，工業的には無水マレイン酸やフマル酸の水和で合成されている。微生物によるリンゴ酸の生産は，固定化細菌を用いた方法[12]や，*Aspergillus flavus* による発酵生産[13]があるが，前者は生産コストが高いこと，また後者は *A. flavus* がカビ毒（アフラトキシン）生産菌であることから，商業生産には至っていない[14]。最近，*Ustilago* 属によるリンゴ酸の生産量向上に関する研究が進み[14~16]，例えば *U. trichophora* を用いてグリセロールから 195 g/L/11 days のリンゴ酸生産に成功している[14]。今後，生産菌の改変を含めた生産プロセスの改良が進めば，*Ustilago* 属によるリンゴ酸の商業生産が期待される。

4　脂質の生産

脂質の主な供給源は，植物や動物，魚類であるが，近年の天候不順による供給不安の回避や，再生可能資源利用の観点から，微生物による脂質の生産に関する研究が盛んに進められている。微生物が生産する脂質としては，カビ（*Mortierella* 属，*Mucor* 属等）による γ-リノレン酸や，微細藻類（*Euglena* 属，*Cryptocodenium* 属等）による EPA，DHA などの報告がある[17]。

担子菌酵母も脂質を生産することが知られており（図 1B），サビキン亜門の *Rhodotorula glutinis* は，オレイン酸（40~50%），パルミチン酸（10~30%），リノール酸（5~25%），ステアリン酸（5~10%）を主成分とする脂質を生産し，18~66%の含有率で細胞内に蓄積することができる[18]。これまでに Johnson ら[19]および Lorenz ら[20]が，*R. glutinis* を用いて乾燥菌体重量比 66%，63%という高い脂質含有率での脂質生産を報告している（対原料収率はいずれも 0.18 g/g，理論値約 0.3 g/g[21]）。ハラタケ亜門の *Cryptococcus* 属酵母では，*C. curvatus* を用いた脂質生産が報告されている[22~24]。*C. curvatus* は，廃グリセロールを炭素源に乾燥菌体重量比 50%前後の脂質を蓄積し，その組成は *R. glutinis* 由来の脂質とほぼ同等である（オレイン酸 45%，パルミチン酸 20~30%，ステアリン酸 10~15%，リノール酸 5~10%）[22~24]。クロボキン亜門では *Pseudozyma* 属酵母が脂質を生産することが知られており，*Pseudozyma* sp. TYC-2187 や *P. parantarctica*，*P. tsukubaensis* は，廃グリセロールを原料に乾燥菌体重量比 40~50%の脂質を蓄積する[25]。その組成はオレイン酸 36%，リノール酸 31%，パルミチン酸 21%，ステアリン酸 8%（*Pseudozyma* sp. TYC-2187[25]）であり，*R. glutinis* や *C. curvatus* が生産する脂質と比べると，リノール酸の割合が高めになっている。

また，*Pseudozyma* 属酵母がスクアレンを生産することも知られている（図 1B）。スクアレンはトリテルペンの一種で，抗酸化活性などの機能性を有していることから[26, 27]，サプリメント等

第7章 担子菌酵母によるバイオ化学品の生産

表1 *Aurantiochytrium* 属ラビリンチュラと *Pseudozyma* 属酵母によるスクアレン生産

菌株	乾燥菌体重量 (g/L)	スクアレン生産量 (g/L)	スクアレン収量 (mg/g-DCW)	培養時間 (d or h)	スクアレン生産効率 (mg/L/h)	文献
Aurantiochytrium sp. 18W-13a	6.5	1.29	198	4 d	13.4	30)
Aurantiochytrium sp. Yonez 5-1	3.4	1.1	318	4 d	11.5	31)
Pseudozyma sp. JCC207	5.2	0.34	70	120 h	2.8	32)
Pseudozyma sp. SD301	72 (fed-batch)	2.45	34	80 h	30.6	33)
	30 (batch)	1.65	55	42 h	39.3	

に利用されている。スクアレンの微生物生産は，酵母や細菌，ラビリンチュラ類を対象として研究されており[28]，特にラビリンチュラ類の *Aurantiochytrium* 属での生産性は高く[29]，*Aurantiochytrium* sp. 18W-13a 株[30] および Yonez 5-1 株[31] を用いて乾燥菌体重量1g当たり198mg および318mg のスクアレン生産に成功している（表1）。*Pseudozyma* 属酵母によるスクアレン生産は，2008年の Chang ら[32] によるものが最初であり，乾燥菌体重量1g当たりのスクアレン量は70mg と比較的高かったが，生産効率（mg/L/h）で比較すると *Aurantiochytrium* の5分の1程度であった。しかし最近，*Aurantiochytrium* よりも生産効率の高い株（39.3 mg/L/h）が発見され[33]，今後の新規生産菌のスクリーニングや，生産菌の育種・改良，生産プロセスの改良を通じた，生産量のさらなる向上が期待されている。

5 糖脂質（バイオ界面活性剤）の生産

担子菌酵母が生産する糖脂質は，既にバイオ界面活性剤（バイオサーファクタント：BS）として商業化が進められている。糖脂質型の BS にはソホロリピッド[34, 35]，マンノシルエリスリトールリピッド（MEL）[36, 37]，ラムノリピッド[38]，セロビオースリピッド（CL）[39]，トレハロースリピッド[40] 等があるが，担子菌酵母が生産するのは，MEL（*Ustilago* 属，*Pseudozyma* 属）と CL（*Cryptococcus* 属）である。MEL は臨界ミセル濃度が汎用合成界面活性剤と比べて非常に低い（CMC = 2.7×10^{-6} M）[41] 他，多様な自己組織化能[42]，抗腫瘍活性[43]，抗菌活性[41]，ヒトの毛髪や皮膚のダメージ修復[44, 45] 等，多くの機能性を有していることから，機能性バイオ素材としての利用拡大が期待されている。

MEL は，マンノースとエリスリトールからなる糖骨格に，2本の中鎖脂肪酸（ジアシル型）とアセチル基が結合した基本骨格を持つが（図1C），原料を糖質にすると脂肪酸鎖が1本に（モノアシル型）[46]，また油脂を過剰供給すると3本になる（トリアシル型）[47]。この脂肪酸鎖の本数に加えて，アセチル基の数と位置の違いにより，MEL-A（ジアセチル型），MEL-B（モノアセチル型），MEL-C（モノアセチル型），MEL-D（脱アセチル型）と4つに分類されている。さらに，糖骨格のキラリティにより従来型とジアステレオマー型に分類され[48, 49]，どの構造の

酵母菌・麹菌・乳酸菌の産業応用展開

表2　各種 MEL の生産菌と生産量の比較

菌株	生産物	原料	培養時間 (d)	MEL 生産量 (g/L)	文献
P. antarctica T-34	従来型 MEL 混合物 (主成分 MEL-A)	*n*-octadecane	28	140	52)
P. parantarctica JCM11752	従来型 MEL 混合物 (主成分 MEL-A)	Soybean oil	28	106.7	53)
P. tsukubaensis 1E5	ジアステレオマー型 MEL-B (選択的)	Olive oil	7	73.1	54)
P. hubeiensis KM59	従来型 MEL 混合物 (主成分 MEL-C)	Glucose Soybean oil	16	74.3	55)
P. hubeiensis SY62	従来型 MEL 混合物 (主成分 MEL-C)	Glucose Olive oil	7	129	56)

MEL を生産するかは生産菌に依存している。また，原料を変えることで，糖骨格の構造にもバリエーションを持たせることが可能である。糖骨格に含まれるエリスリトールは，原料の油脂や糖質から *de novo* で合成されたものであるが，筆者ら[50, 51]は，他の糖アルコール（アラビトール，リビトール，マンニトール）を培地に添加することで，エリスリトールがこれら糖アルコールに置き換わった，マンノシルアラビトールリピッド（MAL），マンノシルリビトールリピッド（MRL），マンノシルマンニトールリピッド（MML）といった派生型 MEL の生産に成功している。

　Pseudozyma 属酵母の MEL 生産量は高く，菌株や原料を選択することで 100 g/L 前後の生産量を実現している（表2）[52〜56]。さらに，遺伝子工学的な手法による生産量の向上も進められており，筆者ら[57]は，リパーゼを過剰発現することで原料である油脂の消費が促進され，MEL の生産量が向上することを見出している。最近では，MEL の生合成経路が明らかとなり，遺伝子組換え基盤技術も整備されてきている[58]。今後，遺伝子情報に基づいた遺伝子レベルでの生産菌の改良と生産技術の高度化により，MEL の産業利用の拡大が期待される。

6　おわりに

　担子菌酵母は，本章で紹介したイタコン酸，脂質，スクアレン，バイオ界面活性剤以外にも，各種酵素や多糖類，糖アルコール等，種々の有用物質の生産宿主としてのポテンシャルを秘めている。今後，担子菌酵母の研究が進むことで，より多くの産業分野で担子菌酵母によるバイオ化学品の商業生産が広がっていくことを願っている。

第 7 章　担子菌酵母によるバイオ化学品の生産

文　　献

1)　高島昌子, *Microbiol. Cult. Coll. Dec.,* **16**, 41 (2000)

2)　B. N. Paulino *et al., Appl. Microbiol. Biotechnol.,* **101**, 7789 (2017)

3)　渡辺隆司, 材料, **61**, 668 (2012)

4)　C. T. Calam *et al., Biochem. J.,* **33**, 1488 (1939)

5)　A. Kuenz *et al., Appl. Microbiol. Biotechnol.,* **96**, 1209 (2012)

6)　E. Geiser *et al., Metab. Eng.,* **38**, 427 (2016)

7)　T. Willke & K. D. Vorlop, *Appl. Microbiol. Biotechnol.,* **56**, 289 (2001)

8)　R. H. Haskins *et al., Can. J. Microbiol.,* **1**, 749 (1955)

9)　T. Klement *et al., Microb. Cell Fact.,* **11**, 43 (2012)

10)　N. Maassen *et al., Eng. Life Sci.,* **14**, 129 (2014)

11)　E. D. Guevarra & T. Tabuchi, *Agric. Biol. Chem.,* **54**, 2353 (1990)

12)　K. Yamamoto *et al., Eur. J. Appl. Microbiol. Biotechnol.,* **3**, 169 (1976)

13)　Y. Peleg *et al., Appl. Microbiol. Biotechnol.,* **28**, 76 (1988)

14)　T. Zambanini *et al., Biotechnol. Biofuels,* **9**, 135 (2016)

15)　T. Zambanini *et al., Biotechnol. Biofuels,* **9**, 67 (2016)

16)　T. Zambanini *et al., Metab. Eng.,* **4**, 12 (2017)

17)　小川順, 生物工学, **90**, 723 (2012)

18)　A. M. Kot *et al., Appl. Microbiol. Biotechnol.,* **100**, 6103 (2016)

19)　V. Johnson *et al., World J. Microbiol. Biotechnol.,* **8**, 382 (1992)

20)　E. Lorenz *et al., J. Biotechnol.,* **246**, 4 (2017)

21)　S. Papanikolaou & G. Aggelis, *Eur. J. Lipid Sci. Technol.,* **113**, 1031 (2011)

22)　Y. Liang *et al., Bioresour. Technol.,* **101**, 7581 (2010)

23)　M. Thiru *et al., Bioresour. Technol.,* **102**, 10436 (2011)

24)　Z. Gong *et al., Bioresour. Technol.,* **219**, 552 (2016)

25)　N. Takakuwa *et al., J. Oleo Sci.,* **62**, 605 (2013)

26)　R. Amarowicz, *Eur. J. Lipid Sci. Technol.,* **111**, 411 (2009)

27)　M. Spanova & G. Daum, *Eur. J. Lipid Sci. Technol.,* **113**, 1299 (2011)

28)　W. Xu *et al., World J. Microbiol. Biotechnol.,* **32**, 195 (2016)

29)　I. M. Aasen *et al., Appl. Microbiol. Biotechnol.,* **100**, 4309 (2016)

30)　K. Kaya *et al., Biosci. Biotechnol. Biochem.,* **75**, 2246 (2011)

31)　A. Nakazawa *et al., J. Appl. Phycol.,* **26**, 29 (2014)

32)　M. H. Chang *et al., Appl. Microbiol. Biotechnol.,* **78**, 963 (2008)

33)　X. Song *et al., J. Agric. Food Chem.,* **63**, 8445 (2015)

34)　S. Ogawa & Y. Ota, *Biosci. Biotechnol. Biochem.,* **64**, 2466 (2000)

35)　U. Rau *et al., Ind. Crop. Prod.,* **13**, 85 (2001)

36)　D. Kitamoto *et al., Agric. Biol. Chem.,* **54**, 37 (1990)

37)　D. Kitamoto *et al., Agric. Biol. Chem.,* **54**, 31 (1990)

38)　R. M. Maier & G. Soberón-chávez, *Appl. Microbiol. Biotechnol.,* **54**, 625 (2000)

酵母菌・麹菌・乳酸菌の産業応用展開

39) B. Teichmann *et al.*, *Mol. Microbiol.*, **79**, 1483 (2011)

40) A. Franzetti *et al.*, *Eur. J. Lipid Sci. Technol.*, **112**, 617 (2010)

41) D. Kitamoto *et al.*, *J. Biotechnol.*, **29**, 91 (1993)

42) D. Kitamoto *et al.*, *Curr. Opin. Colloid Innterfase Sci.*, **14**, 315 (2009)

43) X. Zhao *et al.*, *J. Biol. Chem.*, **276**, 39903 (2001)

44) T. Morita *et al.*, *J. Oleo Sci.*, **59**, 267 (2010)

45) S. Yamamoto *et al.*, *J. Oleo Sci.*, **61**, 407 (2012)

46) T. Fukuoka *et al.*, *Appl. Microbiol. Biotechnol.*, **76**, 801 (2007)

47) T. Fukuoka *et al.*, *Biotechnol. Lett.*, **29**, 1111 (2007)

48) T. Fukuoka *et al.*, *Carbohydr. Res.*, **343**, 555 (2008)

49) T. Fukuoka *et al.*, *Carbohydr. Res.*, **343**, 2947 (2008)

50) T. Morita *et al.*, *Appl. Microbiol. Biotechnol.*, **96**, 931 (2012)

51) T. Morita *et al.*, *Appl. Microbiol. Biotechnol.*, **83**, 1017 (2009)

52) D. Kitamoto *et al.*, *Biotechnol. Lett.*, **23**, 1709 (2001)

53) T. Morita *et al.*, *J. Oleo Sci.*, **57**, 557 (2008)

54) T. Morita *et al.*, *Appl. Microbiol. Biotechnol.*, **88**, 679 (2010)

55) M. Konishi *et al.*, *Appl. Microbiol. Biotechnol.*, **78**, 37 (2008)

56) M. Konishi *et al.*, *J. Biosci. Bioeng.*, **111**, 702 (2011)

57) A. Saika *et al.*, *Appl. Microbiol. Biotechnol.*, **101**, 8345 (2017)

58) M. Konishi *et al.*, *J. Biosci. Bioeng.*, In Press (2017), https://doi.org/10.1016/j.jbiosc.2017.08.003

第8章 バイオ医薬品生産に向けた出芽酵母の糖鎖構造改変

冨本和也[*1]，安部博子[*2]

1 バイオ医薬品とその動向

　バイオ医薬品とは，その定義において国際的に統一されたものは未だ存在しないものの[1]，一般的には遺伝子工学的手法によって生産される主に抗体・サイトカイン・ホルモン等の組換えタンパク質および核酸を有効成分とする医薬品と解釈されている。2015年における世界の医薬品売上高ランキングの1位および1から10位の内7銘柄がバイオ医薬品であることからも分かるように[2]，近年世界的に需要が拡大しており，各製薬会社が開発にしのぎを削っている。

2 バイオ医薬品と糖タンパク質糖鎖

　前述のようにバイオ医薬品の多くは組換えタンパク質を原料とするが，それらは翻訳後修飾によって糖鎖が付加される場合が多い。糖鎖とは，広義には「糖またはその派生物がグリコシド結合により重合した化合物全般」を意味するが，狭義には主として真核生物のタンパク質・脂質に付加されるオリゴ糖類を指す（本稿でもこの意で「糖鎖」という用語を用いる）。糖鎖が付加されたタンパク質は糖タンパク質と呼ばれ，糖タンパク質糖鎖は N-結合型と O-結合型の2種類がある。N-結合型糖鎖は，タンパク質アミノ酸配列中の N–X–S/T（X はプロリン以外）のコンセンサス配列中に存在するアスパラギン残基のアミノ基に付加される糖鎖である[3,4]。一方，O-結合型糖鎖はタンパク質のセリン・スレオニン残基の水酸基に付加される糖鎖であり[5]，明確なコンセンサス配列は存在しないとされる。バイオ医薬品の生体内での薬理作用・動態について，糖鎖の有無は大きな影響を及ぼす。例えば組換えインターフェロン β（IFNβ）では，N-結合型糖鎖をもつ IFNβ-1a に比べ，N-結合型糖鎖をもたない IFNβ-1b は投与された患者の体内で中和抗体が生産されやすく，薬効が損なわれやすいことが知られている[6]。組換えタンパク質生産宿主として頻用される大腸菌は原核生物であり，タンパク質への糖鎖付加を行うことができないため，前述の IFNβ-1b の例のごとく，大腸菌で生産されたバイオ医薬品はその効果を十全に発揮できない場合がある。バイオ医薬品として利用される組換えタンパク質において，糖鎖の有無は非常に重要であり，それらは糖鎖付加能をもつ哺乳動物培養細胞によって生産されるケースが多い。特に組換え抗体に関しては，その多くがチャイニーズハムスター卵巣由来の CHO 細胞を

　＊1　Kazuya Tomimoto　㈱酒類総合研究所　醸造微生物研究部門　研究員

　＊2　Hiroko Abe　（国研）産業技術総合研究所　健康工学研究部門　主任研究員

宿主として生産されている。しかし，CHO細胞には人畜共通感染ウィルスによる汚染リスク，大腸菌などの微生物に比べて増殖が遅い，遺伝子組換え細胞株の樹立に長期間を要する等の課題がある。またCHO細胞にて生産された糖タンパク質には，ヒトに対して抗原性をもつ N-グリコリルノイラミン酸が非還元末端に付加されることが知られており，その安全性が懸念されている[7]。ウィルス汚染対策としてはアニマルフリー培地の使用[8]，N-グリコリルノイラミン酸付加低減としては培養条件[9]，培地組成[10]を改良する方法等が報告されているが，完全な解決には至っておらず，新たなバイオ医薬品生産系の開発が期待されている。現在，カイコ[11]，植物[12]等の生産系も研究されているが，本稿では出芽酵母を用いた系について詳述する。

3 バイオ医薬品生産プラットフォームとしての出芽酵母

　出芽酵母（*Saccharomyces cerevisiae*）はタンパク質の翻訳後糖鎖修飾系をもつ単細胞真核生物であり，増殖が速い，遺伝子組換え菌株の樹立が容易，糖鎖への N-グリコリルノイラミン酸付加が起こらない等の糖タンパク質生産において有利な形質を示す。しかしながら，出芽酵母の N-結合型糖鎖構造はヒトのそれとは大きく異なる（図1）。出芽酵母の N-結合型糖鎖は小胞体とゴルジ体で合成され，小胞体での糖鎖の合成過程は哺乳動物と基本的に共通している一方，ゴルジ体内での合成過程が大きく異なる。哺乳動物のゴルジ体における糖鎖合成過程では，マンノシダーゼによる一部マンノース残基のトリミングと，各種糖転移酵素による N-アセチルグルコサミン（GlcNAc）・ガラクトース・N-アセチルノイラミン酸（シアル酸）等の付加反応が起こり，最終的には高マンノース型，混合型，複合型の3種の糖鎖が合成される。高マンノース型糖鎖は非還元末端がいずれもマンノースであるのに対し，複合型糖鎖は非還元末端側にシアル酸，ガラクトースまたは GlcNAc が付加されている。混合型糖鎖は，高マンノース型と複合型糖鎖の中間の構造をとる[4]。一方，出芽酵母のゴルジ体での糖鎖合成過程においては，マンノースおよびリン酸化マンノースの付加のみが起こる[5]。出芽酵母型の糖鎖で特に問題なのが，糖外鎖と呼ばれる100個以上のマンノース残基から成る部分である[13]。この巨大な糖外鎖が抗原性をもつことは古くから知られており[14]，出芽酵母型糖鎖をもつ糖タンパク質も哺乳動物に対して抗原性をもつ可能性がある。出芽酵母をバイオ医薬品開発のための宿主として利用するためには，出芽酵母型糖鎖構造をヒト型糖鎖に改変する必要がある。

4 出芽酵母の N-結合型糖鎖構造改変

　出芽酵母の糖鎖構造改変の上でまず目指すべきは，糖外鎖の合成を抑制することである。*S. cerevisiae* の α1,6マンノース転移酵素遺伝子 *OCH1*[15]，α1,3マンノース転移酵素遺伝子 *MNN1*[16]，マンノース-1-リン酸転移酵素遺伝子 *KTR6* の転写制御に関わる *MNN4*[17] の3つの遺伝子を破壊することにより，糖外鎖の合成が抑制された株が作製された[18]。本株は哺乳動物の

第 8 章　バイオ医薬品生産に向けた出芽酵母の糖鎖構造改変

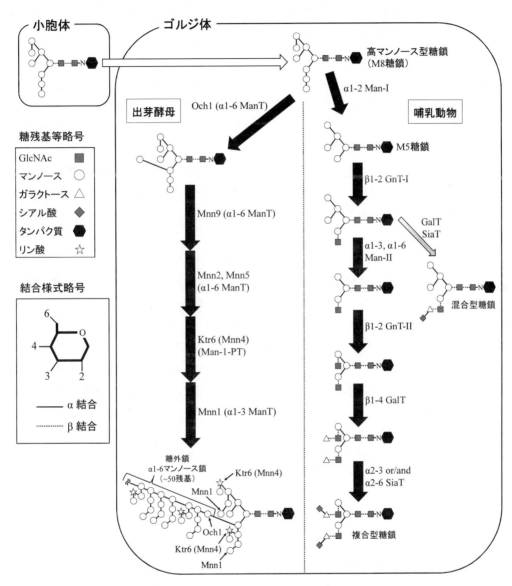

図1　出芽酵母と哺乳動物のゴルジ体における N-結合型糖鎖合成経路

小胞体で合成された糖タンパク質は，輸送小胞に乗ってゴルジ体に移行し，その内部で糖鎖は各種の糖転移酵素・グリコシダーゼによる修飾を受ける。小胞体における糖鎖合成経路は，全ての真核生物で基本的に共通であるが，ゴルジ体での糖鎖修飾は生物種によって大きく異なる（本文参照）。出芽酵母の糖外鎖構造は厳格に定まっておらず，図は一例である。また，哺乳動物の複合型・混合型糖鎖構造は代表的なもので，図示したもの以外にも分岐様式・還元末端糖残基の異なる様々なものが存在する[4]。

ManT：マンノース転移酵素，Man-1-PT：マンノース-1-リン酸転移酵素，Man：マンノシダーゼ，GnT：GlcNAc 転移酵素，GalT：ガラクトース転移酵素，SiaT：シアル酸転移酵素．

高マンノース型糖鎖と同一構造である8つのマンノース残基をもつ糖鎖（M8糖鎖）を合成した。しかし，この三重遺伝子破壊株は高温感受性を示し，加えて顕著な増殖能・タンパク質生産能の低下が認められた[19]。これらの形質は組換えタンパク質生産のための宿主としては不適当であるため，糖鎖構造が改変されつつも，増殖能，タンパク質生産能の低下を改善した株の取得が求められる。そこで我々は，従来の変異導入法である変異導入剤処理やUV照射等とは異なる不均衡変異導入法[20]を適用することによって，糖外鎖をもたず，かつ増殖能・タンパク質生産能が改善された変異株の取得を試みた。不均衡変異導入法は，DNAの複製時に機能するDNAポリメラーゼδ（Pol3）の校正能欠損変異型遺伝子を利用することによって，DNA複製時に発生するエラー頻度を高めることによって変異を誘発する方法である。前述の三重遺伝子破壊株に対し不均衡変異導入法を適用し，高温（37.5℃）での増殖能を指標としてスクリーニングを行ったところ，糖外鎖が付加されることなく，増殖能・タンパク質生産能の低下が改善された変異株を得ることに成功した[19]。

　糖鎖構造改変の上で次に目標となるのは，哺乳動物の複合型糖鎖を合成するための中間体である，5つのマンノース残基をもつM5糖鎖への改変である。M8糖鎖からM5糖鎖への改変過程において除去される3つのマンノース残基はいずれも α1,2結合であるため，これを切断可能な α1,2-マンノシダーゼをゴルジ体内で発現させればよいと考えられた。そこで我々は，*Aspergillus tubingensis*（Syn. *A. saitoi*）由来 α1,2-マンノシダーゼ（ManI）をゴルジ体内に局在させるためにManIのN末端側にゴルジ体で機能するOch1の膜貫通領域を付加した融合遺伝子を，M8糖鎖合成変異株に導入した。その結果，約70％の糖鎖がM5糖鎖に変換された株を得ることに成功した[21]。なお，M5糖鎖合成株はメタノール資化性酵母 *Ogataea minuta* でも樹立されており，こちらではより高い割合でM5糖鎖が得られている[22]。

　前述したように，*N*-結合型糖鎖構造はバイオ医薬品の薬物動態に影響を与えることが知られており，例えば高マンノース型糖鎖が付加された組換え抗体は，複合型糖鎖が付加された抗体に比べて投与後血中クリアランスが早いことが報告されている[23]。このため完全な複合型糖鎖の合成が望まれるが，その成功例は *S. cerevisiae* あるいは *O. minuta* の系では現在のところ報告されていない。M5糖鎖より先の糖鎖合成経路には，種々の糖転移酵素や糖ヌクレオチド合成関連遺伝子の導入が必要であり困難が予想された。しかし，2006年に米国のバイオベンチャー企業GlycoFiは，分泌タンパク質生産能が非常に高いことで知られるメタノール資化性酵母 *Pichia pastoris* を宿主として，複合型糖鎖の合成を達成したと報告した。M8糖鎖合成株を親株とし，ヒト・マウス・キイロショウジョウバエ等様々な生物種由来の糖転移酵素・マンノシダーゼ・糖ヌクレオチドトランスポーターの各遺伝子，および酵母には存在しない糖ヌクレオチドであるCMP-シアル酸の合成関連遺伝子群を計14個導入した結果，シアル酸が付加された複合型糖鎖をもつ組換えヒトエリスロポエチンが生産された。この組換えエリスロポエチンは，野生株 *P. pastoris* が生産する高マンノース型糖鎖をもつそれよりも，大幅に高い赤血球産生作用を示した[24]。

第8章 バイオ医薬品生産に向けた出芽酵母の糖鎖構造改変

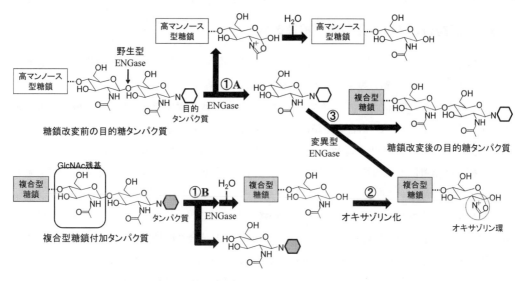

図2 オキサゾリン化糖鎖を用いたN-結合型糖鎖半合成系
①A：糖鎖改変前の目的糖タンパク質をENGaseで切断し，GlcNAcが1残基付加された目的タンパク質を得る。①B：複合型糖鎖が付加された糖タンパク質をENGaseで切断し，還元末端GlcNAcが1残基失われた複合型糖鎖を得る。②：その複合型糖鎖を有機合成的手法でオキサゾリン化する。③：オキサゾリン化複合型糖鎖と目的タンパク質を，変異型ENGaseで縮合する。

一方，ここまでで紹介した事例とは根本的に異なる手法による，糖タンパク質半合成系も考案されている。Endo-β-N-acetylglucosaminidase（ENGases）はN-結合型糖鎖のアスパラギン残基から1番目と2番目のGlcNAc間のβ1,4結合を切断するグリコシダーゼであるが，糖鎖を丸ごと転移する糖鎖転移活性ももつ。接合菌 *Mucor hiemalis* 由来のENGasesであるEndo-M[25]は高マンノース型，複合型いずれの糖鎖も転移可能であるため，N-結合型糖鎖改変への応用が期待されたが[26]，グリコシダーゼ活性をもつため糖鎖転移反応効率は低かった。そこでグリコシダーゼ活性をほとんどもたない変異型Endo-Mが開発されたが，この変異型酵素は糖鎖転移活性をも失っていた。原因として，同変異により糖鎖転移・加水分解反応に共通の中間体である，オキサゾリン化GlcNAcが形成できないことが考えられた。そこで，還元末端GlcNAcをあらかじめオキサゾリン化した非天然型糖鎖を基質として用いたところ，高い糖鎖転移活性が確認された[27]。現在，この変異型Endo-Mとオキサゾリン化糖鎖を利用する合成系が盛んに研究されている（図2）。オキサゾリン化糖鎖は鶏卵の卵黄[28]などから，目的糖タンパク質は出芽酵母や *P. pastoris* より生産される組換え糖タンパク質[29]，あるいは化学合成されたN-結合型GlcNAc付加ペプチドなど[30]を利用する手法が提唱されている。

5　出芽酵母の O-結合型糖鎖構造改変

出芽酵母をバイオ医薬品生産のための宿主として利用する上で，O-結合型糖鎖の付加も問題となる。出芽酵母の O-結合型糖鎖は α1,2 あるいは α1,3 結合マンノースおよびマンノース-1-リン酸[31]からなる短い糖鎖であり[5]，その鎖長は最大でも5残基程度である[32]。出芽酵母による組換え抗体生産において，O-結合型糖鎖は H 鎖・L 鎖の重合を阻害する作用があるため[33]，O-結合型糖鎖の付加も低減させることが望ましい。出芽酵母の O-結合型糖鎖合成に関与するマンノース転移酵素遺伝子は複数存在するが（図3），O-結合型糖鎖付加量を低減する上で最も重要なのは PMT 遺伝子群であると思われる。Pmt はセリン・スレオニン残基に1つ目の α-マンノースを付加する，小胞体局在の O-マンノース転移酵素である[5]。1つ目の α-マンノースが付加されなければその後の伸長反応も滞ることから，Pmt は O-結合型糖鎖合成効率を決定づける重要な酵素であると考えられる。S. cerevisiae では PMT1 から PMT7 の7つの遺伝子が存在し，基質特異性が異なることが報告されている[34]。そのため PMT 破壊は特定の組み合わせで合成致死となり，その全てを破壊することはできない[35]。我々は，先に開発した S. cerevisiae の M5 糖鎖合成株に，さらに PMT1，PMT2 の2つの遺伝子の破壊を加えることにより，O-結合型糖鎖量を野生株比で約40％程度に低減できることを報告した[21]。

また，遺伝子組換えに拠らない O-結合型糖鎖付加の抑制法も考案されている。例えば，Pmt 阻害剤であるローダミン-3-酢酸存在下で組換え酵母の培養を行う方法[33]，生産された組換えタンパク質を in vitro でマンノシダーゼ処理する方法などが挙げられる[36]。

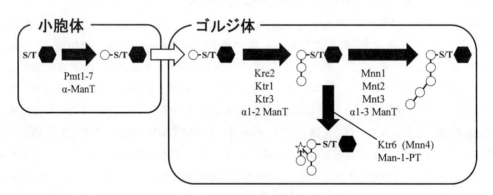

図3　出芽酵母の O-結合型糖鎖合成経路
小胞体で機能する Pmt によって，タンパク質のセリン・スレオニン残基に最初のマンノースが付加される。糖タンパク質は輸送小胞に乗ってゴルジ体に移行し，その内部で複数の α1,2-・α1,3-マンノース転移酵素によりマンノースが付加される（最大5残基程度）。一部の糖鎖にはマンノース-1-リン酸転移酵素により，マンノース-1-リン酸残基が転移される。酵素名略称・各記号は図1脚注参照。

第8章　バイオ医薬品生産に向けた出芽酵母の糖鎖構造改変

6　出芽酵母によるバイオ医薬品生産の現状と今後の展望

　糖鎖構造改変酵母の組換え糖タンパク質生産系における最大の課題は，やはりタンパク質生産性の低さであろう。野生型 *P. pastoris* による組換えヒトアルブミンの生産では，流加培養法により～11 g/L medium の高生産性を達成したという報告があるが[37]，前述の複合型糖鎖合成 *P. pastoris* によるヒトエリスロポエチン生産では，20 mg/L medium の生産性であったと報告されている[24]。菌株・培養条件・生産される組換えタンパク質等が異なるため一概に比較できないが，非常に大きな差である。この差の原因の一つは，糖鎖構造を改変したことで増殖能やタンパク質生産性が低下したためではないかと考えられる。目的タンパク質の生産性を上げるために，液胞プロテアーゼをコードする *PEP4*，*PRB1*[38]遺伝子を破壊することによって，生産された組換えタンパク質の分解を抑える方法が考えられる。我々は，前述の *N-* および *O-*結合型糖鎖改変出芽酵母株の *PEP4*・*PRB1* 二重破壊株を構築し，ヒトガレクチン9の生産能を調べた。その結果，これらの遺伝子破壊により，同生産能が16倍程度になることを明らかにした[21]。今後の研究開発により，さらなる生産性の向上が期待される。さらに，前述したオキサゾリン化糖鎖を用いた半合成系において利用される *N-*結合型 GlcNAc 付加組換え糖タンパク質の生産においても，糖鎖改変出芽酵母による生産系が将来的に利用できる可能性も考えられる。

　出芽酵母は遺伝子改変が容易であることから，目的株の樹立を短期間で行えるという特徴がある。この特徴と出芽酵母の糖鎖改変技術を利用すれば，従来のバイオ医薬品の迅速なアミノ酸置換等による改変や，機能性の高い糖鎖の付加などによって薬効を向上させることも可能となる。例えば，様々な糖鎖を合成するように改変した出芽酵母内で目的タンパク質を発現させることによって，種々の非天然型糖鎖が付加された糖タンパク質を生産し，それらの薬効をスクリーニングすることによって高活性な非天然型糖タンパク質を選定することもできる。その後は，CHO 細胞等の高生産性系に移して大量生産を行う，あるいはオキサゾリン化糖鎖を用いた半合成系による糖鎖付加を行う，といった応用方法が想定される。

　現在，酵母の系で生産されているバイオ医薬品は子宮頸がんワクチン等，ごく一部に留まるが，酵母をバイオ医薬品の宿主として利用する系は実用生産・研究開発段階いずれの利用可能性もあると筆者は考えている。今後のこの分野の発展に，大いに期待したい。

文　　献

1)　R. A. Rader, *Nat. Biotechnol.*, **26**, 743（2008）
2)　医薬ランキング2016年版，ミクス online（https://www.mixonline.jp/Article/tabid/55/artid/54696/Default.aspx）

3) E. Bause, *Biochem. J.*, **209**(2), 331 (1983)

4) A. Vasconcelos-dos-Santos *et al.*, *Front. Oncol.*, **5**, 138 (2015)

5) P. Orlean, *Genetics*, **192**(3), 775 (2012)

6) P. I. Creeke & R. A. Farrell, *Ther. Adv. Neurol. Disord.*, **6**(1), 3 (2013)

7) C. H. Hokke *et al.*, *FEBS Lett.*, **275**(1-2), 9 (1990)

8) M. Plavsic, *BioPharm Int.*, **29**(5), 40 (2016)

9) M. C. Borys *et al.*, *Biotechnol. Bioeng.*, **105**(6), 1048 (2010)

10) D. Ghaderi *et al.*, *Nat. Biotechnol.*, **28**(8), 863 (2010)

11) 瀬筒秀樹, 立松謙一郎, 生化学, **86**(5), 553 (2014)

12) 藤山和仁, 生物工学会誌, **90**(9), 563 (2012)

13) Y. Nakanishi-Shindo *et al.*, *J. Biol. Chem.*, **268**(35), 26338 (1993)

14) S. Suzuki *et al.*, *Jpn. J. Microbiol.*, **12**(1), 19 (1968)

15) K. Nakayama *et al.*, *EMBO J.*, **11**(7), 2511 (1992)

16) T. R. Graham *et al.*, *J. Cell Biol.*, **127**(3), 667 (1994)

17) T. Odani *et al.*, *FEBS Lett.*, **420**(2-3), 186 (1997)

18) S. Takamatsu *et al.*, *Glycoconj. J.*, **20**(6), 385 (2004)

19) H. Abe *et al.*, *Glycobiology*, **19**(4), 428 (2009)

20) 矢野駿太郎, 生物工学会誌, **89**(9), 524 (2011)

21) H. Abe *et al.*, *Glycobiology*, **26**(11), 1248 (2016)

22) K. Kuroda *et al.*, *FEMS Yeast Res.*, **6**(7), 1052 (2006)

23) A. Wright *et al.*, *Glycobiology*, **10**(12), 1347 (2000)

24) S. R. Hamilton *et al.*, *Science*, **313**(5792), 1441 (2006)

25) K. Yamamoto *et al.*, *Biochem. Biophys. Res. Commun.*, **203**(1), 244 (1994)

26) L. X. Wang, *Trends Glycosci. Glycotechnol.*, **23**(129), 33 (2011)

27) M. Umekawa *et al.*, *J. Biol. Chem.*, **283**(8), 4469 (2008)

28) W. Huang *et al.*, *J. Am. Chem. Soc.*, **131**(6), 2214 (2009)

29) Y. Wei *et al.*, *Biochemistry*, **7**(39), 10294 (2008)

30) H. Hojo *et al.*, *J. Org. Chem.*, **77**(21), 9437 (2012)

31) K. Nakayama *et al.*, *Biochim. Biophys. Acta*, **1425**(1), 255 (1998)

32) M. Lussier *et al.*, *J. Biol. Chem.*, **270**(6), 2770 (1995)

33) K. Kuroda *et al.*, *Appl. Environ. Microbiol.*, **74**(2), 446 (2008)

34) M. Gentzsch & W. Tanner *et al.*, *Glycobiology*, **7**(4), 481 (1997)

35) V. Girrbach & S. Strahl *et al.*, *J. Biol. Chem.*, **278**(14), 12554 (2003)

36) D. Hopkins *et al.*, *Appl. Microbiol. Biotechnol.*, **99**(9), 3913 (2015)

37) T. Ohya *et al.*, *Biotechnol. Bioeng.*, **90**(7), 876 (2005)

38) H. B. Van Den Hazel *et al.*, *Yeast*, **12**(1), 1 (1996)

第9章 新しい創薬ツールとしての出芽酵母

久保佳蓮[*1]，大矢禎一[*2]

1 はじめに

　一つの新薬を開発するのには1,000億円以上の研究開発費と10年以上の歳月を要する場合があることが知られており，新薬開発の道のりは長い。新薬候補化合物のスクリーニングから始まって，標的物質を同定し，製造方法を確立した後で，候補化合物を前臨床試験，臨床試験にまで持って行って有効性および安全性を確認し，ようやく新薬としての製造販売承認を得ることになる。そうした中で，今までになかった革新的なツールやテクノロジーを駆使し，できるだけ速やかに有効性の高い薬の開発に結びつけようとする試みが行われ始めてきている。

　顕著な生理活性を示す化合物には，生体内に必ず特異的な標的分子が存在する。標的分子はタンパク質であることが多いが，そうではないこともある。標的分子が1種類のこともあれば，複数種あることもある。ただ何れにしても，標的分子を同定することは，化合物の作用メカニズムの解明に必須であり，創薬研究の大切なポイントの一つになっている。従来の標的タンパク質の同定方法としては，タンパク質の活性を測定する生化学的方法や，化合物と標的タンパク質の物理的相互作用を直接的に検出する方法が知られてきた。相変わらずそれらの方法は有効である場合があるが，標的タンパク質との結合力が弱い場合や，細胞内では結合するものの試験管内では結合が観察されない場合もしばしば見られ，標的タンパク質の同定は容易なものではなかった。そこで，生きたままの細胞内での結合を調べることができる出芽酵母の表現型を用いるアプローチが新たに登場することになる（図1）。このアプローチに従えば，標的分子（犯人）を特定するために，犯罪捜査の時と同じように，表現型（犯人の行動）の特徴をまずプロファイルする。そして，他の知見や経験も加味した上で標的分子の正体に迫っていく。そこでこの章では出芽酵母を新しい創薬ツールとして使った研究例として，表現型に基づいた化合物の標的同定方法について紹介するとともに，特に真菌の細胞壁をターゲットにした抗真菌剤について最近の知見を紹介する。

---

　*1　Karen Kubo　東京大学　大学院新領域創成科学研究科

　*2　Yoshikazu Ohya　東京大学　大学院新領域創成科学研究科　教授

酵母菌・麹菌・乳酸菌の産業応用展開

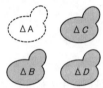

図1　出芽酵母の表現型解析による薬剤標的予測方法

2　化学遺伝学プロファイリング

　化学遺伝学プロファイリングを別の言葉で表現すると，遺伝子欠損株や温度感受性変異株の中でどれが薬剤感受性株，耐性株を示すかを網羅的に調べたデータである。UBC[1]，Novartis[2]，理化学研究所／トロント大学[3]などの国内外の研究グループがしのぎを削って研究を進めているが，ごく最近発表された論文[4]ではさらに解析がスピードアップし，マルチプレックスタグ配列を用いたバーコードシークエンス法と組み合わせることにより，化合物存在下で混合培養した310の代表的な一倍体の遺伝子破壊株セットの中から効率的に薬剤感受性株，耐性株を選抜することを可能にした（図2A）。この方法により，理化学研究所の天然化合物バンクNPDepo，米国の国立衛生研究所（NIH），国立がん研究所（NCI）の化合物ライブラリーなど，7つの化合物ライブラリー，合計13,524化合物のスクリーニングを行い，その中の1,522の化合物について信頼できる化学遺伝学プロファイリングを作成した（第10章も参照のこと）。

　この化学遺伝学プロファイリングに基づいた標的推定方法がユニークである[4]。まず，化合物がタンパク質に作用してその機能を阻害することは，そのタンパク質をコードしている遺伝子が遺伝子破壊により機能不全になることと同義だということを前提にしている（図2B）。そして既に研究チームは，二重遺伝子破壊株が致死になるか（negative interaction），あるいは逆に増殖が回復するか（positive interaction）について，3,600万（6,000×6,000）ある組み合わせの中の約90％で調べた遺伝子間相互作用のデータベースを作成していたが[5]，そのデータベースに今回のプロファイリングを照らし合わせて，化合物がどの遺伝子の機能を阻害していればうまく

第9章 新しい創薬ツールとしての出芽酵母

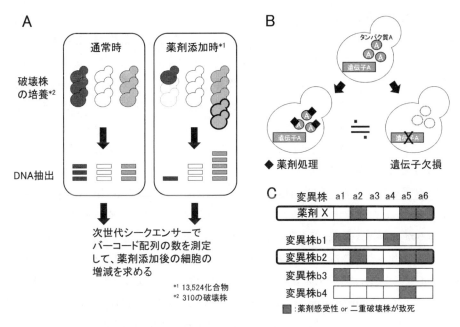

図2 化学遺伝学プロファイリング
(A) バーコードを使った薬剤耐性株と感受性株の選抜方法。(B) 化学遺伝学法では遺伝子欠損によるタンパク質の機能不全と薬剤による機能不全を同意義と仮定する。(C) 化学遺伝学プロファイリングを使った標的予測方法。

辻褄が合うかを統計的に求めた（図2C）。現状では，標的機能のアノテーション（注釈）を予想するところまでは可能だが，化合物の標的そのものを予想することは不可能である。

化学遺伝学プロファイリングによる標的予想の精度については，現状では正答率は約3割程度である。細胞壁合成に影響を与えると予想された化合物については筆者らが担当したが，25の化合物の中で8つが確かに細胞壁合成に影響を与えていた。今後標的予想の精度を上げるためには，代表的な310の非必須遺伝子破壊株ではなく，もっと多くの非必須遺伝子破壊株，必須遺伝子の変異株である温度感受性変異株のデータを集めることが必要であろう。また，ヘテロ二倍体や遺伝子高発現株での感受性，耐性を網羅的に調べていく必要もあるだろう。化学遺伝学プロファイリングのデータベースは，現在までにMOSAIC（http://mosaic.cs.umn.edu）とHIPHOP chemical genomics database（http://chemogenomics.pharmacy.ubc.ca/hiphop/）という2つが公開されている。

3 形態プロファイリング

形態プロファイリングを別の言葉で表現すると，酵母に化合物を処理した時に濃度依存的に変化する細胞形態を調べたデータである。そして形態プロファイリング法とはその化合物による形態変化を遺伝子破壊ライブラリーの形態変化と比較して，類似性が高いものをターゲットの可能

性が高いと予想する方法である[6]。

形態プロファイリング法で前提にしている考え方が2つある。まず，野生型酵母に化合物を作用させた時に，もしその化合物が細胞内のある遺伝子産物に結合してその遺伝子の機能を抑えたならば，その結果として酵母は特徴的な形態変化を示すはずである。さらに，その形態変化は遺伝子破壊によってその遺伝子の機能を抑えた時の細胞形態と似てくるはずである。形態プロファイリングを調べるのに欠かせないのが，出芽酵母専用に開発された画像解析システム CalMorph であった[7]。このシステムによって遺伝子欠損による細胞の形態変化を 501 次元で定量的に解析することが初めて可能になった。

標的既知の化合物の標的予想は，DNA 合成阻害剤として知られる hydroxyurea で初め行われた[8]。hydroxyurea の細胞内ターゲットはリボヌクレオチドリダクターゼの構成成分である Rnr4 であるが，hydroxyurea で処理した酵母の形態を解析し，非必須遺伝子破壊株の形態プロファイリングと比べたところ，遺伝子破壊株 *rnr4Δ* と極めて高い類似性を示した（図3）。相関係数は 0.84 もあり，4,718 の全非必須遺伝子破壊株の形態と比較したところ，*rnr4Δ* の形態が最も類似していた。hydroxyurea 以外にも既に 10 以上の標的既知化合物の細胞内ターゲットを予想することができている（図3）。これを見てもわかるように，細胞内の様々なプロセスで形態プロファイリングによる標的予想がうまくいっている[8〜10]。

標的未知の化合物の標的予想についても，成功例が徐々に出てきている。最近我々は今まで細胞内標的がわかっていなかった2つのリグノセルロースの加水分解産物について形態プロファイリングにより細胞内ターゲットを予想し，その予想が正しいことを確かめた。まずバニリンは

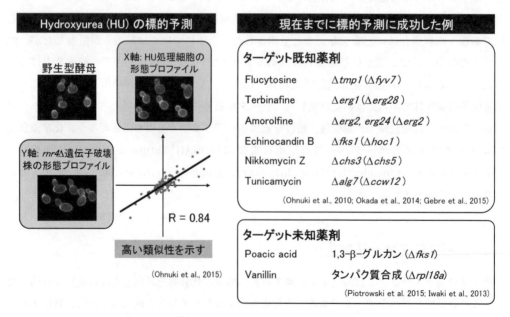

図3　形態プロファイリングによる薬剤標的予測

第9章 新しい創薬ツールとしての出芽酵母

フェノール関連化合物で，木質系バイオマスを糖化した際に副産物として生じる発酵阻害物質として酵母によるエタノール発酵の際に問題になっている。バニリンで処理した酵母の形態を，出芽酵母の全非必須遺伝子破壊株との形態類似性を比較したところ，バニリン処理細胞はリボソーム大サブユニットの欠損株と有意に類似していることが明らかになった。バニリンがリボソームの機能を阻害することによってタンパク質合成を抑制するとともに，P-bodyやストレスグラニュールを形成していることも実際に明らかになった[11]。高濃度のバニリンが存在しても発酵能力が維持されるバニリン耐性酵母が育種できれば，木質系バイオマスのエネルギー利用に新しい道が開かれるだろう。バニリンの細胞内ターゲットがリボソーム大サブユニットであるという結果を受けて，今後戦略的なバニリン耐性酵母の作製が目指されている。

　次にポアシン酸は，イネ科の植物に存在しているヘミセルロース（アラビノキシラン）を架橋しているジフェルラ酸の誘導体である。ポアシン酸で処理した酵母の形態を，出芽酵母の全非必須遺伝子破壊株との形態類似性を比較したところ，ポアシン酸処理細胞は細胞壁合成に関係している遺伝子変異株の形態とよく似ていた[12]。実際にポアシン酸が出芽酵母の細胞壁の合成を阻害しているかを検証したところ，ポアシン酸は細胞壁の主要な構成成分である $1,3\text{-}\beta\text{-}$グルカンと結合することおよび，ポアシン酸が $1,3\text{-}\beta\text{-}$グルカンの合成を in vitro および in vivo で阻害することがわかった。形態プロファイリング法によって，これからも標的未知の化合物の標的が次々に明らかになることが期待されている。

4　遺伝子発現プロファイリング

　遺伝的変異もしくは化合物による処理により，当然多くの遺伝子発現パターンが変化する。トロント大学の Tim Hughes らのグループは，約300の条件変化（276の遺伝子破壊株，11のテトラサイクリン誘導変異株，13の化合物）によって出芽酵母のほぼ全ての5,835遺伝子の発現パターンがどのように変化するかを調べた。その結果，欠損する遺伝子の機能ごとに遺伝子発現プロファイルは異なり，全部で15の機能グループに分かれることが明らかになった[13]。変異株で同じような遺伝子発現プロファイルを示すことを指標にして，今まで機能未知であった遺伝子の機能もわかるようになった。その後，遺伝子発現以外の情報も組み合わせて標的を推定する方法も開発されている[14]。

　化学遺伝学プロファイリング，形態プロファイリング，遺伝子発現プロファイリングという3つのプロファイリングの中で，どの方法が一番優れているかということも興味深い点である。どのプロファイリングが遺伝子機能との関係が明瞭に現れるかということは，Precision/Recall という数値[15]を調べることによって可能であるが，それによると，遺伝子発現プロファイリングが最も機能との関係が強く，それとほぼ並んで形態プロファイリング，そして化学遺伝学プロファイリングと続く。もちろん，これらのデータベースを組み合わせて標的を推定すれば，さらに信頼性は上がる。

75

5 細胞壁をターゲットとした新しい抗真菌剤

近年の医療の高度化によって，日和見感染が増加の傾向にあり，深在性真菌症のカンジダ症やアスペルギルス症などが全世界で大きな問題になってきている。国内ではポリエン系，ピリミジン系，アゾール系およびキャンディン系の4クラス合わせて10薬剤が使用可能であるものの[16]，それらに対する耐性菌も出現してきており，新しい抗真菌剤の開発が必要である。一方で抗真菌剤は植物病原性真菌に対する殺菌剤としても使用されるが，ここでもまたその広範な利用によって耐性菌が出現しており，新しい抗真菌剤の開発が求められている。

真菌の細胞壁は古くから抗真菌剤の標的として注目されてきた。1970年代に開発されたEchinocandin B，1990年に入ってからのMicafunginとAnidulafunginはキャンディン系の抗真菌剤と呼ばれるが，今では合計で年間1,400億円の売り上げがある（2005年調べ）。その後いくつもの新しい抗真菌剤が開発されてきているが，それらを表1にまとめた。真菌の細胞壁には（1,3-β-，1,6-β-，α-）グルカン，マンノプロテイン，キチンなどが含まれているが，抗真菌剤の種類によってその標的も異なっている。キャンディン系抗真菌剤の標的はグルカン合成酵素（GS）の触媒サブユニット（Fks1とFks2），R3A-5aの標的はO-マンノース修飾酵素（PMT；Pmt1，Pmt2，Pmt4），D75-4590の標的は1,6-β-グルカン合成，ポアシン酸の標的は

表1 細胞壁をターゲットとした抗真菌薬

化合物名	Echinocandin B	Micafungin	Anidulafungin
スクリーニング方法	*In vitro* GS 活性	半合成	半合成
細胞内標的	1,3-β-グルカン合成酵素	1,3-β-グルカン合成酵素	1,3-β-グルカン合成酵素
化学構造式			

R3A-5a	D75-4590	Poacic acid	Pseudojervine
In vitro PMT 活性	レポータータンパク質	形態学	化学遺伝学
O-型糖鎖合成酵素	1,6-β-グルカン合成	1,3-β-グルカン	未同定

抗真菌薬として使われているキャンディン系薬剤と新しい候補化合物。

第9章　新しい創薬ツールとしての出芽酵母

1,3-β-グルカンである。なかでも，ポアシン酸は植物由来の物質であり，植物病原性真菌（*Sclerotinia sclerotiorum，Alternaria solani*）や卵菌 *Phytophthora sojae* に対して広い抗菌スペクトルを持っていることから[17]，植物由来の新しい抗真菌農薬として期待が高まっている。まだ具体的な標的が特定されていないものもあり，今後の研究が待たれるところである。

6　おわりに

　出芽酵母は今までも，様々な新薬の開発の際に利用されてきた。真菌の一種である酵母が抗真菌剤の開発に利用されるのはある意味当然のこととしても，過去には高等動物との共通性から免疫抑制剤 FK506，メバロン酸合成経路の阻害剤スタチンの研究にも積極的に利用されてきた。最近はハーバード大学の David Sinclair 教授の進める抗老化剤が話題になっているが，本章で紹介したような網羅的な手法を使うことによって，新しい生物活性を持つ化合物が見出され，標的が新たに同定される化合物が次々に出てくるのではないだろうか。

謝辞

　本研究で紹介した形態プロファイリングに関する研究の幾つかは筆者が所属する研究室の大貫慎輔，岡田啓希博士らとの共同で行ったものです。化学遺伝学プロファイリングに関する研究は，理化学研究所・トロント大学の Charlie Boone 博士，理化学研究所の Sheena Li，吉田稔，長田裕之博士，ミネソタ大学の Chad Myers 博士，ウィスコンシン大学の Jeff Piotrowski 博士らと共同で行ったものです。いずれも，科研費（24370002 and 15H04402）の支援を受けたものです。この場を借りて深く感謝いたします。

文　　献

1)　A. Y. Lee *et al.*, *Science*, **344**, 208（2014）

2)　D. Hoepfner *et al.*, *Microbiol. Res.*, **169**, 107（2014）

3)　A. B. Parsons *et al.*, *Cell*, **126**, 611（2006）

4)　J. S. Piotrowski *et al.*, *Nat. Chem. Biol.*, **13**, 982（2017）

5)　M. Costanzo *et al.*, *Science*, **353**, pii: aaf1420（2016）

6)　S. Ohnuki *et al.*, *Methods Mol. Biol.*, **1263**, 319（2015）

7)　Y. Ohya *et al.*, *Proc. Natl. Acad. Sci. USA*, **102**, 19015（2005）

8)　S. Ohnuki *et al.*, *PLoS One*, **5**, e10177（2010）

9)　H. Okada *et al.*, *Mol. Biol. Cell*, **25**, 222（2014）

10)　A. A. Gebre *et al.*, *FEMS Yeast Res.*, **15**, fov040（2015）

11)　A. Iwaki *et al.*, *PLoS One*, **8**, e61748（2013）

12)　J. S. Piotrowski *et al.*, *Proc. Natl. Acad. Sci. USA*, **112**, E1490（2015）

酵母菌・麹菌・乳酸菌の産業応用展開

13) T. R. Hughes *et al.*, *Cell*, **102**, 109 (2000)
14) A. Tanay *et al.*, *Proc. Natl. Acad. Sci. USA*, **101**, 2981 (2004)
15) J. A. Brown *et al.*, *Mol. Syst. Biol.*, **2**, 2006.0001 (2006)
16) 西山彌生, *Med. Mycol. J.*, **53**, 233 (2012)
17) 大矢禎一, 久保佳蓮, 日本農薬学会誌, **42**, 91 (2017)

第10章　酵母ケミカルゲノミクスを用いた化合物
作用機序解明のための大規模高速解析法

八代田陽子[*1]，吉田　稔[*2]

1　はじめに

微生物や植物由来の二次代謝産物およびその誘導体は有用な効果をもつ。我々の生存，生活に必要不可欠な医薬，農薬等として提供されるほか，基礎科学の分野においては，生命現象を理解する上で重要なカギとなるツールとしても利用される。しかしながら，そのような生理活性物質，すなわち化合物のうち，作用機序がわかっている，特に分子レベルで標的分子（タンパク質）が同定されている化合物の例は実はごく僅かである。化合物の標的分子の同定は，より有効性の高い誘導体の創製にもつながり，また，それが治療薬として使われているならば，構造改変等による副作用の軽減にもつながるため，創薬における最重要課題であることは明らかである。

さて，化合物の標的分子を決めるにあたり，その方法は大きく分けて2つに分類できる。1つは，化合物と標的分子との物理的相互作用を検出する方法であり，もう1つは遺伝学的相互作用に基づき化合物と標的分子の相互作用を検出する方法である。多くの場合においては，物理的相互作用の検出方法を採ることが一般的であろう。化合物を固定化した担体（アフィニティビーズ等）を用いて，細胞抽出物からその化合物に特異的に結合するタンパク質を「釣り上げる」ことにより，標的分子を同定する。しかしながら，この方法により常に化合物-標的分子間相互作用が見出されるとは限らない。なぜならば，この方法は化合物とタンパク質間の結合に依存し，また，標的タンパク質の量に依存するからである。化合物とタンパク質間の結合が弱い場合，あるいは強くても解離速度が速い場合は相互作用の検出は難しい。また，標的分子（タンパク質）が微量の場合は多量の非特異的吸着に紛れる可能性もある。一方，遺伝学的相互作用に基づいて化合物と標的分子（タンパク質＝遺伝子産物）の相互作用を検出する方法は「ケミカルゲノミクス」法と呼ばれる[1, 2]。そもそも，化合物が標的分子（タンパク質）に作用し，その機能を阻害することは，そのタンパク質をコードしている遺伝子が遺伝子変異（遺伝子破壊も含む）により機能できないことと等しい。ケミカルゲノミクス法は標的分子をコードする遺伝子の量的変化による化合物感受性変化を指標に，化合物と遺伝子産物の相互作用を推定しようとするものである。表現型，特に増殖度合いの変化から間接的に化合物と遺伝子産物（タンパク質）の相互作用

＊1　Yoko Yashiroda　（国研)理化学研究所　環境資源科学研究センター　ケミカルゲノミク
　　　ス研究グループ　専任研究員

＊2　Minoru Yoshida　（国研)理化学研究所　環境資源科学研究センター　ケミカルゲノミク
　　　ス研究グループ　グループディレクター

酵母菌・麹菌・乳酸菌の産業応用展開

をみようとするので，物理的相互作用の検出が難しい場合にも適用可能である。また，化合物が生物の増殖に影響さえすればこの方法は適用できるので，作用機構についての予備知識も必要なく，バイアスのない方法だと言える。

ケミカルゲノミクス法は網羅的な遺伝学的解析（ゲノミクス解析）が可能な生物を用いて行われる。例えば，1996 年にゲノム解読が終了した出芽酵母 *Saccharomyces cerevisiae* は約 6,000 個のタンパク質をコードする遺伝子をもち[3]，遺伝子破壊株[4]や高温感受性変異株[5]などの遺伝子変異株ライブラリー，全 ORF（Open Reading Frame）ライブラリー[6]といったゲノミクス解析用ツールが整備されている。また，同様に 2002 年にゲノム解読を終え，約 5,000 個のタンパク質をコードする遺伝子を持つことが明らかとなった分裂酵母 *Schizosaccharomyces pombe* においても[7]，遺伝子破壊株ライブラリー[8]，全 ORF ライブラリー[9]が作製され，さまざまな解析に利用されている。酵母は取り扱いが容易なうえ，上述のように網羅的な解析ツールが整っており，すでに世界中の研究者によるデータの蓄積もあることから，大規模で効率の良い，ケミカルゲノミクスによる作用機序解析法を確立するには最適な生物である。ただし，酵母を用いてケミカルゲノミクスを行う際に懸念すべき点として，酵母の化合物に対する感受性がある。酵母は細胞壁を持ち，また，薬剤排出機構も発達しているため，化合物が効きにくいと考えられている。しかし，その点については，薬剤排出ポンプ自体，さらにはそれらの転写因子をコードする遺伝子破壊株を薬剤感受性ホストとして用いることにより克服できる[10~13]。本章では，これまでに開発されてきた，酵母を用いたケミカルゲノミクスによる化合物の作用機序解明のための技術，特に次世代シークエンスやマイクロアレイをつかう大規模高速解析法について概説する。

2 合成致死性にもとづいたケミカルゲノミクス

ある遺伝子の単独変異では細胞は死に至らないが，もう一つ別の遺伝子の変異と組み合わせると致死性を示すことを「合成致死性」と呼ぶ。合成致死性を示す遺伝子同士は同様の機能をもつ，つまり，同じ生物学的プロセスで機能すると考えられる。これまでに，出芽酵母，分裂酵母の遺伝子破壊株ライブラリーを用いて大規模遺伝子ネットワーク解析が行われてきた[14~16]。出芽酵母または分裂酵母の 2 種類の遺伝子に変異をもつ二重変異株の増殖度合いを数値化し，「合成致死性」を見出すことにより，網羅的な「遺伝子–遺伝子相関性」を明らかにし，そのデータベースが作成されている。特に，出芽酵母においては，約 6,000 個の遺伝子についてあらゆる組み合わせの二重変異株を試験し，約 55 万対の遺伝子同士の合成致死性（負の相互作用；二重変異株増殖度合いが，もとの単独変異株の増殖度合いから計算された期待値以下である），あるいは約 35 万対の正の相互作用（二重変異株の増殖度合いが，もとの単独変異株の増殖度合いから計算された期待値以上である）を見出している[15]。その結果から，各遺伝子は大きく分けて，DNA 複製／DNA 修復，有糸分裂，小胞輸送，リボソームの生合成など 17 の生物学的プロセスに属することがわかった。このような網羅的解析が容易に行えるのは，各遺伝子変異株が固有の

第 10 章　酵母ケミカルゲノミクスを用いた化合物作用機序解明のための大規模高速解析法

IDとして20塩基対から成る「DNAバーコード配列」をもつからである[4]。出芽酵母や分裂酵母の遺伝子破壊株ライブラリーにおいては、薬剤耐性マーカーの一つでありG418耐性を付与するkanMX遺伝子を用いて各遺伝子と置き換えているが、そのkanMX遺伝子の上流および下流に各遺伝子に固有の「DNAバーコード配列」を配置させてある[4,6,8]（図1）。つまり、培養液中に混在して存在する遺伝子破壊株それぞれの数は、「DNAバーコード配列」をPCRによって増幅させて、マイクロアレイ法で各バーコード数を検出することにより定量することが可能になる。今日では、次世代シークエンサーを用いて一気にバーコード配列を解読する「バーコードシークエンス法」が主流になっており、網羅的解析の高速化が進んでいる。

筆者らは、バーコードシークエンス法により、数百の化合物の作用標的の予測・同定を迅速に効率よく行う酵母ケミカルゲノミクス法を開発した[13]。まず、理化学研究所の天然化合物バンクをはじめ、合計7つのライブラリーに所蔵される13,524化合物について出芽酵母に対する生物活性を示す化合物をスクリーニングした。そのうち酵母が高い感受性を示した1,552化合物を用いて、出芽酵母の非必須遺伝子の一倍体遺伝子破壊株ライブラリーを処理し、各株の化合物感受性をハイスループットにプロファイリングする方法を確立した。この方法においては、全ての非必須遺伝子破壊株（約5,000株）を使うのではなくて、様々な遺伝子との相互作用性が高く、作用標的経路を推測できる能力の高い代表遺伝子310個にしぼり、それらの遺伝子破壊株をまとめてプールにして化合物存在下で培養した。培養液を回収後、DNAを抽出し、各遺伝子固有のDNAバーコード配列を次世代シークエンサーで解読し、各バーコード数を数え上げることにより、化合物処理群と化合物未処理群とを比較して、どの遺伝子破壊株が化合物感受性を示したか

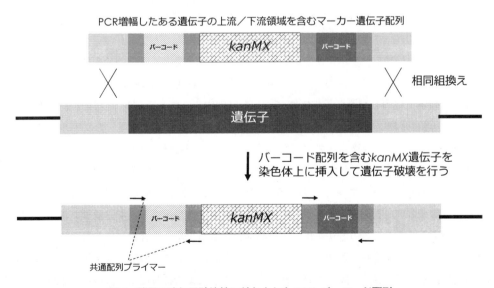

図1　酵母の遺伝子破壊株に付与されたDNAバーコード配列
各遺伝子破壊株に固有のIDとして20塩基対からなるDNAバーコード配列が薬剤耐性マーカー遺伝子（kanMX遺伝子）の上流・下流の2箇所に配置されている。

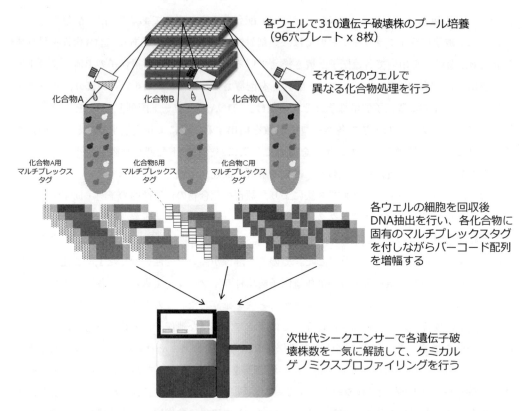

図2 バーコードシークエンス法によるハイスループットケミカルゲノミクスプロファイリング

を検出した（図2）。ここから明らかになった「化合物-遺伝子相関性」を前述の「遺伝子-遺伝子相関性」データベースと照合すると，ある化合物で処理することは，どの遺伝子を破壊することと同義かあるいは類似性を示すかがわかるので，化合物が阻害する標的分子（遺伝子産物）を予測・同定することができる。さらに，筆者らは768種（8枚分の96穴プレートに相当する）の異なる化合物で処理した遺伝子破壊株プールを区別する「マルチプレックスタグ配列（10塩基対）」を，各化合物固有のIDとしてデザインした。ある化合物で処理したプール培養液からDNAを回収し，その化合物固有のタグ配列を含むように各遺伝子破壊株の特異的配列のバーコード部分をPCR反応により増幅する。その後，768種の化合物処理サンプルからのPCR産物を混合して次世代シークエンサーの1ランで解析することができるため，一気に多数のサンプル（化合物）のデータを得ることができ，結果的にハイスループットで，かつコストも抑えられる方法が開発できた。この方法を用いて生物活性をもつ1,552化合物に対してケミカルゲノミクスプロファイリングを行った結果，いくつかの化合物について，細胞周期制御や細胞壁合成などの作用標的が予測され，実際にフローサイトメーターによる細胞周期の計測や細胞壁染色試薬による形態観察による評価により標的予測が正しいことが示されたので，本法による標的分子，作用標的経路の同定は可能であることが示された[13]。なお，合成致死性にもとづいたケミカルゲ

第 10 章　酵母ケミカルゲノミクスを用いた化合物作用機序解明のための大規模高速解析法

ノミクス法については第 9 章でも詳しく解説されているのでそちらも参照されたい。

3　ハプロ不全にもとづいたケミカルゲノミクス

「ハプロ不全（haploinsufficiency）」とは二倍体の生物において，相同遺伝子の片方に変異が入り，遺伝子量が 1 コピー分減ったヘテロ遺伝子変異株が機能不全を示すことである。化合物の標的分子をコードする遺伝子のヘテロ遺伝子変異株はその化合物に対して感受性を示す[17]。つまり，この「薬剤誘導型ハプロ不全」を利用することで化合物の標的分子同定が可能となる。一倍体の遺伝子「破壊」株ライブラリーには必須遺伝子が含まれない。一般的に，増殖に影響する化合物の標的分子をコードする遺伝子は必須遺伝子であることが予想されるので，一倍体の遺伝子破壊株ライブラリーを用いたケミカルゲノミクスでは標的分子の同定に至らない可能性もある。そこで，化合物が必須遺伝子にコードされる産物を標的とする場合は，必須遺伝子の二倍体ヘテロ遺伝子破壊株を用いたケミカルゲノミクス解析が有効である。出芽酵母の必須遺伝子も含む二倍体ヘテロ遺伝子破壊株のプール培養液を化合物で処理し，マイクロアレイにより各ヘテロ遺伝子破壊株に挿入されている DNA バーコード配列を検出して各株の相対数を計測する方法で，糖鎖合成阻害剤ツニカマイシンの標的分子の Alg7 や微小管重合阻害剤ベノミルの標的分子として Tub1（α-チューブリン）を同定している[17]。このハプロ不全にもとづいたケミカルゲノミクス法では化合物の標的分子自身のみならず，標的分子の関連するシグナル経路，代謝経路に属する因子の同定も可能である。たとえば，メトトレキセートの既知の作用標的はジヒドロ葉酸レダクターゼ（Dfr1）であるが，薬剤誘導型ハプロ不全では，Dfr1 だけでなく葉酸の合成経路の上流因子（Fol1，Fol2）も同定されている[18]。また，出芽酵母の必須遺伝子の二倍体ヘテロ遺伝子破壊株（約 1,100 株）だけで作製されたプールを用いて，約 50,000 個の化合物の大規模なスクリーニングも行われており，その中の生物活性をもつ 3,250 個の化合物のうち，317 化合物が 121 個の必須遺伝子の機能を阻害することを見出している[19]。

4　遺伝子過剰発現による化合物の耐性化を利用したケミカルゲノミクス

機能を失った遺伝子変異株をつかうケミカルゲノミクスでは，標的遺伝子が必須かどうかにより，一倍体遺伝子破壊株や二倍体ヘテロ変異株の使い分けをしなければならない。また，標的分子をコードする遺伝子が複数ある場合には，単一遺伝子変異株をつかったケミカルゲノミクス法では作用標的が見えてこない。一方，標的遺伝子の発現量の増加により誘導された化合物耐性を指標とする方法はこのような問題が少ないと考えられる。遺伝子過剰発現による化合物耐性化を利用した方法を採る場合には，全 ORF ライブラリーが有効である。

筆者らは，分裂酵母に存在する約 5,000 個の全 ORF を，相同組換えを利用した包括的な方法（Gateway 法）によりクローニングおよびライブラリー化し，これまでに全てのタンパク質の

83

SDS-PAGE における電気泳動度の確認，局在カタログの作成，タンパク質-タンパク質相互作用の網羅的検出などの大規模解析を行ってきた[9,20,21]。また，各 ORF を分裂酵母株に導入し過剰発現株を作製し，個々の過剰発現株を一つ一つ個別に化合物で処理・培養したのち，増殖度合いを定量化し，過剰発現した場合に化合物に対して耐性あるいは超感受性を賦与する遺伝子を選び出すケミカルゲノミクス解析を行い，海産動物由来の抗菌物質セオネラミドの作用機序の解明に成功した[22]。しかしながら，個々の株の感受性の定量化には非常に時間がかかるため，ケミカルゲノミクスプロファイリングの高速化，簡便化に取り組んだ。ORF 過剰発現株 5,000 株全てを混合培養し，化合物存在下における感受性変化を，導入されたそれぞれの ORF のコピー数で判定した。先に述べたように，全 ORF ライブラリーは Gateway 法で作製したので，ORF の上流および下流には共通の配列である attB1, attB2 配列を有する。これらの配列をプライマーとして用いて各 ORF を PCR 増幅し，全ての ORF にハイブリダイズするオリゴ DNA をスポットした DNA マイクロアレイをつかい，プール培養間での全 DNA 中のコピー数比を 2 色蛍光法で測定した（図 3）。この方法により，抗真菌剤フルコナゾールおよび抗がん剤エトポシドについて，それぞれの標的であるエルゴステロール合成酵素発現株およびトポイソメラーゼ発現株が感受性の変化した株として同定された[10]。

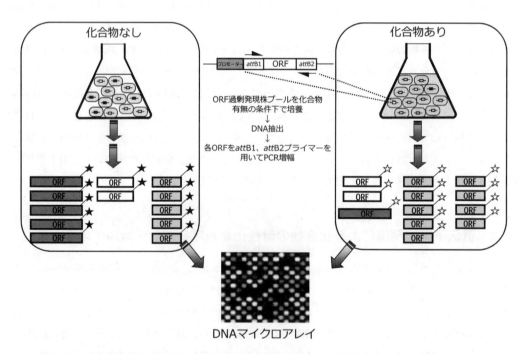

図 3　ORF 過剰発現株を用いた DNA マイクロアレイ法によるケミカルゲノミクスプロファイリング

第 10 章　酵母ケミカルゲノミクスを用いた化合物作用機序解明のための大規模高速解析法

5　おわりに

　以上，酵母ケミケルゲノミクスによる化合物の作用標的同定法について述べてきたが，これら
の方法は，今日においては遺伝子操作技術の進歩により，ヒトを含むあらゆる生物において適用
可能なコンセプトとなってきている。特に合成致死性にもとづくケミカルゲノミクスは，
shRNA ライブラリーを用いた遺伝子ノックダウンあるいは CRISPR-Cas9 による遺伝子ノック
アウトが簡単に行えるようになった動物細胞においても可能である。さらに，次世代シークエン
スのコストダウンが伴えば，高速化した技術は汎用性もより高まるであろう。とはいえ，膨大な
網羅的解析データの蓄積のある「酵母」を用いた大規模高速解析法は，いまだに化合物の作用機
序解明には非常に有効性の高い方法である。増殖に影響を及ぼす化合物の標的は必須遺伝子に
コードされていることが多いことから，ヘテロ遺伝子変異株のみならず，必須遺伝子の高温感受
性変異株ライブラリーを用いたケミカルゲノミクス解析を行えば，化合物の作用標的の予測精度
の向上も見込める。また，ケミカルゲノミクスでは，作用機序が既知の化合物においても予期せ
ぬ遺伝子との相互作用が見出される可能性があるので，真核生物のモデル生物である酵母をつか
うことにより，創薬における副作用推定への応用も期待できる。化合物の作用機序解明におい
て，物理的相互作用をもとにした策で難渋している研究者諸氏には，その化合物が酵母の増殖に
影響を与えるのであれば，次善の策として酵母ケミカルゲノミクスにトライすることをお勧めす
る。

文　　　献

1) C. H. Ho *et al.*, *Curr. Opin. Chem. Biol.*, **15**, 66（2011）

2) K. Andrusiak *et al.*, *Bioorg. Med. Chem.*, **20**, 1952（2012）

3) A. Goffeau *et al.*, *Science*, **274**, 546（1996）

4) D. D. Shoemaker *et al.*, *Nat. Genet.*, **14**, 450（1996）

5) C. H. Ho *et al.*, *Nat. Biotechnol.*, **27**, 369（2009）

6) Z. Li *et al.*, *Nat. Biotechnol.*, **29**, 361（2011）

7) V. Wood *et al.*, *Nature*, **415**, 871（2002）

8) D. U. Kim *et al.*, *Nat. Biotechnol.*, **28**, 617（2010）

9) A. Matsuyama *et al.*, *Nat. Biotechnol.*, **24**, 841（2006）

10) Y. Arita *et al.*, *Mol. Biosyst.*, **7**, 1463（2011）

11) T. Chinen *et al.*, *Biosci. Biotechnol. Biochem.*, **75**, 1588（2011）

12) S. A. Kawashima *et al.*, *Chem. Biol.*, **19**, 893（2012）

13) J. S. Piotrowski *et al.*, *Nat. Chem. Biol.*, **13**, 982（2017）

14) M. Costanzo *et al.*, *Science*, **327**, 425 (2010)
15) M. Costanzo *et al.*, *Science*, **353**, pii: aaf1420 (2016)
16) C. J. Ryan *et al.*, *Mol. Cell*, **46**, 691 (2012)
17) G. Giaever *et al.*, *Nat. Genet.*, **21**, 278 (1999)
18) G. Giaever *et al.*, *Proc. Natl. Acad. Sci. USA*, **101**, 793 (2004)
19) A. Y. Lee *et al.*, *Science*, **344**, 208 (2014)
20) A. Shirai *et al.*, *J. Biol. Chem.*, **283**, 10745 (2008)
21) T. V. Vo *et al.*, *Cell*, **164**, 310 (2016)
21) S. Nishimura *et al.*, *Nat. Chem. Biol.*, **6**, 519 (2010)

第11章　老香を発生させにくい清酒酵母の育種

若林　興[*1]，井上豊久[*2]，磯谷敦子[*3]，藤井　力[*4]

1　はじめに

　清酒は時間とともに香りが変化する。変化により劣化した香りは「老香（ひねか）」とよばれ，品質を損なう。老香は高温で生じやすいため，その発生を抑えるには低温での貯蔵・流通が望ましい。しかし，低温流通にかかるコストや，輸出清酒の温度管理の問題などから，老香を生じにくい清酒の需要は高まっていると思われる。

　老香は複数の成分からなる複合香といわれているが，その主要成分はたくあん様のにおいを呈するジメチルトリスルフィド（DMTS）である。DMTS は清酒の貯蔵中に前駆体から生成する。前駆体も複数の存在が示唆されているが，主要前駆体は 1,2-dihydroxy-5-(methylsulfinyl)pentan-3-one（DMTS-P1）である（図1）[1]。DMTS-P1 の生成には酵母のメチオニン再生経路が関与しており，この経路の *MRI1* もしくは *MDE1* 遺伝子を破壊すると，清酒中の DMTS-P1 濃度が顕著に減少する。また，DMTS の生じやすさの指標である DMTS 生成ポテンシャル（DMTS-pp，70℃で7日間貯蔵後の DMTS 量）も大きく減少し，官能評価でも老香の

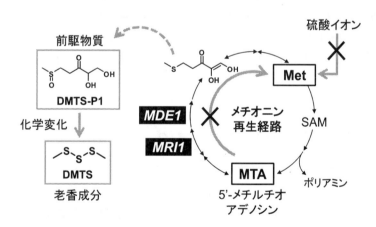

図1　DMTS の生成機構と変異株スクリーニングに関わる代謝経路

---

*1　Kou Wakabayashi　日本盛㈱　研究室
*2　Toyohisa Inoue　日本盛㈱　研究室
*3　Atsuko Isogai　㈳酒類総合研究所　醸造技術研究部門　副部門長
*4　Tsutomu Fujii　㈳酒類総合研究所　品質・評価研究部門　部門長

低減が確認されている[2]。しかし，遺伝子組換え体を清酒醸造に用いることは，様々な障壁があり難しい。本研究では，清酒醸造に利用可能な老香低減酵母の育種を目的として，突然変異によりこれらの遺伝子が変異した株の育種を行った。

2　スクリーニング方法の検討

　MRI1 および *MDE1* は，ポリアミンを合成する際に *S*-アデノシルメチオニン（SAM）から生じる 5′-メチルチオアデノシン（MTA）をメチオニンへ再生する役割を担っている（図 1）。通常の清酒酵母は硫酸塩からメチオニンを合成する経路をもつため，メチオニン再生経路が機能しなくてもメチオニンを供給できる。しかし，この合成経路が変異したメチオニン要求株では，メチオニン再生経路がメチオニン供給に重要な役割を果たす。メチオニン要求性酵母の *MRI1* や *MDE1* 遺伝子を破壊すると，メチオニンの代わりに MTA を添加した最少培地での増殖が大きく抑制されることが報告されている[3]。選択培地で増殖できない株を選抜するネガティブスクリーニングであるが，この表現型が利用できるのではないかと考えられた。

　まず，清酒酵母のメチオニン要求株を親株として *MRI1* 破壊株を作製し，スクリーニング条件を検討した。メチオニン要求株は，鉛添加培地でのコロニー色を指標として[4]突然変異株から取得した。YPD プレートで増殖させたコロニーを MTA もしくはメチオニンを添加した最少培地にスタンプ法でレプリカし，増殖を調べた。その結果，予想に反して親株と破壊株で増殖にあまり差が見られなかった。そこで最少培地から硫酸塩等の硫黄源を除いた培地を用いて同様の実験を行ってみたところ，増殖差が明確になった。培地の硫黄濃度を検討した結果，硫黄濃度が 5 mM 以下で増殖差が検知しやすくなることがわかった。この結果から，変異株のスクリーニングには硫黄を制限した最少培地を用いることにした（以下，MTA もしくは Met を添加した硫黄制限の最少培地をそれぞれ MTA プレート，MET プレートとする）。

3　MTA 非資化性変異株のスクリーニング

　清酒酵母きょうかい 701 号（K701）の 1 倍体 NS9-1 から得たメチオニン要求株である MO-1 を親株とした（mating type *α*）。MO-1 に ethyl methanesulfonate（EMS）変異処理を行った後，MTA プレートと MET プレートにレプリカし，両プレートでの増殖差を見ることにより 1 次スクリーニングを行った。23,669 コロニーから MTA プレートで増殖の悪かった株を 36 株選抜した。次にこれらをシングルコロニー化し，スポット法にて 2 次スクリーニングを行った。その結果，MET プレートでは増殖するが MTA プレートでは増殖しない株を 9 株見出した（LM1-9）。

4 DMTS-P1 簡易生成試験

これら9株をYPD液体培地による培養（30℃・7日間，静置）にて，DMTS-P1簡易生成試験を行った。その結果，3株（LM1，LM7，LM9）がDMTS-P1をほとんど生成しなかった（図2）。

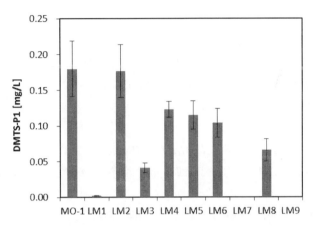

図2　MTA 非資化性変異株による DMTS-P1 簡易生成試験

5 DMTS-P1 低生産株の原因遺伝子の調査

これら3株の *MRI1* 遺伝子，*MDE1* 遺伝子のORFおよび周辺についてシークエンスを行い，K701の塩基配列と比較を行った。その結果，LM1は *MDE1* 遺伝子において c.161C > T, p.Pro54Leu の置換が見られた。また LM9 は *MRI1* 遺伝子において c.575G > A, p.Gly192Asp の置換が見られた。なお，LM7 においては *MRI1* 遺伝子，*MDE1* 遺伝子のORFおよび周辺において，K701の塩基配列と違いは見られなかった。LM7は *MEU1* 遺伝子などメチオニン再生経路の別の遺伝子に変異が入ったものと推測される。

LM1およびLM9のMTA非資化性やDMTS-P1低生産という表現型が上記の塩基置換の変異によるものであることは，LM1およびLM9にそれぞれ野生型の *MDE1* 遺伝子や *MRI1* 遺伝子配列を持つ遺伝子を導入し，表現型が回復するか調べることで確認した。

6 DMTS-P1 低生産株による小仕込試験

変異株LM1，LM7およびLM9を用いてα米を用いた総米200 gの清酒小仕込試験を行った。温度は13℃一定で行った。変異株の発酵はいずれも親株であるNS9-1やMO-1に比べ悪かった。特にLM9はかなり発酵が悪く，上槽には至らなかった。

表1　DMTS-P1低生産株の小仕込試験結果

	NS9-1	MO-1	LM1	LM7	LM9
アルコール度数 [%]	18.8	17.3	18.8	18.1	上槽せず
日本酒度	+4.8	0.0	+4.5	-2.2	
総酸度 [mL]	2.4	2.8	2.9	3.0	
アミノ酸度 [mL]	2.0	2.3	3.1	3.2	
DMTS-P1 [mg/L]	0.21	0.30	0.05	0.04	
DMTS-pp [μg/L]	1.68	0.77	1.04	3.39	

表1に製成酒の分析結果を示した。変異株による製成酒のDMTS-P1はいずれも低く，DMTS-P1低生産性は清酒小仕込試験においても再現された。しかし，DMTS-ppについてはDMTS-P1の傾向とは一致しなかった。酵母の死滅および内容物の漏出がDMTS-ppの増加に影響するとの報告があり[5]，今回得られた変異株においてもこのような現象が起きているものと考えられた。

なお，K7の*MRI1*遺伝子破壊株や*MDE1*遺伝子破壊株の発酵や製成酒の一般成分値はK7と同等で，かつ製成酒のDMTS-P1やDMTS-ppは低いことが確認されている[2]。したがって，塩基置換をホモに有した2倍体を取得すれば，K701と同等の醸造特性を有しながらもDMTS-P1やDMTS-ppが低い株が得られることが期待される。そこで，変異株を交雑により2倍体化することで，*MRI1*遺伝子や*MDE1*遺伝子とは違う個所の遺伝子変異が相補され，得られた変異株の問題点が解消されると考えた。

7　ホモ変異型2倍体の取得

LM1について2倍体化を試みた（図3）。詳細は割愛するが，mating type aのK701野生型1倍体との交雑，ランダムスポア法による1倍体の取得，変異型1倍体同士の交雑を行うことで，変異型*MDE1*遺伝子を有するa/α型の2倍体が計5株得られた（LMD1-5）。これら5株のメチオニン要求性を調べたところ，LMD2以外は要求性が消失していた。

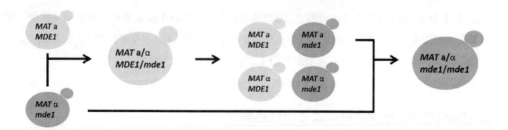

図3　変異株の2倍体化の流れ

第 11 章　老香を発生させにくい清酒酵母の育種

8　ホモ変異型 2 倍体による小仕込試験

得られた 5 株と対照の K701 の計 6 株を用い，α 米を用いた清酒小仕込試験を行った。仕込方法は前記の通りである。小仕込中の炭酸ガス減量の経過は省略するが LMD2 を除き，発酵はいずれも良好であった。LMD2 以外は 2 倍体化により発酵能が改善したものと考えられた。

表 2 に製成酒の分析値を示した。一般成分値では LMD2 以外は 1 倍体の時に比べ K701 に近い値となり，2 倍体化により醸造特性が改善されたことが確認された。DMTS-P1 はいずれの株も低く，*mde1* 変異株の性質が 2 倍体化によっても維持されていることが確認された。また，DMTS-pp も LMD2 以外は低く，2 倍体化により DMTS-pp も改善されたことがわかった。特に LMD1 は DMTS-pp が最も低く醸造特性も悪くないことから，有望株であると考えられた。

表 2　ホモ変異型 2 倍体の小仕込試験結果

	K701	LMD1	LMD2	LMD3	LMD4	LMD5
アルコール度数［%］	19.6	19.0	13.3	18.1	18.4	19.0
日本酒度	+6.5	+2.6	−40.5	−4.6	−4.3	+1.4
総酸度［mL］	2.8	3.3	3.9	3.2	2.5	2.9
アミノ酸度［mL］	2.1	2.1	3.3	2.4	2.8	2.4
DMTS-P1［mg/L］	0.17	0.04	0.05	0.04	0.04	0.04
DMTS-pp［μg/L］	0.99	0.11	1.00	0.23	0.33	0.24

9　安定性試験

LMD1 の性質が安定であるか調べることにした。LMD1 からシングルコロニー化により得られた LMD10 について植え継ぎを繰り返し，植え継ぎ前後の性質を比較した。YPD プレートで 30℃・2〜3 日間の培養を 1 回とし，これを 10 回行った。LMD10 を 10 回植え継いだ株を LMD11 とした。

LMD10，LMD11 および対照の K701 の計 3 株を用いて前記と同様の清酒小仕込試験を行った。詳細は省略するが，LMD11 の発酵・分析値ともに LMD10 より良くなり，植え継ぎにより醸造特性が改善された。DMTS-P1 および DMTS-pp に関しては低い値で安定していることを確認した。

植え継ぎ後の LMD11 のほうが醸造特性が良かったことから，さらに植え継ぐことで性質が変化するか調査した。LMD11 からシングルコロニー化により得られた LMD20 について 10 回植え継ぎ，植え継ぎ後の株を LMD21 とした。

LMD20，LMD21 および対照の K701 の計 3 株を用いて再度清酒小仕込試験を行った。小仕込中の炭酸ガス減量の経過を図 4 に示した。LMD20 と LMD21 はほぼ同じ経過を示した。発酵能に関しては，LMD20 は安定した株であった。K701 と比較すると，LMD20 は発酵中盤でやや遅れるものの，最終的には追いついた。

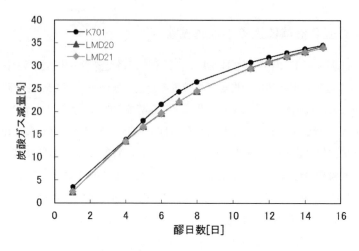

図4 安定性試験における小仕込の炭酸ガス減量

表3 安定性試験における小仕込試験結果

	K701	LMD20	LMD21
アルコール度数 [%]	19.3	18.6	18.8
日本酒度	+ 5.9	+ 3.0	+ 2.3
総酸度 [mL]	2.7	3.0	2.9
アミノ酸度 [mL]	1.8	1.9	1.9
DMTS-P1 [mg/L]	0.23	0.03	0.04
DMTS-pp [μg/L]	0.96	0.20	0.20

　表3にLMD20, LMD21およびK701による製成酒の分析値を示した。LMD20とLMD21の分析値はほぼ同じであり，一般成分値においてもLMD20は安定していることが確認された。DMTS-P1およびDMTS-ppについてもLMD20とLMD21の値はほぼ同じだったことから，DMTS-P1およびDMTS-ppに関しても安定していることが確認された。

10　まとめ

　老香の主要成分であるDMTSの前駆体DMTS-P1の生成に関わる遺伝子をターゲットとして，変異株のスクリーニング方法を確立した。K701の1倍体より育種したDMTS-P1低生産株を2倍体化することで，老香を発生させにくくかつ醸造特性がK701と遜色ない酵母を取得した。本酵母は清酒の品質安定性の向上に資するものと期待される。

第 11 章　老香を発生させにくい清酒酵母の育種

文　　　献

1)　磯谷敦子，生物工学，**89**，720（2011）
2)　K. Wakabayashi *et al.*, *J. Biosci. Bioeng.*, **116**, 475（2013）
3)　I. Pirkov *et al.*, *FEBS J.*, **275**, 4111（2008）
4)　G. J. Cost *et al.*, *Yeast*, **12**, 939（1996）
5)　K. Sasaki *et al.*, *J. Biosci. Bioeng.*, **118**, 166（2014）

【第Ⅱ編　麹菌】

第1章　麹菌のカーボンカタボライト抑制関連因子の制御による酵素高生産

田中瑞己[*1]，一瀬桜子[*2]，五味勝也[*3]

1　はじめに

　麹菌はアミラーゼをはじめとする加水分解酵素を大量に生産するため，清酒・醤油・味噌などの醸造に用いられている。また，麹菌の安全性とタンパク質生産能力を生かした異種タンパク質生産の宿主としての利用が期待されており，アミラーゼ遺伝子のプロモーターを用いた異種遺伝子発現がこれまでに数多く行われている[1]。麹菌のアミラーゼ遺伝子の発現は，細胞膜のマルトーストランスポーター（MalP）によってマルトースが菌体内に取り込まれ，アミラーゼ遺伝子の発現を誘導する転写因子（AmyR）が細胞質から核内に移行することで誘導される[2~4]。しかし，培地中にグルコースが存在する場合は，マルトースが存在していてもアミラーゼ遺伝子の発現が強く抑制される。グルコースの存在により他の炭素源の資化に関わる遺伝子の発現が抑制される現象は，カーボンカタボライト抑制（CCR）と呼ばれており，微生物において広く知られている。デンプンやセルロースなどの多糖の分解が進むとグルコースが生じることから，CCR は糸状菌の多糖類分解酵素の生産が抑制される主要な原因の一つであると考えられてきた。筆者らは，麹菌において CCR 制御に関わる因子の破壊や変異導入を行うことで，アミラーゼをはじめとする酵素タンパク質の高生産を達成した。本章では，これまでに明らかとなっている糸状菌の CCR 制御機構について解説し，筆者らが達成した CCR 解除による麹菌の酵素タンパク質高生産の内容について紹介する。

2　CCR 制御に関わる因子

　糸状菌の CCR 制御に関わる因子は，モデル糸状菌 *Aspergillus nidulans* の遺伝学的解析により，1970 年代に相次いで同定されている。Arst と Cove は，窒素代謝の制御に関わる転写因子（AreA）の変異体が，CCR 誘導炭素源（グルコース・スクロース）存在下でアセトアミドやプロリンを窒素源として利用できないことを利用し，スクロース存在下でもアセトアミドを資化できる変異体のスクリーニングを行った[5]。このスクリーニングにより，CCR 制御に関わる因子

＊1　Mizuki Tanaka　静岡県立大学　食品栄養科学部　助教

＊2　Sakurako Ichinose　東北大学　大学院農学研究科　生物産業創成科学専攻　博士後期課程（日本学術振興会　特別研究員）

＊3　Katsuya Gomi　東北大学　大学院農学研究科　生物産業創成科学専攻　教授

として CreA が初めて同定された。同じ方法により，Hynes と Kelly は CreB と CreC を CCR 制御因子として同定した[6]。彼らはさらに，*creB* 変異体と *creC* 変異体の表現型を打ち消すサプレッサー変異の原因遺伝子として，*creD* を同定した[7]。その後，各因子の機能解析が行われ，CreA は C_2H_2 型の DNA 結合ドメインを持ち，CCR を受ける遺伝子のプロモーター領域に結合して CCR を直接制御する転写因子であることが明らかにされた[8,9]。また，CreB がユビキチンプロテアーゼであること[10]，CreC がタンパク質間相互作用に関わる WD40 ドメインを複数有していることが明らかになり，CreB と CreC が細胞内において相互作用していることが示された[11]。CreD については，出芽酵母においてユビキチンリガーゼと標的タンパク質とのアダプターとして機能するアレスチン様タンパク質と類似したタンパク質であることが示された[12]。CreB と CreD がそれぞれユビキチン化と脱ユビキチン化に関与する因子であると推定されたことから，Kelly らは CreA のユビキチン化と脱ユビキチン化によって CCR が制御されるというモデルを提唱した[11,12]。しかし，このモデルを実証する実験データは報告されておらず，CreB や CreD の機能，および CCR の制御機構については長年にわたり不明であった。

3 糸状菌における CCR の制御機構

真核微生物の CCR 制御機構の解析は，出芽酵母において先行して行われている。出芽酵母の CCR は，C_2H_2 型転写因子である Mig1 によって制御される。Mig1 はグルコース欠乏条件では AMP 活性化キナーゼである Snf1 によってリン酸化修飾を受けて核内から細胞質に排出され，グルコース存在条件下では脱リン酸化されて核内に局在する[13]。出芽酵母では，この Mig1 の局在変化が CCR 制御において重要であると考えられている。CreA と Mig1 の DNA 結合ドメインは相同性が高いが，他の領域については相同性が低く，同様の制御を受けているか不明であった。そこで，麹菌の CreA に緑色蛍光タンパク質（GFP）を融合させて細胞内局在を調べた結果，菌糸をグルコース培地に移した場合には核内に強い蛍光が観察されるのに対し，マルトースやキシロース培地に移した場合には核内の強い蛍光が見られず，細胞全体に弱い蛍光が観察された[14]。同様の結果が他の糸状菌でも相次いで報告されたことから[15~17]，CreA も Mig1 と同様に非活性化条件では核内から細胞質に排出されていると考えられる。しかし，麹菌において Snf1 オーソログの破壊株を作製したところ，CreA の細胞内局在解析に大きな変化は観察されなかった。また，出芽酵母では Glc7/Reg1 ホスファターゼによる Snf1 あるいは Mig1 の脱リン酸化が Mig1 の細胞内局在制御に重要であるが，麹菌には Reg1 のオーソログが存在しないことから，CreA の細胞内局在制御は出芽酵母とは異なる機構によって制御されていると考えられる。

筆者らはさらに，麹菌において FLAG タグ融合 CreA タンパク質の安定性の評価を行った[14]。その結果，マルトースやキシロースを培地に添加した場合の CreA の半減期は約 11 分であり，グルコースを添加した場合の半減期（約 25 分）よりも短く，不安定であることが明らかになった。さらに，核排出シグナルに変異を導入することで細胞質への移行を阻害した CreA

は，半減期が著しく長くなった。これらの結果から，CreA は非活性化条件では核内から細胞質に排出され，細胞質において速やかに分解されることが示唆された。CreA の分解に CreB，CreC，CreD が関与しているかを調べるため，各破壊株で FLAG タグ融合 CreA を発現させた。その結果，*creB* 破壊株と *creC* 破壊株では，CreA の細胞内での存在量が野生株よりも減少していた。一方で，*creD* 破壊株では，CreA の存在量と安定性に大きな違いは見られなかったことから，CreD は CreA の分解には関与していないことが示唆された。また，現在までに CreA のユビキチン化は検出されていないため，*creB* や *creC* の破壊による CreA 存在量の減少が CreA の脱ユビキチン化が阻害されたことによるものかについては不明である。

4 麹菌の CCR 関連因子（CreA, CreB）の破壊によるアミラーゼの高生産

CCR の解除が酵素タンパク質の生産に有効であることは，セルラーゼ生産糸状菌 *Trichoderma reesei* のセルラーゼ超高生産変異体が *cre1*（*creA* オーソログ）に変異を有しており，実際に野生株の *cre1* を破壊することでセルラーゼ生産量が増加することから明らかとなっていた[18]。筆者らは，CCR の解除が麹菌による酵素タンパク質生産に与える効果について調べるため，*creA* と *creB* の単独および二重破壊株を作製した[19]。*creB* 破壊株では生育への影響が観察されなかったのに対し，*creA* を破壊した株は他の糸状菌における報告と同様に寒天培地上での生育が著しく抑制された。しかし，YPM 培地などの富栄養培地で液体培養した場合には，野生株と *creA* 破壊株の乾燥菌体重量に大きな違いは見られず，野生株は菌糸が凝集したペレット状の形態を示すのに対し，*creA* 破壊株では菌糸が分散したパルプ状の形態を示した。作製した破壊株はいずれもグルコースを混合したデンプン培地でもデンプン分解による明瞭なハローを形成したことから，CCR が解除されていることが示された（図 1A）。また，5％マルトースを含む YMP 液体培地で 48 時間培養すると単独破壊株はいずれも野生株よりも約 4 倍高い α-アミラーゼ活性を示したことから，CCR 解除がアミラーゼの生産量増加に有効であることが示された（図 1B）。興味深いことに，二重破壊株は野生株の約 7 倍の α-アミラーゼ活性を示し，*creA* と *creB* を二重破壊することで単独破壊よりも α-アミラーゼ生産が促進されることが明らかになった（図 1B）。また，野生株を 5％マルトースや 5％デンプンを含む培地で 72 時間培養すると α-アミラーゼ活性が 48 時間培養よりも著しく減少するのに対し，単独破壊株と二重破壊株では高い活性が維持され，二重破壊株では野生株の 10 倍以上の活性を示した（図 1B）。このことから，*creA* と *creB* の二重破壊が，麹菌の α-アミラーゼの生産性向上に極めて有効であることが明らかになった。一方で，*creD* を破壊するとグルコース存在下における α-アミラーゼ生産量が著しく減少し，*creB* 破壊株において *creD* を破壊すると CCR の解除が抑制された[20]。このことから，CreD は CCR の解除に必要な因子であることが示唆された。

酵母菌・麹菌・乳酸菌の産業応用展開

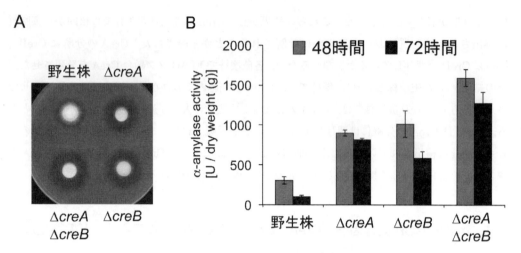

図1 creA および creB 破壊による CCR 解除とアミラーゼ高生産
(A) グルコース・デンプン混合培地でのハロー形成。いずれの破壊株も野生株よりも大きなハローを形成した。(B) 5%マルトース培地における α-アミラーゼ活性。いずれの破壊株も野生株より高い活性を示し，二重破壊株が最も高いを示した。
(文献19)より改変）

5 麹菌の creA および creB 破壊によるバイオマス分解酵素の高生産

　麹菌はアミラーゼ系酵素に加え，キシラナーゼなどのバイオマス分解酵素も生産する。そこで，麹菌の野生株と creA, creB の単独および二重破壊株を，キシロースを炭素源とした液体培地で培養し，酵素の生産量を比較した[21]。その結果，creB 破壊株が野生株の4倍のキシラナーゼ活性を示したのに対し，creA 破壊株と二重破壊株は野生株の100倍以上の活性を示した。また，野生株では β-グルコシダーゼ活性が検出されなかったのに対し，creB 破壊株では活性が検出され，creA 破壊株と二重破壊株ではそれよりも顕著に高い活性が検出された。代表的なキシラナーゼ遺伝子と β-グルコシダーゼ遺伝子の転写産物量を比較したところ，creA 破壊株と二重破壊株ではこれらの遺伝子が野生株と比較して著しく高発現していた。これらの結果から，creAと creB の二重破壊が麹菌によるバイオマス分解酵素の生産にも非常に有効であることが明らかになった。一方で，エンド-β-グルカナーゼ生産については，creA や creB の破壊による効果は見られなかった。

　麹菌は小麦ふすまなどを用いた固体培養において液体培養よりも酵素タンパク質を高生産することが知られている。小麦ふすまを用いた固体培養時の酵素タンパク質生産を調べた結果，α-アミラーゼと β-グルコシダーゼについては，creA 破壊株と creA/creB 二重破壊株で生産量が増加したが，キシラナーゼについては遺伝子破壊による生産への明確な効果は認められなかった[19, 21]。

第 1 章 麹菌のカーボンカタボライト抑制関連因子の制御による酵素高生産

6 CreD の機能解析と変異導入による酵素高生産

　出芽酵母では，炭素源を取り込むモノカルボン酸トランスポーター（Jen1）などの細胞膜上のトランスポーターが，グルコースが存在するとエンドサイトーシス依存的に細胞内に取り込まれ，液胞に輸送されて分解されることが知られている[22]。麹菌のマルトーストランスポーター（MalP）に GFP を融合して局在を観察した結果，グルコースを添加すると GFP 蛍光が速やかに細胞膜から消失し，液胞に蛍光が観察された[4]。この MalP の細胞内への取り込みは，エンドサイトーシスを阻害するアクチン重合阻害剤により抑制された。さらに，グルコースだけでなく，マンノースや 2-デオキシグルコースなどのアミラーゼ遺伝子の CCR を誘導する炭素源を添加することで MalP の液胞への輸送が誘導された。これらの結果から，麹菌は CCR によってアミラーゼ遺伝子の発現を効率的に抑制するために，MalP をエンドサイトーシス依存的に分解することでマルトースの取り込みを制限していることが示唆された。

　細胞膜上のトランスポーターはユビキチン化されることでエンドサイトーシス依存的に細胞内に取り込まれるが，多くの膜タンパク質とユビキチンリガーゼは直接結合できないことが知られている。出芽酵母では，アレスチン様タンパク質がトランスポーターとユビキチンリガーゼ Rsp5 とのアダプターとして機能することが報告されている。出芽酵母には 11 個のアレスチン様タンパク質が存在し，その一つである Rod1 がグルコース依存的なエンドサイトーシスを制御している[22]。CreD が Rod1 と比較的高い相同性を有していることから，MalP のエンドサイトーシスの制御に CreD が関わっている可能性が考えられた。そこで，麹菌において *creD* 破壊株と Rsp5 オーソログである HulA の発現抑制株を作製したところ，いずれも MalP の細胞内への取り込みが著しく抑制された[4, 20]。さらに，タンパク質間相互作用解析により，CreD と HulA が細胞内で相互作用していることが明らかとなったことから，CreD が MalP と HulA のアダプターとして働いていることが示唆された。また，Rod1 はグルコース欠乏条件で Snf1 によってリン酸化されるが，CreD も Snf1 認識配列と一致する 2 箇所のセリン残基においてグルコース非存在条件下でリン酸化修飾を受けていることが明らかとなった。このリン酸化部位のアラニン置換（非リン酸化変異）やグルタミン酸置換（擬リン酸化変異）は，MalP のエンドサイトーシスや HulA との相互作用には大きな影響を与えなかった。一方で，*creB* 破壊株に CreD の擬リン酸化変異を導入すると，グルコース存在下でのアミラーゼ生産が著しく抑制された。それとは対照的に，野生株の約 1.6 倍の α-アミラーゼ生産量を示す *creB* 破壊株において CreD の非リン酸化変異を導入すると，α-アミラーゼ生産量が野生株の約 2.6 倍に増加した。これらの結果から，CreD の脱リン酸化が *creB* 破壊による CCR 解除に必要であるとともに，アレスチン様タンパク質への変異導入という新しいアプローチによって，酵素タンパク質の生産性を増加させることが可能であることが明らかとなった。

7　まとめと今後の展望

　以上のように，CCR制御に関わる因子の機能解析を進めた結果，「CreAがCreBやCreDによるユビキチン化／脱ユビキチン化を受けることでCCRが制御される」という，当初に提案されたモデルとは大きく異なる機構で糸状菌のCCRが制御されていることが明らかになりつつある。CreAのユビキチン化モデルを提唱したKellyらも，CreAのユビキチン化が検出できないこととCreAとCreBの相互作用が見られないことから，現在ではそのモデルを否定する立場に転じている[23]。一方で，ブラジルのGoldmanらは，*A. nidulans* の *creC* 変異株では細胞内のCreA量が著しく減少していることを報告している[24]。我々の麹菌を用いた解析でも，*creB* 破壊株と *creC* 破壊株では細胞内のCreA存在量が減少していたことから，CreBが直接的あるいは間接的に細胞内のCreA存在量の制御に関わっていると考えられる。しかし，*creA* と *creB* の単独破壊株と比較して二重破壊株では *α*-アミラーゼ生産量がさらに増加することから，*creB* 破壊による *α*-アミラーゼ生産量の増加は，細胞内CreA量の減少のみで引き起こされているとは考え難い。また，*creB* 破壊によるCCR解除は，*creD* の破壊やCreDリン酸化部位への擬リン酸化変異導入によりキャンセルされることから，CreBとCreDがCCR制御に関わる共通の因子のユビキチン化／脱ユビキチン化を担っていると考えられる（図2）。今後は，CreBとCreDの標的因子を同定することが，糸状菌のCCR制御機構を解明する上で非常に重要となる。

　また，我々の研究により，CreDがMalPのグルコース依存的なエンドサイトーシスとCCR脱抑制に必要であることが示された。出芽酵母では，Rod1を含む複数のアレスチン様タンパク質を破壊することで異種発現させたセロビオーストランスポーターの分解が抑制され，セロビオースからのエタノール発酵生産の増加につながることが報告されている[25]。一方，麹菌では *creD* を破壊するとグルコース存在下でもMalPが分解を受けずに細胞膜上に留まるが，*α*-アミラーゼの生産は抑制される。そのため，MalPのユビキチン化部位などを同定し，エンドサイトーシス依存的な分解を受けないMalP変異体を作製することで，*α*-アミラーゼ生産のさらなる増加につながることが期待される。また，*creB* 破壊株においてCreDリン酸化部位に非リン酸化変異を導入することで *α*-アミラーゼ生産量が増加したが，アレスチン様タンパク質への変異導入による酵素タンパク質生産の増加は他の生物種においてもこれまでに報告がなく，酵素タンパク質生産量の増加のための新規な方法であると言える。今後，*α*-アミラーゼ生産量が増加する機構を明らかにすることで，さらなる酵素タンパク質生産の増加につながる知見が得られることが期待される。

第 1 章　麹菌のカーボンカタボライト抑制関連因子の制御による酵素高生産

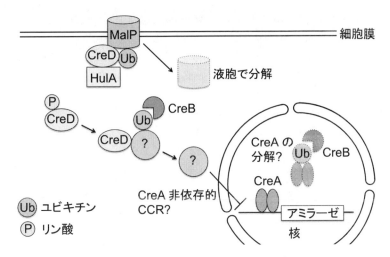

図 2　現時点で予想される麹菌における CCR 制御機構
グルコースが存在すると CreD は脱リン酸化され，未知の標的因子のユビキチン化を促進するが，この因子は CreB によって脱ユビキチン化され，CreA 非依存的な CCR を誘導すると予想される。CreB が CreA の脱ユビキチン化に関与しているかは，現時点で不明である。また，CCR 非誘導条件下では，CreA が核内から細胞質に移行して分解される。一方，細胞膜上の MalP は，グルコース存在条件下において CreD 依存的にユビキチン化され，液胞に輸送されて分解される。

文　　献

1) 田中瑞己，五味勝也，微生物を活用した新世代の有用物質生産技術，p.115，シーエムシー出版 (2012)
2) S. Hasegawa et al., *Fungal Genet. Biol.*, **47**, 1 (2010)
3) K. Suzuki et al., *Appl. Microbiol. Biotechonol.*, **99**, 1805 (2015)
4) T. Hiramoto et al., *Fungal Genet. Biol.*, **82**, 136 (2015)
5) H. N. Arst & D. J. Cove, *Mol. Gen. Genet.*, **126**, 111 (1973)
6) M. J. Hynes & J. M. Kelly, *Mol. Gen. Genet.*, **150**, 193 (1977)
7) J. M. Kelly & M. J. Hynes, *Mol. Gen. Genet.*, **156**, 87 (1977)
8) C. E. Dowzer & J. M. Kelly, *Mol. Cell. Biol.*, **11**, 5701 (1991)
9) M. Kato et al., *Biosci. Biotechnol. Biochem.*, **60**, 1776 (1996)
10) R. A. Lockington & J. M. Kelly, *Mol. Micorobiol.*, **40**, 1311 (2001)
11) R. A. Lockington & J. M. Kelly, *Mol. Micorobiol.*, **43**, 1173 (2002)
12) N. A. Boase & J. M. Kelly, *Mol. Micorobiol.*, **53**, 929 (2004)
13) D. Ahuatzi et al., *J. Biol. Chem.*, **282**, 4485 (2007)
14) 田中瑞己ほか，第 68 回日本生物工学会大会トピックス集，p.3 (2016)
15) N. A. Brown et al., *Biotechnol. Biofuels*, **6**, 91 (2013)
16) A. Lichius et al., *Mol. Microbiol.*, **94**, 1162 (2014)
17) F. B. Cupertino et al., *Fungal Genet. Biol.*, **77**, 82 (2015)

18) T. Nakari-Setälä *et al.*, *Appl. Environ. Microbiol.*, **75**, 4853 (2009)

19) S. Ichinose *et al.*, *Appl. Microbiol. Biotechnol.*, **98**, 335 (2014)

20) M. Tanaka *et al.*, *Appl. Environ. Microbiol.*, **83**, e00592-17 (2017)

21) S. Ichinose *et al.*, *J. Biosci. Bioeng.*, In press. DOI：10.1016/j.jbiosc.2017.08.019

22) M. Becuwe *et al.*, *J. Cell Biol.*, **196**, 247 (2012)

23) M. A. Alam *et al.*, *Curr. Genet.*, **63**, 647 (2017)

24) L. N. Ries *et al.*, *Genetics*, **203**, 335 (2016)

25) A. Sen *et al.*, *Appl. Environ. Microbiol.*, **82**, 7074 (2016)

第2章　麹菌によるタンパク質大量生産システムの開発

坊垣隆之[*1]，坪井宏和[*2]，幸田明生[*3]

1　はじめに

日本の食卓に欠かすことのできない発酵食品である清酒・焼酎・味噌・醤油などの製造に不可欠な微生物が麹菌である。糸状菌は菌糸と呼ばれる糸状の形態をした真菌類の総称であり，人畜の病原菌や植物病原菌に分類されるものも多い。しかし，人類は長い歴史の中で有用な糸状菌を選別し利用してきた。糸状菌は自然界で，主に枯れた植物や死んだ動物などの有機物を栄養源として生育する。その際，例えばタンパク質を分解するためにはプロテアーゼ，デンプンを分解するためにはアミラーゼ，セルロースを分解するためにはセルラーゼを菌体外に分泌することで分解し低分子化して利用する。対象物を効率的に分解するために酵素の種類は多岐に渡る。そして世界の各地で糸状菌が利用されてきたが，その一つが麹菌である。麹菌を用いて様々な酵素が生産され産業利用されてきたが，利用されている酵素は糸状菌が元来作っている酵素に限られていた。しかし，1980年に大腸菌による遺伝子組換え技術が開発されると1980年中頃には糸状菌の遺伝子組換え技術が開発され，糸状菌を宿主とするタンパク質生産が新しい段階に入ることになった。我々は，*Aspergillus* 属において目的のタンパク質を効率よく生産させる高発現システムを確立しており，本システムを用いたタンパク質受託発現サービスを提供している。本稿では，我々の高発現システムの概要を述べる。

2　麹菌タンパク質高発現システムの構築と改良

2.1　シス・エレメント Region Ⅲ の機能を利用したプロモーターの構築

アミラーゼ系遺伝子の発現制御機構を解析する過程で発見したシス・エレメント（Region Ⅲ）を多重導入することにより強力な転写活性を持つプロモーターの構築を試みた。*Aspergillus oryzae agdA*[1)]，*Aspergillus niger agdA*[2)]，*A. oryzae amyB*[3, 4)]，*A. oryzae glaA*[5)]，のプロモーター領域の塩基配列を比較すると3ヶ所の保存性の高い領域（Region Ⅰ，Region Ⅱ，Region Ⅲ）が見出された。これらの保存配列の機能を確認するために，グルコースとマルトースを炭素源とし，β-グルクロニダーゼ（GUS）遺伝子をレポーターとして *agdA* プロモーター

[*1]　Takayuki Bogaki　大関㈱　総合研究所　所長
[*2]　Hirokazu Tsuboi　大関㈱　総合研究所　化成品開発グループ　課長
[*3]　Akio Koda　大関㈱　商品戦略部　部長

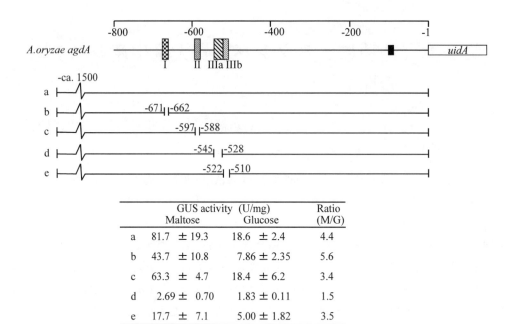

図1 保存配列欠損 agdA プロモーターにより発現する GUS 活性

ローマ数字は A. oryzae agdA 遺伝子の 5'上流領域で同定された相同配列を示す。各欠失変異体に示した数字は，翻訳の開始コドン（ATG）からの距離を示す。GUS 活性は，2つの独立して単離された相同的1コピー導入株から得た細胞抽出物を使用して測定し，平均 ± 標準誤差で示した。マルトースとグルコースを炭素源として培養した場合の GUS 活性の比を M／G 欄に示した。

の各保存領域だけを欠失させデレーション解析を行った。その結果，RegionⅠの欠失は両炭素源ともに約50%の活性低下をもたらしたが，マルトース誘導能は保持していた。RegionⅡを除去しても，大きな変化はなかった。しかし，RegionⅢaを欠失させると，GUS 活性は約 1/10 に減少し，マルトース誘導能も失った。RegionⅢbの欠失も約 1/4 に活性を低下させたが，マルトース誘導能は保持していた[6]（図1）。以上の結果から，RegionⅢaは高発現とマルトース誘導に関与する非常に重要なシス・エレメントであり，RegionⅠとRegionⅢbはRegionⅢaと協調して，高発現に関与していることが示唆された。この結果はプロモーターへのRegionⅢの挿入が発現レベルの上昇をもたらす可能性があると考えた[6]。そこで，A. oryzae を宿主として種々のプロモーターに RegionⅢを12個並べて導入したところ（図2），A. oryzae 由来のグルコアミラーゼ遺伝子のプロモーターで約4倍（P-glaA142），A. niger の No8 プロモーターで約6倍（P-No8142），プロモーター活性が増加した[7]。さらに，麹菌の解糖系遺伝子の中でも特に高発現しているエノラーゼ遺伝子プロモーターに同様に RegionⅢを導入したところ 30倍以上のプロモーター活性（P-enoA142）の増加を示した[8]（図3）。以上より，RegionⅢの導入はプロモーターの転写を高活性化する非常に効果的な手段であった。また，RegionⅢの導入によるプロモーター活性の改良は，A. niger や Aspergillus luchuensis を宿主とした場合にも確認されており，Aspergillus 属宿主において広く機能することが予想された。

第 2 章　麹菌によるタンパク質大量生産システムの開発

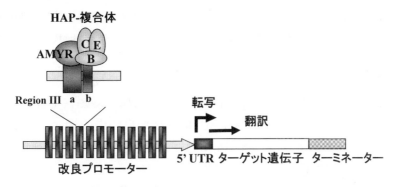

図 2　麹菌大量生産システムの発現カセット構成

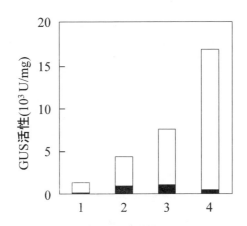

図 3　シス・エレメント導入によるプロモーターの改良

プロモーター活性は，改良プロモーターの制御下にある β-グルクロニダーゼ（GUS）遺伝子が 1 コピー相同的に導入された形質転換体の GUS 活性を指標とした。RegionⅢの繰り返し配列導入前の活性を■，導入後の活性を□で示す。レーン 1：P-agdA142，レーン 2：P-glaA142，レーン 3：P-No8142，レーン 4：P-enoA142

2. 2　5'UTR の改変による翻訳の効率化

　目的のタンパク質をより高いレベルで発現させるためには，転写の活性化に加えて，タンパク質の翻訳過程の効率を改良することも重要と考えられた。そのような観点から，我々は次に，転写産物（mRNA）をより有効に利用するために 5'UTR の改変による翻訳の効率化を試みた。

　真核生物における翻訳反応は，40S リボソーム小サブユニットと Met-tRNAi が結合した 43S 複合体が mRNA 5'末端に結合し，続いて開始コドンのスキャニングそして開始コドンが認識され，60S リボソーム大サブユニットの結合による 80S リボソームの形成と続く[9, 10]。この翻訳の初期段階では，mRNA 5'末端から開始コドンまでの 5'UTR が重要な役割を担っており，その領域の 2 次構造や GC 含量が翻訳効率に大きく影響すると考えられている。

　一方，麹菌をはじめとする糸状菌の翻訳機構についてはほとんど研究されておらず，5'UTR の構造と翻訳効率との関係を定量的に解析した報告はなかった。そこで我々は，翻訳における

5'UTR の影響を検討するために,同一プロモーターに異なる 5'UTR を連結し活性を指標としてレポーター遺伝子産物の生産量を測定した[11]。まず,高発現プロモーター P-No8142 の下流に,レポーターとして大腸菌 GUS 遺伝子を pBI221 由来の 5'UTR を含んだ形で連結したコントロールベクターを構築した。次に,このベクターの 5'UTR を No8142 プロモーター由来の 5'UTR に置換したもの（pNANG-8142UTR），さらに 3'側にエノラーゼ遺伝子（*enoA*）の 5'UTR を追加したもの（pNANG-8142/enoAUTR），およびほぼ完全に *enoA* の 5'UTR に置換したもの（pNANG-enoAUTR）を構築（図 4A）し,これらを用いて麹菌を形質転換した。得られた形質転換体の GUS 活性を比較した結果,コントロールに比べてそれぞれ 4～8 倍 GUS 活性が上昇した（図 4B）。ノーザン解析（図 4C）で mRNA 量に違いがないことから,GUS 活性の上昇は,mRNA の転写量の増加や安定性の向上ではなく,翻訳段階に起因したもので,単位 mRNA あたりの翻訳効率が上昇した結果であることが示唆された。

最も高い翻訳効率を示した発現コンストラクト,pNANG-enoAUTR の多コピー形質転換体は,非常に高い GUS 活性（161,000 U/mg protein）を示し,蓄積した GUS タンパク質は菌体内全可溶性タンパク質の 50％以上を占めた。次にシロイヌナズナにおいてヒートショックプロテイン（Hsp）遺伝子の 5'UTR が翻訳効率を亢進することで異種タンパク質の効率的な発現をもたらす[12]ことを参考に,麹菌の Hsp（Hsp12, Hsp30, Hsp70）遺伝子の 5'UTR をクローニ

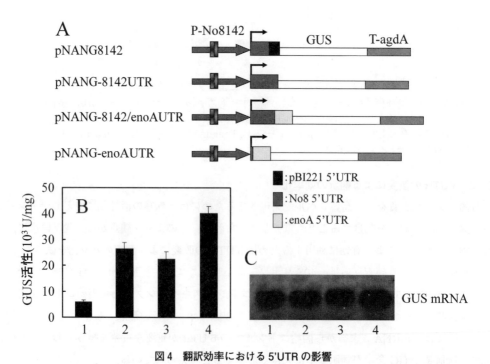

図 4　翻訳効率における 5'UTR の影響
異なる 5'UTR を導入した発現コンストラクトの模式図（A），相同的 1 コピー導入株の GUS 活性（B），ノーザン解析（C）。レーン 1：pNANG8142, レーン 2：pNANG-8142UTR, レーン 3：pNANG-8142/enoAUTR, レーン 4：pNANG-enoAUTR

第2章 麹菌によるタンパク質大量生産システムの開発

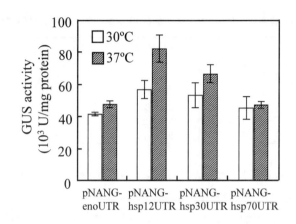

図5 異なる5'UTRを持つ発現ベクターによる形質転換体のGUS活性
形質転換体をDPY培地を用いて30℃または37℃で40時間振とう培養し,菌体を回収した。GUS活性は,3つの独立して単離された相同的1コピー導入株から得た細胞抽出物を使用して測定し,平均±標準偏差で示した。

ングしGUSをレポーターとして評価した。30℃で培養した場合 enoA の5'UTRと比較してHsp12とHsp30の5'UTRはそれぞれ1.4倍,1.3倍であり,37℃で培養した場合はそれぞれ1.7倍,1.4倍であった(図5)。以上の結果から,5'UTRの改変により翻訳(開始)効率を高めることが異種タンパク質の高生産に非常に有効であることが確認された[13]。

2.3 高効率なターミネーターを用いた発現システムの改良

真核生物ではRNAポリメラーゼIIによって合成されたmRNA前駆体が5'末端キャッピング,スプライシング,3'末端プロセッシング等によって成熟mRNAになる。

動物細胞などでは,転写終結部位の近くにポリAシグナル(AAUAAA)があり,これをエンドヌクレアーゼを持つCPSF(切断・ポリA付加因子)が認識して,その3'側(下流)約25塩基のところでmRNAを切断する。さらに,その3'末端に通常200~400個のA(ポリA鎖)が付加される[14]。このポリA鎖はmRNAの目印で,キャップ構造とともに働いて,翻訳の効率を高めるとされている。また,3'側からの分解を防ぐ働きがある。

遺伝子発現において,ターミネーターによる効率的な転写終結もまた重要であり,糸状菌で作用する高効率なターミネーターを探索できれば,タンパク質の生産性を増加できると考えられる。そこで筆者らは,優れたターミネーターとして機能する塩基配列の取得を目的として A. oryzae のゲノムライブラリーを作製し,前述のGUSをレポーターとしてショットガンクローニングを行った。その結果,高いレポーター活性を示す配列としてT-2-5-1を取得した。T-2-5-1は1,577 bpからなる断片であったが,ORFと予測される配列の直後には位置していなかった。そのため,偶然ターミネーターとして機能する配列が取得できたと考えられた。

次に,3'RACE(rapid amplification of cDNA ends)によりT-2-5-1の転写終結部位を調べ

酵母菌・麹菌・乳酸菌の産業応用展開

表1 探索したターミネーターが GUS レポーター活性に及ぼす影響

	使用した領域	GUS 活性（U/mg）
T-agdA（既存）		4.6×10^4
T-2-5-1	1-1577	6.3×10^4
T-2-5-11	1-827	7.5×10^4
T-2-5-12	1-572	6.5×10^4
T-2-5-13	261-827	5.3×10^4
T-2-5-14	261-572	2.5×10^4

たところ，343〜460 bp に存在していた。短縮化するため，転写終結部位より上流 30 bp までの
ヌクレオチド鎖を含む領域を削除しないようにトランケートした T-2-5-1 の断片を 4 種類作製
した。これらを T-2-5-1 の代わりにターミネーターとして導入し GUS 活性を測定したところ，
既存の α-グルコシダーゼ遺伝子のターミネーター（T-agdA）に比較して高い活性を示した。特
に T-2-5-11 および T-2-5-12 では GUS 活性がそれぞれ 1.61 倍，1.39 倍増加し（表1），糸状
菌で強力なターミネーターとして機能することが確認された[15]。

3　高発現システムを用いたタンパク質生産の実績

　高い転写活性を持つ改良プロモーターP-enoA142[8]に，高い翻訳効率を示す熱ショックタンパ
ク質 Hsp12 の 5'UTR[13]と高効率なターミネーターを連結することでオリジナルな高発現ベク
ターの開発に成功した。また，本稿で紹介した以外にもコドンの最適化やプロテアーゼ低生産宿
主を使用することで，高い収量で目的タンパク質を生産する発現システムを構築した。
　表2に，本発現システムを用いた発現例，図6に本発現システムを用いた発現の成功率を示
す。哺乳類については発現率は高いが，発現が困難と予想された遺伝子については着手しておら
ず，実施例も少ないことから除外した。発現が困難な例として，動植物由来のタンパク質，菌体
内タンパク質の分泌生産等がある。発現成功率は，糸状菌由来タンパク質で 94.4％，原核生物

表2 高生産システムを利用したタンパク質生産例

タンパク質	起源	所在	発現量
糖質分解酵素	糸状菌	分泌	＞5 g/L
β-Glucosidase	糸状菌	分泌	＞5 g/L
Lipase	糸状菌	分泌	＞4 g/L
S-1 nuclease	糸状菌	分泌	0.5 g/kg フスマ（固体培養）
β-Mannosidas	糸状菌	分泌	2.6 g/L
β-Glucuronidase	大腸菌	菌体内	70％（菌体内総タンパク質）
Bacterial alkarine phosphatase	大腸菌	菌体内	30％（菌体内総タンパク質） 4.4 g/kg フスマ（固体培養）
Lipase	酵母	分泌	＞1 g/L
α-Glucan phosphorylase	植物	菌体内	100 mg/L
Lysozyme	ニワトリ	分泌	数十 mg/L
分泌タンパク質 A	ヒト	分泌	50 mg/L

第2章　麹菌によるタンパク質大量生産システムの開発

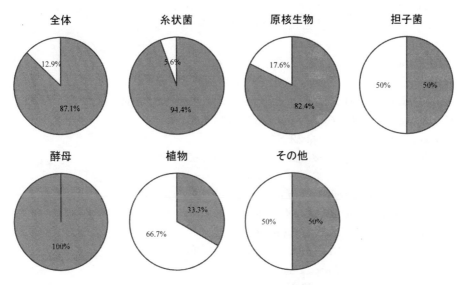

図6　本システムを用いた発現例
発現の成否を100分率で示した．中塗りは発現に成功，白抜きはタンパク質を検出できなかった場合を示す．

由来タンパク質で82.4％と高く，平均では87.1％であり高い評価をいただいている．特に目的タンパク質の糖鎖が機能性に必須である場合，原核生物を宿主とすると糖鎖が付加されないため，真核微生物であり糖鎖が付加され，タンパク質の分泌能力の高い麹菌が宿主として最も相応しいケースもある．一方，麹菌の糖鎖構造は詳細に解析されていないため，複雑な糖鎖構造を持つタンパク質を生産する際には注意が必要である．今後，糖鎖などの修飾機構を明らかにし，その機構を制御または改変することにより，麹菌発現系が利用される機会を増やしていきたいと考えている．

4　おわりに

本稿では，遺伝子の転写，翻訳を改良して構築した発現システムについて紹介したが，タンパク質の分解[16]，輸送[17]に着目するなどタンパク質発現に関する多くの研究が報告されている．麹菌の長所は安全性と分泌生産能の高さであることから，この特徴を生かしつつ，急速に発展する遺伝子工学の技術を応用し，今後も発現システムの強化を行って行きたい．本システムがタンパク質生産の課題を解決する一助となることを期待している．

文　　献

1) T. Minetoki *et al.*, *Curr. Genet.*, **30**, 432 (1996)

2) A. Nakamura *et al.*, *J. Biotechnol.*, **53**, 75 (1997)

3) K. Tsuchiya *et al.*, *Biosci. Biotechnol. Biochem.*, **56**, 1849 (1992)

4) O. Nagata *et al.*, *Mol. Gen. Genet.*, **237**, 251 (1993)

5) Y. Hata *et al.*, *Curr. Genet.*, **22**, 85 (1992)

6) T. Minetoki *et al.*, *Appl. Microbiol. Biotechnol.*, **50**, 459 (1998)

7) 峰時俊貴，化学と生物，**38**，831 (2000)

8) H. Tsuboi *et al.*, *Biosci. Biotechnol. Biochem.*, **69**, 206 (2005)

9) M. Kozak *et al.*, *Cell*, **15**, 1109 (1978)

10) Y. Shi *et al.*, *Mol. Cell*, **33**, 365 (2009)

11) A. Koda *et al.*, *Appl. Microbiol. Biotechnol.*, **66**, 291 (2004)

12) T. Dansako *et al.*, *J, Biosci. Bioeng.*, **95**, 52 (2003)

13) A. Koda *et al.*, *Appl. Microbiol. Biotechnol.*, **70**, 333 (2006)

14) J. Zhao *et al.*, *Microbiol. Mol. Biol. Rev.*, **63**, 405 (1999)

15) 坪井宏和ほか，日本国特許，第 5686974 号

16) J. Yoon *et al.*, *Appl. Microbiol. Biotechnol.*, **89**, 747 (2011)

17) J. Yoon *et al.*, *Appl. Environ. Microbiol.*, **76**, 5718 (2010)

第3章 麹菌酵素の生産と応用

黒田　学[*1]，石垣佑記[*2]，天野　仁[*3]

1 麹菌酵素製剤の歴史

麹菌が清酒，醤油，味噌などの伝統的な発酵食品の製造に利用されてきたこと，最近では調味料としての塩麹や甘酒ブーム等，日本の食文化のいろいろな場面で活用されていることは周知のとおりである。一方で，麹菌酵素を産業的に利用したのは1890年に高峰讓吉が「麹を利用したアルコールの製造法」により米国でトウモロコシを原料にウイスキーを製造したことに始まると言われている。その後，高峰は1895年に麹菌酵素製剤を消化酵素製剤「タカヂアスターゼ」として商品化している。また細菌由来の α-アミラーゼの研究で有名な福本壽一郎は *Rhizopus* 属や *Aspergillus niger* のグルコアミラーゼを研究し，その成果は今日でも澱粉からブドウ糖を製造する技術として利用されている。麹菌酵素の用途はこれ以降複数の酵素メーカーで研究開発され，多方面で有効に活用されている。これらの応用例を第3節（麹菌酵素の応用）で紹介する。

近年 *Aspergillus oryzae* の全ゲノムが産業技術総合研究所を中心に解析され，この解析結果は2005年に Nature 誌に掲載された[1]。さらにこの解析結果を基に *A. oryzae* のタンパク質分解酵素が網羅的に解析されるなど，麹菌酵素の解明が進んでいる。現状，麹菌酵素は複合酵素製剤として産業利用されていることが多いが，これらのより詳細な解析に基づいてさらなる用途技術が広がっていくことが期待される。

この章では麹菌が作り出す酵素タンパク質を取り出し，酵素製剤として応用しているケースについて紹介する。現在，麹菌とは我が国で醸造および食品等に汎用されている，黄麹菌（*A. oryzae*），黄麹菌（*A. sojae*）とその白色変異株，黒麹菌（*A. luchuensis*）およびその白色変異株である白麹菌（*A. kawachii*）と認定されている[2]。一方では国菌として含まれていないが，酵素生産の視点からは重要な菌種であることからこれらの黒麹菌（*A. niger*）起源の酵素製剤についても言及することとする。

---

*1　Manabu Kuroda　天野エンザイム㈱　マーケティング本部　メディカル用酵素事業部　メディカル用酵素開発部　研究員

*2　Yuki Ishigaki　天野エンザイム㈱　マーケティング本部　産業用酵素事業部　産業用酵素開発部　研究員

*3　Hitoshi Amano　天野エンザイム㈱　マーケティング本部　産業用酵素事業部　産業用酵素開発部　主幹研究員

2 麹菌酵素製剤の製造

　麹酵素製剤の製造には主に固体培養と液体培養が用いられる。固体培養では清酒麹の製麹方法を参考にしてトレイ式や円盤式装置で麹菌を培養している。培養後に菌糸の生えた小麦ふすま等から酵素タンパク質を抽出している。液体培養は文字通り液体培地を密閉系の発酵槽に投入し無菌的に培養する方法である。一般的には麹菌体外に分泌される酵素が利用されることが多いが，菌体を破砕し，菌体内酵素を取り出すこともある。

　麹菌体からの抽出あるいは麹菌培養液中に分泌された酵素タンパク質は濃縮され，精製（部分精製であることが多い）された後に，液状製剤，粉末製剤，顆粒製剤など市場の要望に応えた形状として造り込まれ，利用されている（図1）。

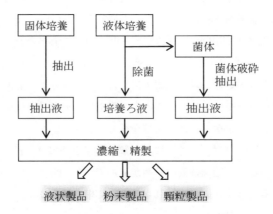

図1　麹菌からの酵素製剤の製造（概略）

3 麹菌酵素の応用

3．1　ヘルスケア分野
3．1．1　日本国内での消化酵素製剤への利用

　麹菌消化酵素の医薬品利用は歴史が古く，高峰譲吉により開発されたタカヂアスターゼの輸入販売（1899年）に始まる[3]。その後，ビオヂアスターゼ，リパーゼAPなど複数が原薬として開発され，今日では多くの一般用（OTC胃腸薬）および医療用消化酵素製剤に配合されている（表1）。これら医薬品は胃もたれ，胸やけなど消化異常症状に対して改善効果を発揮し，広く服用されている。なお麹菌以外では，*Rhizopus*，*Bacillus*，豚膵臓由来の消化酵素もある。麹菌消化酵素の一部は，一般的な微生物発酵で用いられている液体培養ではなく，小麦ふすまなどを培地とする固体培養で製造され，日本酒や味噌の麹作りと相通じる。まさに，日本で長年に渡り培われた麹菌利用技術の賜物と言えよう。

　消化酵素の生理的機能は長年に渡り研究されている。例えば，脂質を多く含む食事を摂取する

第3章 麹菌酵素の生産と応用

表1 医薬品への麹菌消化酵素の利用例

由来	消化酵素原薬	会社	酵素		配合された医薬品例（販売会社）
Aspergillus oryzae	タカヂアスターゼ	第一三共	プロテアーゼ アミラーゼ	一般用	第一三共胃腸薬 （第一三共ヘルスケア）
	ビオヂアスターゼ	天野エンザイム	プロテアーゼ アミラーゼ セルラーゼ	一般用	キャベジンコーワ（興和） 太田胃散（太田胃散）
				医療用	ベリチーム（塩野義製薬）
Aspergillus niger	プロクターゼ	Meiji Seika ファルマ	プロテアーゼ	医療用	エクセラーゼ（Meiji Seika ファルマ）
	リパーゼAP	天野エンザイム	リパーゼ	一般用	キャベジンコーワ（興和） パンシロン（ロート製薬）
				医療用	オーネスN（鶴原製薬）
	セルラーゼAP	天野エンザイム	セルラーゼ	一般用	ガスピタン（小林製薬）
				医療用	ポリトーゼ（武田薬品）

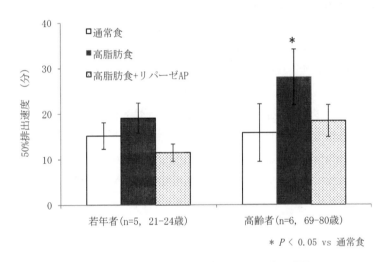

図2 胃内容物排出速度へのリパーゼAP投与効果

と胃内容物排出速度が遅くなり，胃もたれなど不快症状の原因となることが知られている。これについて中江らの報告[4]によると，高脂肪食を摂取した健常な若年者と高齢者に対し，リパーゼAP投与により胃内容物排出速度が速まった（図2）。古くから医薬品利用されている消化酵素の機能メカニズムが明確になった一例である。また，加齢に伴う内在性消化酵素の分泌量変化については諸説あるが，臨床研究より加齢と膵消化酵素の分泌量の負の相関が報告されている[5]。これより消化酵素は，高齢者の消化吸収促進ならびに栄養改善に寄与する可能性がある。実際に，医療用消化酵素製剤ベリチームの65歳以上の高齢者への投与では，血清コレステロール増加やNK活性維持といった生理機能への影響も確認されている[6]。なおベリチームには，ビオヂアスターゼ，リパーゼAP，セルラーゼAPの3種の麹菌消化酵素が配合されている。

3.1.2 米国でのダイエタリーサプリメント利用

米国では先述のアミラーゼ，プロテアーゼなど麹菌消化酵素を始め，多種の麹菌酵素がダイエタリーサプリメント（＝健康食品）に利用されており，米国国民のQOL向上，健康維持に寄与している。主な3酵素について以下に紹介する。

(1) ラクターゼ（*A. oryzae* 由来）

小腸上皮細胞の内在性ラクターゼが欠乏もしくは欠損している乳糖不耐性患者では，牛乳や乳製品より摂取したラクトースの消化吸収が不十分である。未消化のラクトースは，大腸での異常発酵による腹部膨満感，ガス等の不快症状のみならず，大腸内浸透圧上昇による下痢を引き起こす。これに対し，ラクターゼを食事時に服用することにより，ラクトースが消化管内で分解，吸収促進され，症状が緩和される[7]。米国ではLactaid（McNeil Nutritionals社）を始め，多数のラクターゼ製剤が販売されている。

(2) α-ガラクトシダーゼ（*A. niger* 由来）

米国では日本と比べ豆類の摂取量が多く，豆類に含まれるスタキオース，ラフィノースなどの難消化性オリゴ糖に起因する腸内ガスなどの不快症状が問題とされる。α-ガラクトシダーゼ服用により，それら難消化性オリゴ糖は消化管内でガラクトースとスクロースに分解される（図3）。さらにガラクトースは小腸で吸収され，スクロースは小腸上皮細胞に存在するスクラーゼでグルコースとフルクトースに分解され吸収される。この作用により，α-ガラクトシダーゼはガス発生抑制のためのダイエタリーサプリメントとして広く服用されている。

(3) トランスグルコシダーゼ（*A. niger* 由来）

A. niger 由来のα-グルコシダーゼは，その糖転移能の高さからトランスグルコシダーゼとも呼ばれている。トランスグルコシダーゼ服用により，食物中の澱粉より消化管内でパノース，イ

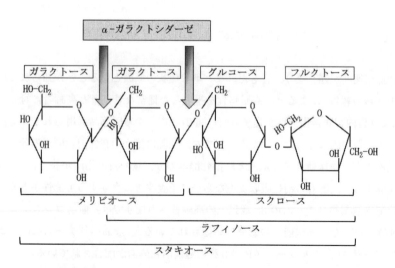

図3 難消化性ガラクトオリゴ糖の構造とα-ガラクトシダーゼの作用点

ソマルトースなど難消化性オリゴ糖が生成される。佐々木らの報告では，健常人における食直後血糖上昇の抑制，糖尿病患者における HbA1c 上昇抑制および腸内フローラ改善などの効果が報告されている[8~10]。

3. 2 食品加工分野

古来より発酵食品に微生物を利用してきたが，酵素製剤としての産業的利用は医薬分野が先であった。消化薬としての酵素製剤を食品用途に転用する形で食品への酵素利用が始まったと言われている[11]。本項では食品加工における麹菌酵素の応用例を紹介する。

3. 2. 1 糖質加工分野

澱粉を原料として様々な糖類，糖質製品が製造されている。麹菌としては *A. niger* のグルコアミラーゼがブドウ糖製造やさらには異性化糖の製造に利用されている。またトランスグルコシダーゼ（α-グルコシダーゼ）がイソマルトオリゴ糖の製造に利用されている。

(1) グルコアミラーゼによるブドウ糖製造

酵素糖化法に用いるグルコアミラーゼは，ブドウ糖収率の高い *Rhizopus* 属の酵素が一般的に使用されていた（ブドウ糖収率 94～95％）。*Aspergillus* 属のグルコアミラーゼは，*Rhizopus* 属よりも耐熱性は優れていたが，縮合反応が強く，また夾雑のトランスグルコシダーゼによるイソマルトースの生成によりブドウ糖収率が下がるという課題があった。その後，夾雑トランスグルコシダーゼの除去や枝切り酵素を併用して縮合反応が起こりにくい *A. niger* グルコアミラーゼの使用条件を設定することなどによって，ブドウ糖収率 95％以上を実現する技術が開発され，実製造に用いられている[12]。

(2) トランスグルコシダーゼによるイソマルトオリゴ糖の製造

イソマルトオリゴ糖とは，グルコースの α-1,6 結合を持つイソマルトース，イソマルトトリオースなどを主成分とした分岐オリゴ糖の総称である。優れた耐酸，耐熱，耐発酵性を有し，保湿性，澱粉の老化防止効果などを持つ[13]。澱粉から作られたマルトースを原料に，*A. niger* のトランスグルコシダーゼによる糖転移で製造される。

3. 2. 2 タンパク質加工分野

A. oryzae で約 130 のプロテアーゼ，ペプチダーゼの遺伝子が存在することが明らかにされている[14]など，麹菌は多種類のタンパク質分解酵素を生産する。タンパク質分解酵素はその分解特性の違いにより，2 種類に分けられる。基質であるタンパク質の内部のペプチド結合に作用するエンド型，アミノ酸配列の N 末端あるいは C 末端からアミノ酸や小ペプチドを順に遊離するエキソ型がある。ここでは便宜上エンド型をプロテアーゼ，エキソ型をペプチダーゼと称することとする。細菌（*Bacillus*）起源のプロテアーゼ製剤とは異なり，麹菌から製造されるプロテアーゼ製剤にはプロテアーゼとペプチダーゼの双方を有する製品が多く，麹菌起源のプロテアーゼ製剤は分子量の小さいペプチドやアミノ酸の遊離を目的とした用途に使用されることが多い（図 4）。

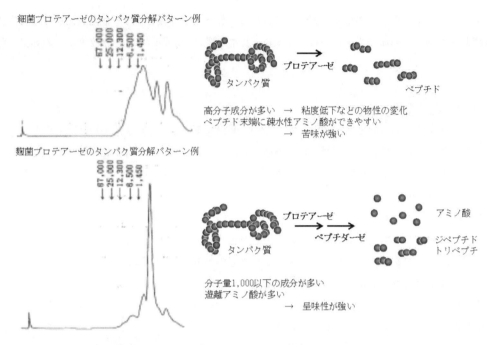

図4 細菌プロテアーゼと麹菌プロテアーゼの分解特性の違い（乳カゼイン）

(1) プロテアーゼによる調味料製造

麹菌のプロテアーゼ製剤には，苦味の生成が少なく呈味性を向上させる効果があり，調味料の製造に広く使われている。調味料製造の原料には，まぐろ，かつおなどの魚介類や，鶏，豚，牛などの畜肉，大豆や小麦などの植物が挙げられる。原料のタンパク質を加水分解し，アミノ酸を遊離させることでうま味を増強する。大豆タンパク質の加水分解で生じた苦味ペプチドに，A. oryzae酸性カルボキシペプチダーゼを作用させると，ペプチドのC末端より疎水性アミノ酸を遊離して，苦味がとれるという報告があり[15]，A. oryzaeプロテアーゼ製剤が苦みの少ない調味料製造に適している一因と考えられる。

(2) プロテアーゼによる緑茶のうま味増強

茶葉には21〜28%のタンパク質が含まれている[16]。一方で，紅茶においてアスパラギン酸，セリン，グルタミン酸，プロリン，アラニンが甘みや旨みに，チロシン，バリン，イソロイシン，ロイシン，フェニルアラニンが苦みに関与している[17]と報告されるなど，アミノ酸が茶飲料の呈味に影響している。これら茶葉に含まれるタンパク質を麹菌プロテアーゼ剤で処理し，旨みのある茶エキスを製造する方法が開発されている[18]。

3.2.3 その他分野

(1) 炊飯

日本人にとって米は毎日の食事に欠かせない主食である一方で，精白米には6%程度のタンパク質が含まれている[19]。腎疾患感にとって低タンパク質米は必需品である。低タンパク質米は乳

第3章　麹菌酵素の生産と応用

酸発酵を用いるほか，麹菌プロテアーゼを用いて製造される[20]。

またトランスグルコシダーゼを炊飯時に添加することで，粘りがありかつ老化しにくい炊飯米を製造する技術が確立されている[21]。

(2) パン・菓子

ハードビスケットやクラッカーといった菓子の製造には，麹菌プロテアーゼ剤で処理した生地を加熱調理することで，菓子の食感を改善する技術[22]が開発されるなど，製菓分野でも様々な酵素製剤が活用されている。

製パン分野においてはパンのボリュームアップや柔らかさを維持しシェルフライフを延長する目的で *Bacillus* 由来のマルトース生成型アミラーゼが広く用いられている[23]が，澱粉をマルトースにまで分解できる *A. oryzae* の α-アミラーゼ剤が一部で使われるケースもある。

この他，パン生地の機械特性を改善するために，*A. niger* のグルコースオキシダーゼが利用される。

(3) ラクターゼによる乳糖低減

3.1.2 米国でのダイエタリーサプリメント利用の項で述べたとおり，サプリメントとしてラクターゼを摂取するほか，乳糖不耐症患者がラクトースの影響を避ける方法としてラクターゼ処理によりラクトースを分解した牛乳や乳製品が上市されている。ラクトースフリー牛乳には，主に酵母由来のラクターゼが利用されるが，一部，*A. oryzae* ラクターゼが利用されている。2つの酵素製剤の大きな違いは至適 pH である。酵母由来ラクターゼは中性付近，*A. oryzae* ラクターゼは酸性付近で働く。*A. oryzae* ラクターゼは酸性付近で働くことから，ラクトースフリーヨーグルトへも応用されている[24]。

(4) マンナナーゼによるコーヒーのろ過性改善

焙煎したコーヒー豆からコーヒーを抽出する際，不溶性高粘度のガラクトマンナンのためにろ過工程に時間がかかる問題や，コーヒー抽出液中に沈殿の析出が問題となることがある。マンナナーゼ剤でガラクトマンナンを低分子化することで，これらの製造に関する問題を防ぐことができる[25]。

(5) ナリンギナーゼによる柑橘類の苦味除去

柑橘類にはナリンジンと呼ばれるフラボノイド配糖体が存在し，苦味のもとである。このナリンジンをナリンギナーゼで分解し，苦味を除去することが可能である。ナリンギナーゼが，ナリンジンをプルニンとラムノースに分解，β-グルコシダーゼがプルニンを苦味のないナリンゲニンとグルコースに分解する。柑橘類の缶詰や，風味の良いママレードジャムの製造に利用される[26]。*A. oryzae*，*A. niger* のナリンギナーゼが利用されている。

(6) 清酒，焼酎

清酒製造では「一麹，二酛，三造り」と語り継がれるほど，蒸米に麹菌が生育した米麹が清酒製造に重要な役割を担っていることは周知のとおりで，清酒製造における麹の主な役割のひとつに酵素の供給が挙げられている。清酒製造において，酵素製剤はこれら麹菌の酵素活性の補てん

117

や米麹の一部の置き換えに利用される。実際に各酵素メーカーから，グルコアミラーゼ製剤や，グルコアミラーゼや α-アミラーゼの配合製剤などが販売されている[27]。また穀類やイモ類を原料とする焼酎の製造ではグルコアミラーゼ製剤を麹菌酵素の補強として利用することがある。焼酎もろみの pH は酸性が強いため，耐酸性の強い *A. niger* のグルコアミラーゼ製剤が焼酎麹の糖化力の補強に適している[28]。

　また先述した 3.2.1（2）項の応用例として，清酒製造においては蒸米にトランスグルコシダーゼを作用させイソマルトオリゴ糖リッチな糖液を調製し，この糖液をもろみに添加して上槽することで，清酒の風味を改良する方法がある。この他，発酵促進のために清酒もろみに α-グルコシダーゼを添加し，糖質ゼロ清酒が開発されている[29]。

文　　献

1) M. Machida *et al.*, *Nature*, **438**, 1157 (2005)
2) 日本醸造学会，http://www.jozo.or.jp/koujikinnituite2.pdf
3) 日本酵素産業小史ワーキンググループ，日本酵素産業小史，p.109，日本酵素協会 (2009)
4) Y. Nakae *et al.*, *J. Gastroenterol.*, **34**, 445 (1999)
5) 石橋忠明ほか，日本老年医学会雑誌，**28**(5)，599 (1991)
6) 山田智則ほか，消化器と免疫，**42**，137 (2005)
7) P. Portincasa *et al.*, *Eur. J. Clin. Invest.*, **38**, 835 (2008)
8) M. Sasaki *et al.*, *J. Clin. Biochem. Nutr.*, **41**, 191 (2007)
9) M. Sasaki *et al.*, *Diabetes Obes. Metab.*, **14**, 379 (2012)
10) M. Sasaki *et al.*, *BMC Gastroenterol.*, **13**(81), 5 (2013)
11) 日本酵素産業小史ワーキンググループ，日本酵素産業小史，p.115，日本酵素協会 (2009)
12) 日本酵素産業小史ワーキンググループ，日本酵素産業小史，p.48，日本酵素協会 (2009)
13) 食品機能性の科学編集委員会，食品機能性の科学，p.782，産業技術サービスセンター (2008)
14) T. Kobayashi *et al.*, *Biosci. Biotechnol. Biochem.*, **71**, 646 (2007)
15) 一島英治，プロテアーゼ，p.298，学会出版センター (1983)
16) L. Gu *et al.*, Tea chemistry, p.25, Chinese University of Science and Technology Press (2002)
17) S. Scharbert *et al.*, *J. Agric. Food Chem.*, **52**, 3498 (2004)
18) 特開 2003-144049「茶類エキスの製造方法」
19) 日本食品標準成分表 2015 年版（七訂）
20) 特開 H06-303925「低蛋白質，低カリウム，低リン米の製造方法」
21) 特開 2011-193876「米飯改質剤及び米飯食品の製造方法」
22) 特開 2016-214160「プロテアーゼを含有する菓子及び菓子用生地」

第 3 章　麹菌酵素の生産と応用

23）　中嶋康之，月刊フードケミカル，**28**(10)，19（2012）

24）　M. de Vresea *et al., Clin. Nutr.,* **34**(3), 394（2015）

25）　特開平 7-184546「安定なコーヒー飲料の製造法」

26）　G. A. Tucker & L. F. J. Woods, Enzymes in Food Processing - 2d ed., p.244, Springer US（1995）

27）　日本酵素協会 HP，http://j-enzyme.com/enzyme_top.html

28）　小巻利章，酵素応用の知識，p.193，幸書房（1986）

29）　犬童雅栄ほか，生物工学会誌，**87**(9)，448（2009）

第4章 麹菌の有性世代の探索・不和合性の発見と交配育種への利用

丸山潤一[*]

1 はじめに

麹菌 *Aspergillus oryzae* は，日本酒・醤油・味噌などの伝統的醸造産業に使用されてきた糸状菌である。また，酵素生産や組換えによる異種有用タンパク質生産に用いられているとともに，最近は天然物の異種生産の利用への可能性が示されている。

このように産業的に大いに利用されている *A. oryzae* において，優良な性質をもつ株を育種することは重要である。微生物の育種として最初に挙げられる方法は，紫外線などによる変異育種がある。*A. oryzae* は通常1倍体として生育することから，変異導入により目的の形質が得られやすいと考えられる。しかし，*A. oryzae* は菌糸のみならず無性胞子である分生子も多核であるため[1]，1つの核に変異が導入されても同じ細胞内に他の核も存在するため目的の形質が現れにくい。そして，目的の変異株を取得するために変異原を強くして，生育や分生子形成を悪化させるなど2次的な影響が生じるという難点があった。

最近は *A. oryzae* において，遺伝子組換えによる分子育種が行われている。2005年の全ゲノム配列の解読によって *A. oryzae* に約12,000個の遺伝子が存在することがわかり[2]，以降は標的とする遺伝子の探索も容易となった。非相同末端結合に関与する Ku70 や LigD の欠損により，遺伝子破壊効率が飛躍的に向上している[3,4]。例えば，*A. oryzae* を用いた異種タンパク質生産においては，形質転換マーカーのリサイクリング技術を利用して[5]，プロテアーゼ遺伝子10重破壊を行うことで生産量が増加したという例がある[6]。一方で，目的とする形質と関連する遺伝子が不明である場合は，このような分子育種の適用は不可能である。

対して，交配育種はどうであろうか。これは家畜や栽培植物においては，一般的な育種方法である。優良な形質を強化することで食料としての品質の向上に役立つとともに，遺伝的な多様性を生むことで予期しない形質が出現する可能性がある。*A. oryzae* ではこれまで有性世代が見つかっておらず，有性生殖による交配育種が不可能である。しかし，全ゲノム配列の解読により，*A. oryzae* も有性生殖に関連する遺伝子が存在することが明らかになった[2]。また，*A. oryzae* において，RIP（Repeat-induced point mutation）という，糸状菌の有性生殖の際にゲノム上の異なる部位にある相同配列内において C：G から T：A への塩基置換が生じる現象が報告された[7]。これらのことから，*A. oryzae* が過去に有性生殖を行っていた可能性が示されている。

---

[*] Jun-ichi Maruyama 東京大学 大学院農学生命科学研究科 応用生命工学専攻 醸造微生物学（キッコーマン）寄付講座 特任准教授

第 4 章　麹菌の有性世代の探索・不和合性の発見と交配育種への利用

本稿では，A. oryzae の有性生殖による交配育種の確立を目指した近年の取り組みについて紹介する。

2　麹菌には 2 つの接合型 MAT1-1 型と MAT1-2 型が存在する

Aspergillus 属の有性生殖は，ヘテロタリック（自家不和合）とホモタリック（自家和合）の 2 つのタイプに分けられる。ヘテロタリック型では異なる接合型の株どうしが有性生殖を行い，例として *A. fumigatus* や *A. flavus* などがある。一方で，ホモタリック型では同一菌株どうしでも有性生殖が可能であり，例としては *A. nidulans* などがある。

Aspergillus 属の接合型は MAT1-1 型と MAT1-2 型の 2 つからなり，ゲノム上の接合型決定領域に *MAT1-1* 遺伝子，あるいは *MAT1-2* 遺伝子のどちらをもつかによって決定される。*MAT1-1* 遺伝子は MATα_HMG の DNA 結合ドメインをもつタンパク質，*MAT1-2* 遺伝子は MATA_HMG の DNA 結合ドメインをもつタンパク質をコードする。この DNA 結合ドメインのアミノ酸配列は，*Aspergillus* 属や酵母にも保存されている。酵母 *Saccharomyces cerevisiae* では MATα と MATa の 2 つの接合型が存在し，MAT1-1 型は酵母の α 型，MAT1-2 型は酵母の a 型に相当する。これらの接合型決定遺伝子は，有性生殖全体を制御する転写調節因子をコードし，接合型特異的なフェロモンとレセプターの発現や，接合開始の制御に関与することが知られている。

ゲノム解読に用いられた *A. oryzae* RIB40 株は，*MAT* 遺伝子座に *MAT1-1* 遺伝子を有していることから MAT1-1 型株である[2]。そして，筆者らは英国の Paul Dyer 博士らのグループとの共同研究により，*A. oryzae* から *MAT1-2* 遺伝子をもつ MAT1-2 型である AO6 株を見出した（図 1）[8]。また，酒類総合研究所および IAM カルチャーコレクションに保存されている *A. oryzae* 株にも，MAT1-1 型および MAT1-2 型がそれぞれ存在することを明らかにした。さらには，日本酒・醤油・味噌で使用される種麹の株でも調べた結果，両方の接合型株が存在することがわかった（表 1）。株の用途と接合型の関連を見たところ，日本酒・味噌製造用の株において

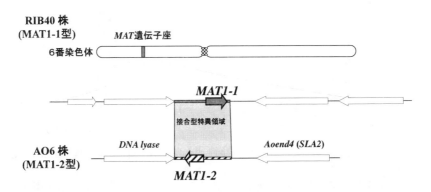

図 1　*Aspergillus oryzae* の RIB40 株と AO6 株の接合型決定遺伝子座の構造

表1 種麹菌株での接合型の分布%（株数）

	MAT1-1型	MAT1-2型
種麹株全体	40.6%（67）	59.4%（97）
（日本酒）	43.2%（38）	56.8%（50）
（醤油）	27.5%（14）	72.5%（36）**
（味噌）	57.7%（15）	42.3%（11）

**カイ二乗検定による1%危険率で有意

は接合型の割合で大きな違いは見られなかったのに対し，醤油製造用の株においてはMAT1-2型の割合が有意に高いことが分かった。醤油製造では気中菌糸が短い短毛菌が好んで使用されるため，気中菌糸が短い傾向のあったMAT1-2型株が主に選ばれたと推測される。

以上の結果より，*A. oryzae*にはMAT1-1型とMAT1-2型の2つの接合型株が存在することが明らかとなり，ヘテロタリックな有性生殖を行う可能性が示された。

3 麹菌の接合型遺伝子の機能解析

先に述べたとおり，接合型決定遺伝子はフェロモンとその受容体の発現や，接合開始の制御に関与するが，*A. oryzae*において2つの接合型決定遺伝子が実際に機能しているかを調べた。

接合型がMAT1-1型である野生株RIB40の*MAT1-1*遺伝子を，AO6株に由来する*MAT1-2*遺伝子に置換したMAT1-2型株を作製した[8]。そして，これらの異なる接合型株を用いてDNAマイクロアレイ解析を行ったところ，MAT1-1型とMAT1-2型それぞれの株で発現が2倍以上増加する遺伝子をそれぞれ596個，559個見出した。さらに，MAT1-1型株およびMAT1-2型株，*MAT*遺伝子破壊株（ΔMAT株）を用いて，定量RT-PCRにより接合型に依存した遺伝子発現を解析した。その結果，MAT1-1型特異的にα-フェロモン前駆体遺伝子*AoppgA*の発現量

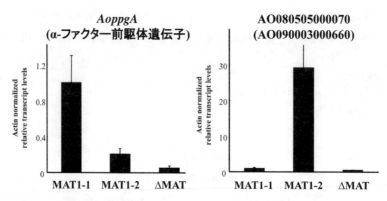

図2 *Aspergillus oryzae*のMAT1-1型株，MAT1-2型株，*MAT*遺伝子破壊株（ΔMAT）を用いた定量RT-PCR解析
各遺伝子の転写産物量の値をアクチン遺伝子の値でノーマライズし，MAT1-1型株の値を1としてグラフ化した。

第 4 章　麹菌の有性世代の探索・不和合性の発見と交配育種への利用

が増加していることを証明したとともに，MAT1-2型特異的に発現量が増加する遺伝子が存在することを示した（図2）。一方で，フェロモン受容体遺伝子の発現量について顕著な発現量変化は見られなかった。また，*Aspergillus* 属では a-フェロモンの遺伝子は見つかっていない。

　以上の結果から，*A. oryzae* において接合型決定遺伝子が機能している可能性が強く示唆された。

4　麹菌の細胞融合能の再発見

　細胞融合は，糸状菌の有性生殖で必須なプロセスである。また，糸状菌では栄養生長時においても菌糸どうしが融合を行うことができることで，網目状に絡み合ったネットワークを形成して栄養やシグナルを共有している。この細胞融合のことは，古くから「吻合 anastomosis」と呼ばれてきた。なかでも糸状菌の細胞融合については，高頻度で観察されるアカパンカビ *Neurospora crassa* においてよく研究され，細胞融合に関与する因子が多く明らかになっている。アカパンカビでは菌糸どうしだけでなく，分生子どうしが発芽菅とは異なる CAT（Conidial Anastomosis Tube）と呼ばれる細い菌糸を伸長させ，融合することが知られている[9]。一方で，*A. oryzae* の細胞融合に関する研究は，東京大学応用微生物研究所（当時）の坂口謹一郎博士らによる 1956 年の報告[10]があるのみで，それ以降長らく麹菌の細胞融合の研究は行われていなかった。

　筆者らは，*A. oryzae* の細胞融合を解析するために，栄養要求性の相補を利用する方法を確立した（図3）[11]。具体的には，異なる栄養要求性（ウリジン／ウラシル要求性，アデニン要求性）を付与した分生子を混合してウリジン／ウラシル，アデニンを含む寒天培地に植菌する。この混合培養において細胞融合が起これば，融合した細胞は異なる栄養要求性株に由来する核をもつ異核共存体（ヘテロカリオン）と呼ばれる状態になる。その融合した細胞から新しい分生子が形成されると，*A. oryzae* の分生子は多核であるため，異核共存体の状態が維持される。そこで，混合培養で形成された分生子を回収して，ウリジン／ウラシルおよびアデニンを含まない最少培地に植菌した。このときに生えてきたコロニーは，2つの異なる株からの核をもち，お互いの栄養要求性が相補された分生子に由来するものである。このコロニーの数を計数することにより，*A. oryzae* の細胞融合効率を定量的に解析することが可能になった。

　さらに，この栄養要求性の相補を利用した実験で，培地組成が細胞融合に与える影響について解析を行った[11]。DPY 培地や PD 培地のような栄養培地を用いた場合は，最少培地と比較して細胞融合効率が低くなることがわかった。また，窒素源として，資化しやすいアンモニウム塩やグルタミン酸より，資化しにくい硝酸塩を用いた場合に融合効率が上昇した。炭素源では糖の種類を変えても細胞融合効率に影響しなかったが，グルコースの量を増加させると融合効率の増加が認められた。このように，窒素源の豊富な環境下では *A. oryzae* の細胞融合はあまり起こらず，逆に，窒素源飢餓状態でグルコース量が多く存在する場合に融合の頻度が増加する傾向が明

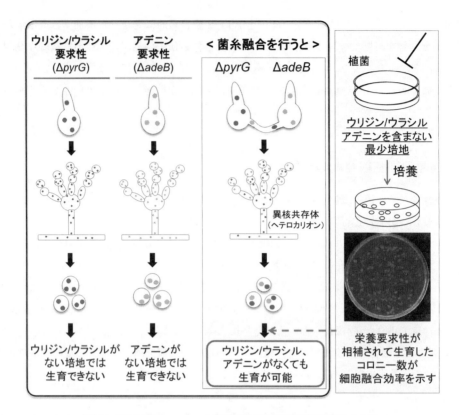

図3 *Aspergillus oryzae* の細胞融合能を定量的に評価する方法

らかになった。日本酒製造で使用する高精白米では炭素源は豊富であるのに対し，窒素源は少なく，その麹つくりにおいて A. oryzae の細胞融合が起こっていることが推定される。筆者らは，精米歩合が異なる米を粉にした培地を用いたところ，精米歩合が低いほど細胞融合効率が高くなるデータを得ている。

さらに，上述の細胞融合を定量的に解析する手法を用い，AoFus3 や AoSO などのタンパク質が A. oryzae の細胞融合に関与することを明らかにした[11, 12]。最近は，BiFC 法を利用して融合細胞を特異的に可視化することにより，アカパンカビで報告されたように，A. oryzae においても発芽した分生子どうしが融合する形態が観察された[13]。

以上の解析によって，A. oryzae が細胞融合を行う能力があることを約60年ぶりに再発見した。

5 麹菌における不和合性の発見

糸状菌で異なる株どうしが融合すると，由来が異なる核を同じ細胞内に共存させたまま菌糸を生長させることができる。この状態を異核共存体という。しかし，遺伝的に不適合な株どうしで

第4章　麹菌の有性世代の探索・不和合性の発見と交配育種への利用

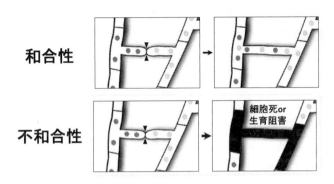

図4　糸状菌の不和合性
遺伝的に不適合である株どうしが融合した場合に，細胞死または生育阻害が起こる。

形成した異核共存体では，細胞死もしくは著しい生育阻害が起こる（図4）。これを，異核共存体不和合性 heterokaryon incompatibility（以下，不和合性と略す）という[14]。不和合性では植物の自家不和合性がよく知られているが，糸状菌にもこのような自己と非自己を識別する仕組みがある。糸状菌における不和合性の役割は，融合した相手から感染したウイルスが拡散してくるのを防ぐなどがある。

A. oryzae は日本酒・醤油・味噌などさまざまな醸造食品の製造に用いられており，用途によって多様な性質の株が存在する。筆者らは，前述の BiFC 法による融合した細胞を特異的に可視化する方法を利用して，様々な A. oryzae 株どうしの細胞融合の有無を解析した[13]。2つの株の分生子を混合して寒天培地で培養を行った結果，多くの株の組み合わせでは細胞融合が観察されなかった。この時点では，この組み合わせの株どうしで細胞融合ができない，もしくは融合しても不和合性により融合細胞が存在できないという2つの可能性があった。後者の不和合性を検討するため，プロトプラスト融合で強制的に融合させる方法により，融合細胞の有無を BiFC 法の蛍光により検定した。その結果，上記の混合培養で細胞融合が観察されなかった株の組み合わせにおいて，プロトプラスト融合によっても融合細胞の存在が検出されなかった。また，それぞれ異なる栄養要求性を付与して栄養要求性の相補により検出する方法でも検討したが，融合細胞が存在できないことを確認した。逆に，混合培養で細胞融合が観察された株の組み合わせにおいては，プロトプラスト融合によっても融合細胞は検出された。以上の結果から，A. oryzae の株の組み合わせによって不和合性があることを初めて明らかにした[13]。

実は，ここで行った A. oryzae の異なる株どうしのプロトプラスト融合は，疑似有性生殖による交配育種の最初の操作と同様の実験である。疑似有性生殖は，細胞融合による異核共存体の形成後に核融合と1倍体化が行われ，この間に体細胞組換えが起こる現象であり，有性生殖による交配と同様の結果をもたらす。A. oryzae において，プロトプラスト融合による疑似有性生殖を利用した交配育種は1980～1990年代に行われていた。今回の不和合性の発見は，当時，A. oryzae の大部分の株の組み合わせで疑似有性生殖による交配ができなかった可能性を示唆する

125

ものである。

不和合性の分子機構については，アカパンカビをはじめとする一部の糸状菌でのみ研究が行われてきた。これまでに，不和合性を制御する遺伝子 *het*（heterokaryon incompatibility）などが明らかになっており，これらの遺伝子の配列は株によって異なり多型であることで不和合性を決定している[15]。しかし，このような知見が他の糸状菌で適用された例はほとんどなく，糸状菌の不和合性におけるメカニズムは多様で，種によって異なる形で獲得した可能性がある。近年は，次世代シークエンサーの利用による比較ゲノム解析が可能となりつつあり，今後，*A. oryzae* の不和合性における株どうしの自己・非自己を認識するメカニズムの解明が可能となるかもしれない。

6　麹菌における有性生殖の発見の試み

A. oryzae は，*Aspergillus flavus* を祖先として家畜化されたものであると考えられている[16]。その *Aspergillus flavus* などでは，菌核と呼ばれる構造の内部に有性生殖器官が形成されることが報告されている[17]。菌核は一部の糸状菌において，菌糸が接着・融合を繰り返し密集して，無性的に形成される耐久性の休眠構造である[18]。このことから，*A. oryzae* においても，有性世代が発見される際には菌核の内部に有性生殖器官が形成することが想定される。しかし，*A. oryzae* では一部の株では少ないながらも菌核を形成するものの，大部分の株は菌核を形成しない。このことが，*A. oryzae* において有性世代が発見されてこなかった原因であると考えられる。

筆者らは菌核形成が可能な野生株 RIB40 を用いて，有性生殖の発見を目指した培養方法の確立を試みた[19]。RIB40 株に由来し，前述の DNA マイクロアレイを用いた解析で使用した MAT1-1 型株と接合型を置換した MAT1-2 型株をもとにして実験を行った。細胞融合や有性生殖により生じた胞子を判別するため，これらの株に対し，ウリジン／ウラシル要求性，もしくはアデニン要求性の異なる栄養要求性を付与した。さらに，それぞれの株に対し，緑色（EGFP）と赤色（mDsRed）の異なる蛍光タンパク質で核を標識した。

ウリジン／ウラシルとアデニンの両方を加えた麦芽エキス寒天培地で対峙培養を行ったところ，ウリジン／ウラシル要求性株とアデニン要求性株のコロニーの境界線上に菌核の形成が観察された（図 5A）。この菌核をウリジン／ウラシル・アデニンを含まない最少培地に移すと生育してコロニーを形成することができたため，2 株に由来する株が融合し，栄養要求性が相補されていることが確認された。さらに，その菌糸の核は緑色と赤色両方の蛍光を示した（図 5B）。これは，菌核を形成する前か形成中に異なる株間で細胞融合が起こった結果であると考えられる。一方で，同じ栄養要求性の株どうしの境界線上では菌核は形成されなかった。このことから，コロニーの境界線上での菌核形成は，ウリジン／ウラシル要求性株とアデニン要求性株の組み合わせに特異的な現象であることが示唆された。

以前，*A. oryzae* において，basic helix-loop-helix 型の転写因子 SclR と EcdR が菌核形成を

第4章　麹菌の有性世代の探索・不和合性の発見と交配育種への利用

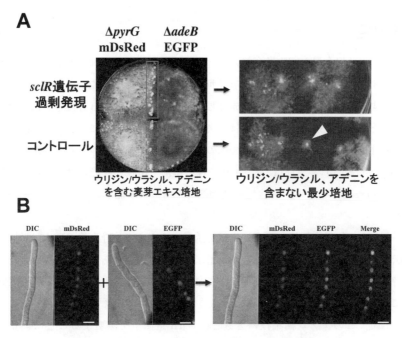

図5　*Aspergillus oryzae* の対峙培養の菌核形成の誘導
(A) 異なる栄養要求性と蛍光タンパク質により標識した株どうしの対峙培養により，コロニー境界線上に菌核が形成された。sclR 遺伝子過剰発現により，菌核の数が増加し，最少培地で栄養要求性が相補されて生育する菌核が増加した。矢頭は，最少培地で生育が見られなかった菌核。
(B) 最少培地において菌核から生育した菌糸を観察すると，両株に由来する EGFP（緑色）と mDsRed（赤色）の蛍光が両方観察された。スケールバーは 5 μm。

それぞれ正と負に制御することが報告されている[20, 21]。そこで，上記の MAT1-1 型株，MAT1-2 型株それぞれにおいて，菌核形成を正に制御する転写因子 SclR を過剰発現させた株を作製し，異なる栄養要求性と蛍光タンパク質で標識した[19]。対峙培養を行ったところ，2つのコロニーの境界線上に形成される菌核の数が増加し，この菌核において細胞融合によって栄養要求性が相補されている割合は上昇した（図5A）。このことから，SclR の過剰発現により，菌核形成前ないしは形成時の細胞融合も促進されることが示唆された。しかし，同じ接合型株どうしの場合でも，境界線上特異的な菌核形成，および栄養要求性の相補は同じ効率を示し，SclR の過剰発現による促進効果は同様に見られた。このことから，コロニー境界線上の菌核形成，およびその細胞融合の効率に接合型の組み合わせは関係していないことが考えられた。この結果は，菌核の形成が無性的に行われることと関連している。

菌核形成を負に制御する転写因子 EcdR について，その遺伝子を破壊することによっても，対峙培養でのコロニー境界線上で細胞融合を行って形成する菌核の増加が見られた[22]。さらに，ecdR 遺伝子破壊に加え，有性生殖関連遺伝子を過剰発現させたうえで，異なる接合型株どうしにより形成された菌核を成熟化させた。すると，その内部に有性生殖器官に類似した形態的特徴をもつ構造が初めて観察されるようになった[22]。

127

7 おわりに

以上のことから，接合型や細胞融合能の解析を経て，菌核形成制御遺伝子および有性生殖関連遺伝子を操作することにより，これまで有性世代が発見されなかった A. oryzae で初めて有性生殖器官に類似する構造を観察することに成功した。現在までのところ有性胞子に類似する構造の形成効率は低く，有性生殖を達成するには解決するべき課題は未だに残されている。

一方で，有性生殖の目的として，複数の株の多様な形質を併せもつ株の育種があるが，これを様々な A. oryzae 株を用いて行うには，不和合性の解消や菌核形成能の付与が課題となる。そのためには，A. oryzae における不和合性の制御機構や菌核形成能が失われた原因を明らかにする必要がある。

しかし，これらの知見を活用して有性生殖を誘導するうえで，野生株 RIB40 以外の A. oryzae 株では遺伝子操作技術が整備されておらず，遺伝子改変が困難であることが障害となる。これに対して筆者らは最近，ゲノム編集技術のなかで最も簡便で低コストである CRISPR/Cas9 システムの確立に成功し，A. oryzae 実用株における遺伝子改変効率を著しく向上させることに成功した[23,24]。そして，このゲノム編集技術をもとに ecdR 遺伝子を破壊することにより，これまでまったく菌核の形成ができなかった日本酒製造用株 RIB128 と醤油製造用株 RIB915 において，菌核形成の初期段階と見られる気中菌糸の凝集が見られるようになった（図6）[24]。このように菌核形成能が付与できる可能性を示した一方で，吟醸酒製造用株 RIBOIS01 では菌核形成の徴候はまったく見られなかった[24]。このことにより，A. oryzae の株によっても家畜化された過程の多様性が示唆されることにもなった。今後は，比較ゲノム解析によって麹菌株ごとの有性生殖

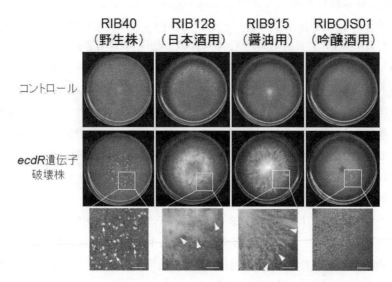

図6 *Aspergillus oryzae* の実用株における *ecdR* 遺伝子破壊による菌核形成誘導の試み
矢印は菌核，矢頭は菌核形成の初期段階と考えられる気中菌糸が凝集した構造。

第 4 章　麹菌の有性世代の探索・不和合性の発見と交配育種への利用

を抑制する原因を明らかにしていくことが有効であると考えられる。

　以上に述べた課題を解決していくことで有性生殖による交配育種が実現すれば，麹菌の優良な性質の向上や多様な形質の創出が可能となり，従来にない醸造生産物の開発や有用物質の高生産ができるようになることを期待している。

文　　　献

1) J. Maruyama *et al.*, *Biosci. Biotechnol. Biochem.*, **65**, 1504 (2001)

2) M. Machida *et al.*, *Nature*, **438**, 1157 (2005)

3) T. Takahashi *et al.*, *Mol. Genet. Genomics*, **275**, 460 (2006)

4) O. Mizutani *et al.*, *Fungal Genet. Biol.*, **45**, 878 (2008)

5) J. Maruyama *et al.*, *Methods Mol. Biol.*, **765**, 447 (2011)

6) J. Yoon *et al.*, *Appl. Microbiol. Biotechnol.*, **89**, 747 (2011)

7) M. D. Montiel *et al.*, *Fungal Genet. Biol.*, **43**, 439 (2006)

8) R. Wada *et al.*, *Appl. Environ. Microbiol.*, **78**, 2819 (2012)

9) N. D. Read *et al.*, *Curr. Opin. Microbiol.*, **12**, 608 (2009)

10) C. Ishitani *et al.*, *J. Gen. Appl. Microbiol.*, **2**, 345 (1956)

11) W. Tsukasaki *et al.*, *Biosci. Biotechnol. Biochem.*, **78**, 1254 (2014)

12) W. Tsukasaki *et al.*, *Fungal Biol.*, **120**, 775 (2016)

13) 岡部知弥ほか，日本農芸化学会大会講演要旨集 (2016)

14) N. L. Glass *et al.*, *Curr. Opin. Microbiol.*, **9**, 553 (2006)

15) A. Daskalov *et al.*, *Microbiol. Spectr.*, **5** (2017), doi: 10.1128/microbiolspec.FUNK-0015-2016.

16) J. G. Gibbons *et al.*, *Curr. Biol.*, **22**, 1403 (2012)

17) B. W. Horn *et al.*, *Mycologia*, **101**, 423 (2009)

18) H. J. Willetts *et al.*, *Mycol. Res.*, **96**, 801 (1992)

19) R. Wada *et al.*, *Appl. Microbiol. Biotechnol.*, **98**, 325 (2014)

20) F. J. Jin *et al.*, *Eukaryot. Cell*, **10**, 945 (2011)

21) F. J. Jin *et al.*, *Fungal Genet. Biol.*, **48**, 1108 (2011)

22) 田中勇気ほか，日本農芸化学会大会講演要旨集 (2015)

23) T. Katayama *et al.*, *Biotechnol. Lett.*, **38**, 637 (2016)

24) H. Nakamura *et al.*, *J. Gen. Appl. Microbiol.*, **63**, 172 (2017)

第5章　麹菌 *Aspergillus oryzae* が産生する環状ペプチド，フェリクリシン，デフェリフェリクリシン

堤　浩子[*1]，福田克治[*2]，秦　洋二[*3]

　フェリクリシン（Fcy）を代表とするフェリクローム類は，清酒中の着色原因物質として1967年蓼沼らによって同定されている[1]。Fcy は3分子の *Nδ*-アセチル-*Nδ*-ヒドロキシ-*L*-オルニチンと2分子の *L*-セリンおよび1分子のグリシンが環状に結合したヘキサペプチドであるデフェリフェリクリシン（Dfcy）に3価の鉄イオンをキレートした化合物である（図1）。Dfcy が鉄イオン（Fe^{3+}）と結合すると Fcy となり赤褐色を呈し，清酒の着色原因物質の一つであり，本来清酒醸造にとって好ましくない物質である。

　ユニークな鉄化合物の Fcy を食品に利用できないかと考え開発を開始した。まず，麹菌 *Aspergillus oryzae* の中から Fcy を多く生産する株を選抜し，UV 照射や変異剤処理を行い，何世代にもわたる育種を重ね Fcy 高生産株を取得した[2]。

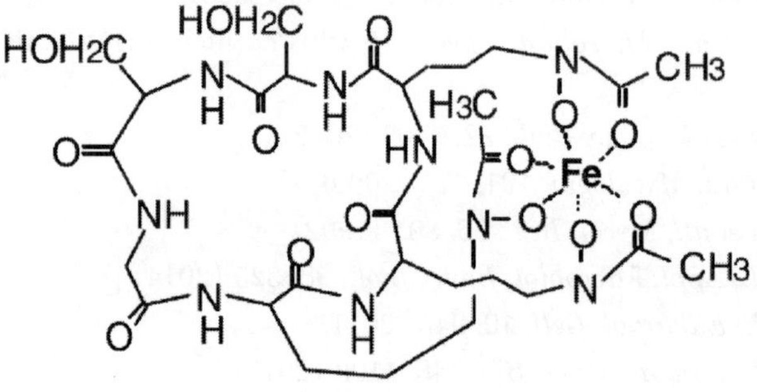

図1　フェリクリシンの構造

---

*1　Hiroko Tsutsumi　月桂冠㈱　総合研究所　主任研究員

*2　Katsuharu Fukuda　月桂冠㈱　総合研究所　主査

*3　Yoji Hata　月桂冠㈱　総合研究所　常務取締役製造副本部長／総合研究所長

第5章 麹菌 *Aspergillus oryzae* が産生する環状ペプチド，フェリクリシン，デフェリフェリクリシン

1 フェリクリシン（Fcy）

1．1 貧血改善効果

麹菌を液体培養液から調製した Fcy を用いて貧血改善効果を検証した。通常飼料および鉄欠乏飼料にて SD ラットを 35 日間飼育した。次に貧血誘導ラットにそれぞれ Fcy，クエン酸第2鉄およびヘム鉄を鉄源とする飼料を 21 日間与えたところ，Fcy はヘム鉄に比べてヘモグロビンが有意に回復し，肝臓の貯蔵鉄ではクエン酸第2鉄と比較して有意に回復した（図2，表1）[3]。このように，Fcy は鉄錯体として高い貧血改善効果を示すことが明らかとなった。その他，各種血液生化学検査においてすべて良好であり，安全性に問題ないことも確認された[3]。

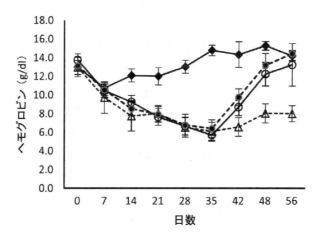

図2　貧血誘導期および回復期のヘモグロビン値
mean ± SD (n = 5)．：コントロール群，●：Fcy 群，○：クエン酸第2鉄群，△：ヘム鉄群．

表1　肝臓鉄濃度の比較

	肝臓鉄 (ppm)
コントロール群	63.3 ± 10.1[a]
フェリクリシン群	39.3 ± 7.6[b]
クエン酸第2鉄群	21.6 ± 3.1[c]
ヘム鉄群	6.2 ± 1.3[c]

mean ± SD (n = 3〜5)．＊※ Tukey-Kramer の多重比較法，異符号間に有意差あり（$p <$ 0.05）．

1．2 Fcy の溶解特性

現在利用されている鉄剤の多くは，食品成分と反応して不溶性化することにより，吸収性が低下するという問題がある。そこで，Fcy の鉄材としての有効性を検証するため，各鉄化合物（鉄濃度 1,000 ppm）に 0.6％フィチン酸水溶液を添加し，37℃で 90 分インキュベートした後の遠

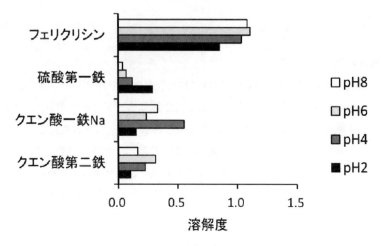

図3 フィチン酸添加後の各種鉄濃度

心上清中の鉄濃度を測定し，フィチン酸添加前の鉄濃度との相対値で示した。その結果，Fcyはきわめて溶解性が高く，pH 2および7の10％水溶液中にまったく沈殿が生じなかった。また，フィチン酸，タンニン酸あるいはカテキンといった鉄吸収を阻害する成分との反応性が低く，吸収阻害されにくい鉄素材であることが確認された。フィチン酸と4種類の鉄化合物の反応性を図3に示した。以上の結果より，Fcyは食品に利用しやすい鉄化合物であることがいえる。

2 デフェリフェリクリシン（Dfcy）

Dfcyは，Fcyが鉄をキレートしていない，環状のペプチド部分のみの化合物である。その水溶液は無色透明であり，3価鉄イオンを特異的かつ強力にキレートする性質を有している。そのDfcyに関して各種活性や機能性を調べた。

2.1 抗酸化活性

DfcyのSOD（スーパーオキシドディスムターゼ）様活性を測定した。既知の抗酸化剤である，フェルラ酸，アスコルビン酸と比較した結果，Dfcyにはフェルラ酸と同程度のSOD様活性を有することを確認した。次に，DPPHラジカル消去活性を試験した結果，フェルラ酸やアスコルビン酸と同様のDPPHラジカル消去能を有することを確認した。よって，Dfcyには，既知の抗酸化剤として同等の抗酸化能を有すると考えられる（表2)[4]。

表2 Dfcyの抗酸化活性

試験	Dfcy	フェルラ酸	アスコルビン酸
SOD様	503	568	＞2000
DPPHラジカル消去能	45	5	7

50％抑制濃度（ppm）

第5章　麴菌 *Aspergillus oryzae* が産生する環状ペプチド，フェリクリシン，デフェリフェリクリシン

2.2　メラニン抑制効果

ヒト皮膚に近い評価システムであるヒト三次元培養表皮モデル細胞を用いて，Dfcy のメラニン生成抑制効果を評価した。Dfcy，ビタミン C と水（対照）を細胞に添加し，培養後に色素沈着（メラニン生成），産生メラノサイト（メラニンを産生した細胞），および，細胞の生存を確認した。図 4 に示すように，DFcy はビタミン C よりも，強く色素沈着およびメラノサイトの産生抑制しており，特に DFcy 1,000 ppm ではメラノサイトは確認されなかった。

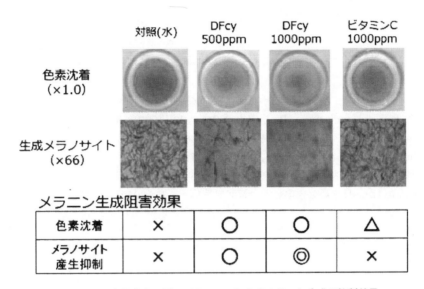

図 4　ヒト 3 次元皮膚モデルでの DFcy によるメラニン生成の抑制効果

2.3　炎症抑制効果

鉄や銅といった遷移金属イオンは，さまざまな酸化反応に関与しているといわれている。そこで，フリーラジカルによって発生しやすいと言われている消化器疾患に着目し，Dfcy の作用を検討した。7 週齢 BALB/c マウスに 8% のデキストラン硫酸ナトリウム（DSS）を 7 日間自由に飲水させ，大腸炎を誘発した（コントロール群）。テスト群には Dfcy（100 mg/kg/day）を DSS 投与と同時に 7 日間経口投与した（テスト群）。DSS も Dfcy も投与しない群をブランク群とした。ブランク群と比較してコントロール群では腸管長短縮，Disease activity index（DAI）の上昇および体重の減少が認められたが，テスト群ではコントロール群と比較してすべての項目で有意な改善がみられた（表 3）。

以上の結果より，Dfcy は *in vivo* の系において炎症抑制作用を示すことが示された。フリーラジカルの過剰発生は，生活習慣病の発症に関連していると言われており，Dfcy はこれらの疾病予防に有効である可能性が示唆された[5]。

Dfcy と Fcy は，日本人が長い食経験をもつ安全性の高いペプチドである。またこれまでに明らかになった機能性を活用し，今後機能性食品や医薬品の分野で応用できると期待している。

酵母菌・麹菌・乳酸菌の産業応用展開

表 3 DSS 大腸炎における抑制効果

	大腸の長さ （cm）	DAI （day7）	体重変化 （day7-day0；g）
ブランク群	11.79 ± 0.159	0 ± 0	1.02 ± 0.08
コントロール群	8.85 ± 0.179*	7.3 ± 0.58*	0.78 ± 0.02*
テスト群	9.56 ± 0.112*	5.5 ± 0.17*	0.81 ± 0.01*

mean ± SD $(n = 10)$. *$p < 0.05$ vs ブランク群（day7）. *$p < 0.05$ vs コントロール（day7）.

文　　献

1)　M. Tadenuma *et al.*, *Agric. Biol. Chem.*, **31**, 1482（1967）
2)　T. Todokoro *et al.*, *J. Sci. Food Agric.*, **96**, 2998（2016）
3)　S. Suzuki *et al.*, *Int. J. Vitamin Nutr. Res.*, **77**, 13（2007）
4)　大浦新ほか，日本農芸化学会講演要旨集，p.65（2012）
5)　入江元子ほか，日本農芸化学会大会講演要旨集，p.65（2012）

第6章 α-エチル-D-グルコシドの発酵生産法の開発と新規機能性を利用した各種商品への応用

尾関健二[*]

1 はじめに

日本酒中に3番目に多い成分であるα-エチル-D-グルコシド（α-EG）は，純米酒で0.6%程度含有しており，純米吟醸酒では発酵温度が低温であることにより0.3%程度となっている。この成分の発見は比較的近年である1971年に日本酒を飲用したヒトの尿中からであり[1]，その後日本酒の並行複発酵方式による発酵法が大きく寄与していることが分かった[2]。すなわち米のデンプン質を麹が生産するα-アミラーゼとグルコアミラーゼによりグルコースに変換し，そのグルコースを酵母がアルコール発酵する過程で，アルコールのエチル基がマルトース以上のオリゴ糖と麹のα-グルコシダーゼによる糖転移反応により生産する[3]。α-EGは速効性の甘みと遅効性の苦みを持ち，日本酒のコク味に寄与している。ミリンではアルコールないしは焼酎と麹のα-グルコシダーゼにより，日本酒よりは少ないが0.2%程度酵素生産されており，日本酒と同様にα-EGは食経験が長い嗜好品，調味料の主要成分として和食文化を支えてきている。

昔から日本酒を多く飲む杜氏，蔵人，相撲取りには「肌にハリとツヤ」があると伝承的に言われてきたが，α-EGには肌のツヤに関連がある紫外線で荒れ肌になった皮膚の角化のバランスを取り，経皮水分蒸散量を抑制し，角質細胞レベルで荒れ肌を改善する効果が動物実験[4]とヒト表皮角化細胞[5]で証明された。この研究成果などにより大関㈱のα-EG高含有日本酒（脱アルコール）が長谷川香料㈱で加工（脱グルコース）され，カネボウ化粧品㈱で各種化粧料に配合され，2003年以降から商品展開されている。一方，肌のハリに関しての研究報告はなく非常に興味が持たれる課題であり検討を加えた（ヒト成人線維芽細胞による評価）。α-EGにその他の機能性として肝障害抑制効果[6]や利尿作用[7]など動物実験の報告があるが，現実的な濃度で効果があるかは疑問符がある。

α-EGの吸収と体内動態の実験では，ヒトで1gの清酒濃縮物を単回摂取後，24時間までに摂取量の約80%が尿中に排泄され，確かにα-EGとして吸収され，肝臓から血中に移行し，全身の毛細血管から各種細胞に浸透し，何らかの作用を持つことが推測できる。ラット腸管での吸収実験ではα-EGはグルコーストランスポーター（SGLT1）により腸管吸収，細胞膜の別のグルコーストランスポーター（GLUT2）を介して血中に移行し，数日間血中に存在している報告がある[8]。これらのことによりα-EGを含有する日本酒が毛細血管から皮膚の真皮層にある線維芽細胞に影響を及ぼすことが推測できる。線維芽細胞はコラーゲン，ヒアルロン酸，エラスチン

---

[*] Kenji Ozeki 金沢工業大学 ゲノム生物工学研究所／バイオ・化学部 応用バイオ学科 教授

を生産し，肌の基盤となる重要な働きを持っている。また α-EG は分子量 208 Da と低分子であり，皮膚表面からも真皮の線維芽細胞まで十分浸透できる低分子物質である。その研究過程で皮膚表面での速効性のバリア機能による水分蒸散を抑制する機能についても検討を加えた（ヒトパッチ試験による評価）。

まず焼酎の醸造で α-EG の生産効率を検討し，さらにはコストが安い醸造副産物である酒粕と白ヌカを利用した酒粕再発酵法と日本酒醸造においては，酒母仕込の純米酒が α-EG を多く生産するか，吟醸酒の高生産法の検討を行った。

2 焼酎醸造での α-EG 生産

焼酎醸造工程での α-EG 生産の研究は全く報告はなく，焼酎，白酒などの蒸留酒には全く含有されていない[3]。そこで米と大麦で，焼酎醸造でどの程度の α-EG 生産が可能かを検討し，品質的に問題がない焼酎醸造と残渣中に α-EG が全量移行するかを検討した。最適な仕込配合と仕込条件は表1に示した。一次もろみで焼酎麹米と酵母と汲水で酵母の増殖を促し，その際麹からのグルコアミラーゼを減らすために麹の量を通常の 1/2～1/12 まで減じた。その後原料の米または大麦と酵素剤（AA：α-アミラーゼ剤と AG：α-グルコシダーゼ剤）を添加して二次もろみとして 20℃ と 30℃ で発酵した（通常は 30℃）。発酵後の α-EG，アルコール，グルコース分析を HPLC により行った。

図1はもろみの α-EG 濃度であり，2％程度の高生産は米では 20℃ で麹量 1/2～1/4 であった。大麦では 20℃ で 1/8～1/12 であった。これらのもろみをエバポレーターで蒸留（アルコール 30％程度）し，割水して 25％濃度の焼酎4区分を大関㈱のパネラー11名で利き酒を行ったところ，米および大麦共に香り，味，総合で通常仕込のコントロールと品質的には差がない米焼酎および麦焼酎が醸造できることが分かった（表2）。また蒸留残渣の α-EG 濃度より，蒸留残渣に全量残ることが確認できた[9]。したがって，低温醸造と，グルコアミラーゼは酵母のアルコール発酵に必要な分だけにするために麹を減らし，他のデンプン質分解に必要な α-アミラーゼと転移酵素の α-グルコシダーゼの配合バランスが重要であることが判明した。

表1 焼酎小仕込配合

		原料 (g)	焼酎麹米 (g)	汲水 (mL)
	一次もろみ	0	12	21
米	二次もろみ	40	0	96
	合計	40	12	117
	一次もろみ	0	16	28
大麦	二次もろみ	40	0	66
	合計	40	16	94

一次もろみ＋焼酎酵母（5×10^6 cells/mL）；30℃，5 days
二次もろみ＋酵素剤（AA剤：2,520 U ＋ AG剤：4,140 U）；30℃，8 days
利き酒用の仕込みは4倍スケール

第 6 章 α-エチル-D-グルコシドの発酵生産法の開発と新規機能性を利用した各種商品への応用

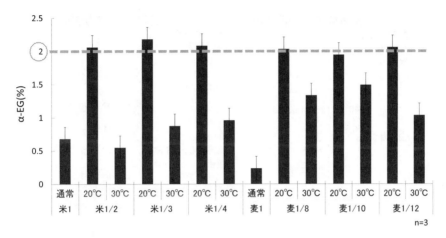

図1 焼酎もろみ中の α-EG 濃度

表2 利き酒

	区分	評価	5点法平均（良い1→5悪い）
米	通常（麹1量），30℃	香り	3.0
		味	3.0
		総合	3.0
	麹1/4量，20℃	香り	3.0
		味	2.9
		総合	2.9
大麦	通常（麹1量），30℃	香り	2.6
		味	2.9
		総合	2.9
	麹1/12量，20℃	香り	2.8
		味	2.8
		総合	2.8

アルコール濃度30％程度に蒸留し，25％に割水して利き酒（大関パネラー11名）

3 酒粕再発酵での α-EG 生産

3.1 高生産発酵法

　デンプン質が比較的多く残っている吟醸粕を用いて α-EG 生産を試みたがデンプン質不足で生産できなかった。そこで酒粕と同じ醸造副産物である白ヌカを用いて低コスト α-EG 発酵物が開発できれば，日用品や浴用剤の展開が可能と考え，高生産の醸造法を検討した。白ヌカは精米時にほぼ α 化を受けており，α-アミラーゼ剤をそのまま使用できるが（長時間液化），耐熱性の α-アミラーゼ剤を用いた液化液（短時間液化）との比較で，酒粕を再発酵して α-EG の高生産を試みた（図2）。

　今回の結果では長時間液化の方が α-EG 生産量が2％を超えることが分かった（図3）。耐熱

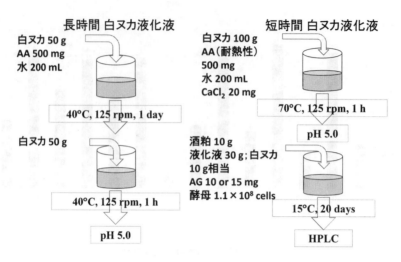

図2　酒粕再発酵仕込条件

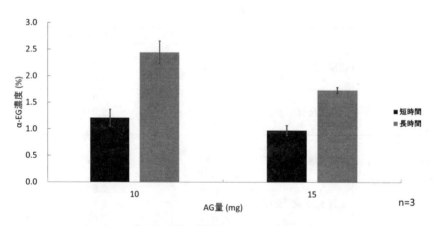

図3　酒粕再発酵もろみのα-EG濃度

性α-アミラーゼ剤を使用しても同程度のα-EGが生産できると推測しているが，今回は詳細な実験は行わなかった。種々の実験結果から発酵温度は20℃よりも，α-EG生産には15℃での発酵が今回試験した酵素バランスの範囲では良好であった[10]。

3.2　蒸留残渣の用途開発

㈱車多酒造では吟醸粕を利用して春に米（粕取り）焼酎を製造している。今回㈱MOYUの依頼を受け，この焼酎もろみにα-EGを発酵生産できないかの検討を行った。まずは通常の発酵もろみではα-EGは全く製造できていなかった。そこで上記の検討および現場でのスケールアップの試行錯誤の結果，もろみ中で2%程度発酵生産することができ，蒸留した焼酎はこれまでと同様に使用でき，これまで排水処理後川に処理していた米焼酎蒸留残渣のα-EGを活用する技術開発に成功した（図4）。

第6章 α-エチル-D-グルコシドの発酵生産法の開発と新規機能性を利用した各種商品への応用

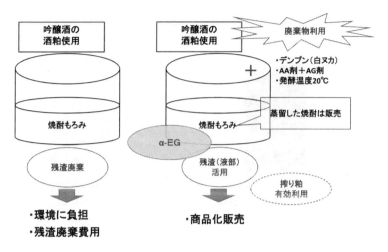

図4　車多酒造の米焼酎醸造

　この蒸留残渣の液中からのα-EGの機能性試験（5節　ヒトパッチ試験によるα-EGの評価）やモニター試験を経てエステティシャンが使用・推奨するシャンプーとして平成27年12月に販売し，翌年3月には石鹸としても販売に至った。実際使用したお客様の声として「髪にツヤとハリが出た」，「フケが減った」など髪に対してもα-EGが効果的であることを証明した[11]。またこの残渣（粕部分）には他の有用成分が含まれており，蒸留残渣の全活用に繋がる技術開発も進めている。

4　日本酒醸造でのα-EG生産

4.1　酒母仕込の純米酒

　純米酒はアルコール添加をしない米だけの醸造産物であるため米本来の旨味が品質に反映された日本酒である。これまでの分析で白山菊酒[12]を中心とする石川県の純米酒は，灘・伏見の大手ナショナルブランドのそれよりもα-EG含量が1.4倍多いことが分かった（図5）。この原因を解明するためには酒母仕込が影響していることも考えられ，㈱車多酒造の酒母ともろみを分析することにした。酒母は山廃酒母と速醸酒母，もろみは三段仕込後の経日的なα-EGを分析することにより，酒母に多くできるのかもろみで多くできるのかなどを解明できる。

　山廃酒母は30日間，速醸酒母は15日間の発酵期間であるが，発酵期間が短い速醸酒母の方がやや多い結果であった。これらの酒母量は三段仕込中では6％に相当する量であり，最初の持ち込みのα-EGは僅かであることが分かった。その後もろみでは山廃酒母と速醸酒母はほぼ同量のα-EGが0.9％程度生産していた（図6）。この結果を受けて表3の小仕込試験で種々検討したところ，初発酵母数が多いことにより初期のアルコール発酵が旺盛となり，このアルコールがα-EGの酵素反応では重要であることが判明した（図7）。したがって酒母仕込は酵母数を増や

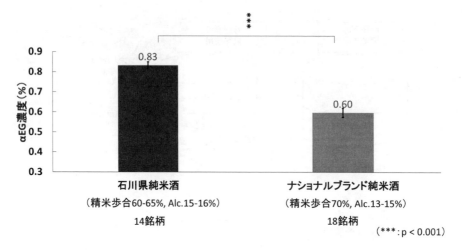

図5 石川県とナショナルブランド純米酒のα-EG濃度

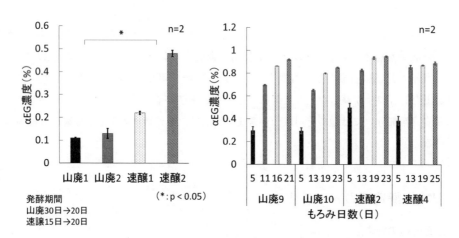

図6 酒母・もろみ中のα-EG濃度

表3 純米酒の仕込配合

	添・仲	留	合計
総米（g）	22.5	22.5	45
掛米（g）	11.25	22.5	33.75
麹米（g）	11.25	0	11.25
汲水（mL）	35	33	68

酵母数 1.8×10^6, 1.8×10^7, 1.8×10^8, 1.8×10^9 cells/仕込
酒母仕込 = 1.8×10^9 cells/仕込に相当，15℃で13日間発酵

し，結局α-EG生産に影響する醸造法である．通常の日本酒のα-EG濃度は0.5％以下であり，仕込でα-EGをどこまで増やせるかの研究はなく，検討したところ酒税法で日本酒の定義（麹を使用し，酵素剤は原料の1/1000以下）を超える酵素剤仕込（麹は10％使用）で，α-EG濃度3％

第6章 α-エチル-D-グルコシドの発酵生産法の開発と新規機能性を利用した各種商品への応用

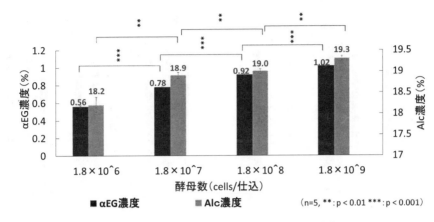

図7 酵母数の違いでのα-EGとアルコール濃度

を超える日本酒は製造可能であった[13]。ただし品質的には苦味が前面に出てくることを考えれば、酒税法の範囲内で品質的にある程度満足いく純米酒はα-EG濃度2%以下であると考えている。

4.2 純米吟醸酒

吟醸仕込は精米歩合60%より精白した原料を使用し、一般的には10℃以下で1か月程度発酵した高級酒で、バナナ様香の酢酸イソアミルとリンゴ様香のカプロン酸エチルのバランスが重要とされている。吟醸酒でのα-EGは0.3%と発酵期間は長くても純米酒の半分程度となっている[14]。表4の小仕込は麹米は精米歩合50%の麹と掛米は同50%と60%で麹歩合は20%と25%で、その仕込にα-グルコシダーゼ剤を酒税法の範囲量（総米の1/1000）とその半量の1/2000で10℃で30日間発酵を行った（図8）。

麹米の精米歩合50%および60%で、酵素剤添加1/1000および1/2000でα-EGが1%を超える高含有の吟醸酒が取得できることが分かった。吟醸酒は品質評価が難しい嗜好品となるので、各社における品質的な課題をクリアーできればα-EGの高い女性向きの純米吟醸酒や吟醸酒の開発が期待できる。

表4 吟醸酒の仕込配合（麹歩合25%）

	添・仲	留	合計
総米（g）	22.5	22.5	45
掛米（g）	11.25	22.5	33.75
麹米（g）	11.25	0	11.25
汲水（mL）	35.1	33.3	68.4

AG剤；総米の1/1000は0.045 g、1/2000は0.0225 g
酵母数 1.8×10^7 cells/仕込、10℃で30日間発酵

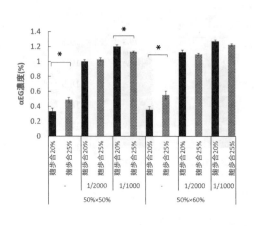
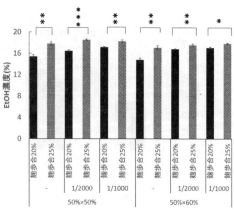

(n=5, t検定, ***＜0.001, **＜0.01, *＜0.05)

図8　麹歩合の違いによる α-EG 濃度，EtOH 濃度

5　ヒトパッチ試験による α-EG の評価

5．1　有効濃度と時間

ヒトで α-EG に水分蒸散量を抑制する速効性の保湿効果があるか試験するために，パッチシートに各サンプルを 50 μL を塗布し，2分間そのままの状態で放置し，シートを剥がし，15分おきに 120 分間まで（270 分間までの試験は 30 分おき），室温 22℃，湿度 60％（加湿器）の環境で角質水分量を Corneometer CM825 で測定した（図9）。

α-EG 試薬では，0.1％のアルコールが存在する条件で一番感度が良く，0.01％濃度まで有意

図9　ヒトパッチ試験

第 6 章 α-エチル-D-グルコシドの発酵生産法の開発と新規機能性を利用した各種商品への応用

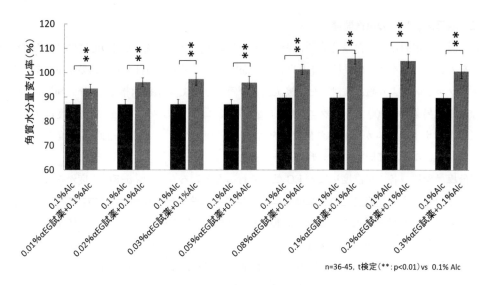

図 10　120 分間後の角質水分量変化率

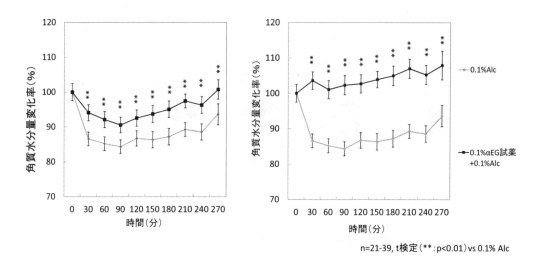

図 11　角質水分量変化率の経時変化（270 分間）

差が認められた（図 10）。その一番効果が高い濃度は 0.1% α-EG であり，その持続時間は 120 分間の 2 倍以上の 270 分間まで継続する保湿効果があることが分かった（図 11）[15]。また日本酒の α-EG および焼酎残渣の α-EG においてもほぼ同様な結果を取得しており，3.2 項の蒸留残渣の用途開発で記載したシャンプーの組成においても 0.1% 濃度が一番高い速効性のバリア機能の保湿効果であり，モニター試験（171 人）ではその濃度で行ったが，商品化されたシャンプーは毛髪のまとまりからすると効果が高すぎるという意見が多く，より低濃度のものが販売されている。

5．2　浴用酒としての用途開発

日本酒は浴用酒として保温効果[16]や保湿効果などが期待できるが，実際の浴槽にはかなりの日本酒を入れないと本当の効果はあまり期待できない。コップ1杯の日本酒で効果が出る条件を，ヒトパッチ試験により種々検討した。被試験者の両手を42℃の恒温水槽で10分間加温し，一般的な炭酸風呂条件（200 L水＋クエン酸15 g＋炭酸水素ナトリウム30 g；2倍濃度はクエン酸と炭酸水素ナトリウムがそれぞれ倍量）をスケールダウンし，そこにα-EG各濃度を添加したものをサンプルとして同様にパッチ試験を行った。

炭酸風呂条件（各1倍濃度）にα-EG試薬で行ったところ0.001% α-EG濃度から有意差があることが分かった。2倍濃度の炭酸風呂条件ではさらに半分の0.0005% α-EG濃度から有意差が認められ，これは一般的な日本酒（α-EG濃度0.5%）を200 mLのコップ1杯を浴槽200 Lに，クエン酸大さじ2杯と炭酸水素ナトリウム大さじ4杯（共に薬局で入手可能で，コストは数十円）を入れて入浴すれば速効性のバリア機能の保湿効果などが十分得られることが判明した（図12）。これにより日本酒の新たな用途開発が現実的になったと考えている。

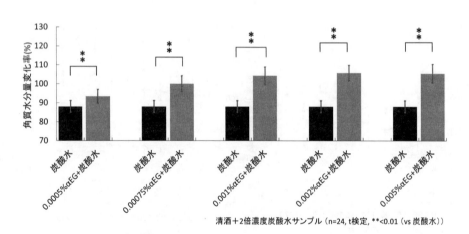

図12　2倍炭酸水での120分間後の角質水分量変化率

6　ヒト成人線維芽細胞によるα-EGの評価

6．1　有効濃度

α-EGは荒れ肌改善効果や角化細胞の分化を促進[17]するなど，これまでの研究はヒト皮膚の表皮細胞に止まっており，皮膚真皮層にある線維芽細胞に影響を及ぼす可能性やひいては肌のハリの決め手となる結果を導き出せないかという考えで線維芽細胞（MTTアッセイ）とその細胞が産生するコラーゲン量（半定量キット）について検討を加えた。

α-EG試薬では細胞増殖率（図13）とコラーゲン生産率（図14）はα-EG濃度0.24 μM（0.000005%）と0.48 μMと非常に低濃度で線維芽細胞を賦活化し，その結果コラーゲン生産

第6章 α-エチル-D-グルコシドの発酵生産法の開発と新規機能性を利用した各種商品への応用

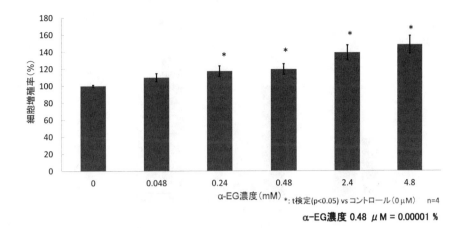

図13 細胞増殖率

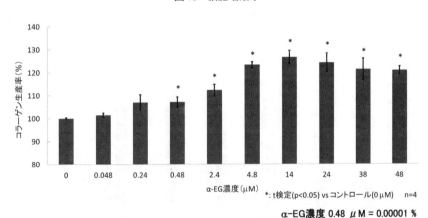

図14 コラーゲン生産率

量が増加することが分かった。

6.2 クロロゲン酸との比較

α-EG の分子量は 208 Da と低分子であり，同じ低分子で線維芽細胞に影響をおよぼす報告[18]があるコーヒーのクロロゲン酸（345 Da）との比較を行い相加効果などが低濃度で認められるかを検討した。

細胞増殖率とコラーゲン生産率はほぼ同じような結果を示したので各コラーゲン生産率を図15 に，混合液のそれを図 16 に示した。α-EG はこれまでの結果と同様に 0.24 μM 以上で有意差を示すが，クロロゲン酸にはこの低濃度では線維芽細胞とコラーゲン生産率には影響しないことが分かった（線維芽細胞に有意差が出る濃度は 1 μM 以上）。混合液では 0.048 μM から有意差があり，超低濃度では α-EG とクロロゲン酸の効果が認められた。これにより α-EG を機能性甘味料としたコーヒーの商品開発の可能性が期待できる。

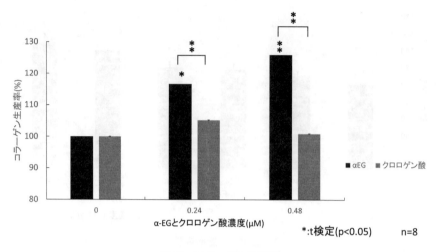

図15　コラーゲン生産率

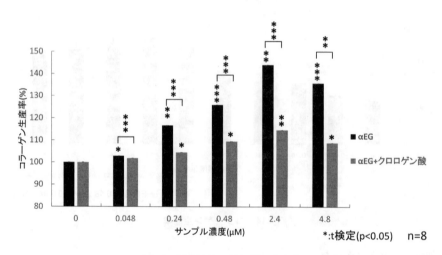

図16　混合液のコラーゲン生産率

7　まとめと今後の展開

α-EG高生産の焼酎醸造法のポイントは発酵温度を下げ，麹量を減量（グルコアミラーゼ活性を下げる）し，減量した分のα-アミラーゼ剤を補填し，さらにα-グルコシダーゼ剤が必要であることが分かった。蒸留した焼酎は品質的に問題はなく，焼酎蒸留残渣のα-EGからの日用品，サプリメントなどの展開が考えられる。酒粕再発酵では酒粕中のデンプン質だけではα-EG生産はできないので，コストの安い白ヌカなどの醸造副産物と発酵温度，α-グルコシダーゼ剤の割合が重要であり，これらの発酵物そのものを浴用酒として活用，蒸留（焼酎は販売）した残渣にはα-EGだけでなくその他の発酵物を含めて全活用が期待できる。日本酒ではα-EG高含有酒は品質的に2%程度までの含量が許容範囲内であると推測している[19]。純米酒の研究では酒母

第6章　α-エチル-D-グルコシドの発酵生産法の開発と新規機能性を利用した各種商品への応用

仕込が優良な酵母を高濃度にできることが α-EG 高生産に繋がっていることが分かり，純米吟醸酒でも α-グルコシダーゼ剤を補填することにより α-EG を1％程度生産でき，これらの醸造技術は日本酒のバラエティーを大きく広げるものと期待できる。

　ヒトパッチ試験による α-EG の評価では，15分から270分間まで速効性のバリア機能と推測している水分保持機能が0.1％ α-EG 濃度で一番強いことが分かった。またコップ1杯の日本酒でこの水分保持機能を検討すると，2倍濃度（クエン酸＋炭酸水素ナトリウム）炭酸風呂条件で，有意差が出ることが分かり，日本酒（酒粕再発酵酒も含めて）の新たな展開も期待できる。飲用の α-EG は吸収され，一部は血管から毛細結果に入り全身の組織に行き渡り，皮膚の毛細血管から浸透した α-EG は線維芽細胞に取り込まれることが予想できる。また皮膚に塗布した場合は低分子量であるので線維芽細胞まで拡散しながら浸透できると予想している。これらのことから線維芽細胞の賦活化に0.00001％以下の非常に低濃度で影響し，コラーゲン生産量も増加している。

　これまでの試験は線維芽細胞の細胞内のコラーゲン量が増えた結果である。最近，細胞外に分泌するコラーゲンI量も同様な低濃度で増加することが分かり，さらには線維芽細胞の増殖因子やコラーゲン生産に関わる遺伝子の発現がより低濃度で高まることを報告した[20]。これとは別にコラーゲン密度を測定できる装置を利用して，塗布による外用試験と日本酒の飲用試験で共に20代の学生層より年配層の女性が特に飲用試験でコラーゲンスコアが大きく上がり，数週間継続することを確認した。コラーゲンスコアに長期間継続する現象は他の脂溶性物質でも報告[21]があるが，現在のところそのメカニズムの解明まで至っていない。α-EG が内外美容素材として非常に有望な結果を取得したと考え，これらは伝承的に日本酒が肌のハリに影響すると言われていたことを学術的に解明できたと考えている。

謝辞

　線維芽細胞などの実験アドバイスを頂いた㈱福光屋，酒母，もろみ，原料の提供を頂いた㈱車多酒造，焼酎の利き酒および Corneometer の貸与を頂いた大関㈱にそれぞれ感謝いたします。

文　　献

1)　T. Imanari & Z. Tamura, *Agric. Biol. Chem.*, **35**, 321 (1971)
2)　岡智，佐藤信，農芸化学会，**50**，455 (1976)
3)　佐藤信ほか，*J. Brew. Soc. Japan*, **77**，393 (1982)
4)　M. Hirotsune *et al.*, *J. Agric. Food Chem.*, **53**, 948 (2005)
5)　N. Kitamura *et al.*, *Skin Pharmacol.*, **10**, 153 (1997)
6)　H. Izu *et al.*, *Biosci. Biotechnol. Biochem.*, **71**, 951 (2007)

7) T. Mishima *et al.*, *Biosci. Biotechnol. Biochem.*, **72**, 393 (2008)

8) T. Mishima *et al.*, *J. Agric. Food Chem.*, **53**, 7257 (2005)

9) T. Bogaki & K. Ozeki, *J. Biol. Macromol.*, **15**, 41 (2015)

10) 坊垣隆之, 尾関健二, 生物工学会, **94**, 594 (2016)

11) ㈱MOYU HP, http://www.moyu.co.jp/be-wash/

12) 白山菊酒 HP, http://www.asagaotv.ne.jp/~ohara/500hakusankikusake.html

13) 坊垣隆之ほか, 食品・臨床栄養, **e2015**, 10 (2015)

14) 森本良久ほか, 生物工学会, **73**, 97 (1995)

15) 坊垣隆之, 博士学位論文 (2017)

16) 前田真治ほか, 日温気物医, **69**, 179 (2006)

17) M. Nakahara *et al.*, *Biosci. Biotechnol. Biochem.*, **71**, 427 (2007)

18) 金澤成行, 博士学位論文 (2012)

19) ㈱車多酒造, HP, http://tengumai.co.jp/shure/

20) T. Bogaki *et al.*, *Biosci. Biotechnol. Biochem.*, **81**, 1706 (2017)

21) M. Tanaka *et al.*, *Skin Pharmal. Physiol.*, **29**, 309 (2016)

第7章　麹菌由来酸性プロテアーゼによる腸内善玉菌増加作用

加藤範久[*1]，楊　永寿[*2]，Thanutchaporn Kumrungsee[*3]

1　はじめに

　麹菌は菌体外に多様なプロテアーゼを分泌する特徴があり，その性質を利用して味噌や清酒等の我が国の伝統的な発酵食品の製造に広く用いられてきた。しかしながら，疾病予防を目的とする機能性食品の開発には麹菌はほとんど利用されていなかった。我々は，以前から，㈱あじかんとヤエガキ発酵技研㈱との新規機能性食品の共同開発を行っている過程で，麹菌を機能性食品の開発に利用できないのかという着想を得ていた。そこで，このアイデアをテストするために，ごぼう茶開発で実績のある㈱あじかん[1)]と麹菌研究で実績のあるヤエガキ発酵技研㈱が麹菌による発酵ごぼうの製造開発に取り組むことになった。さらに，その発酵ごぼうの機能性試験を我々の広島大グループが担当した。その結果，発酵ごぼうに強力な善玉菌増加作用が見出された[2)]。これが，本稿で紹介する一連の研究のターニングポイントとなった。

2　麹菌発酵ごぼうの機能性

　麹菌としては，泡盛麹菌を用いた。泡盛麹菌は抗疲労物質のクエン酸を産生するため，製造した発酵ごぼうの機能性にプラスとなると考えたからである。泡盛麹菌発酵ごぼうは，30％牛脂の高脂肪食に5％添加し，ラットに3週間摂取させた。調べたのは，肥満，血中脂質や糖代謝，腸内環境などである[2)]。そこで意外なことに，コントロール群やごぼう（非発酵）群と比較して，発酵ごぼう群で，盲腸内の善玉菌であるビフィズス菌が著しく増加していることが明らかとなった（図1）。同様に善玉菌のラクトバチルスも増加傾向を示した。盲腸内の発酵産物の短鎖脂肪酸も測定してみたところ，腸内環境において有益なプロピオン酸や酪酸などの短鎖脂肪酸が発酵ごぼう群で顕著に増加していた（表1）。腸内のビフィズス菌や短鎖脂肪酸が増加するのは，オリゴ糖やイヌリンなどのプレバイオティクスを摂取した場合に見られる効果であり，それらと類似の現象と思われた。これらの結果は，発酵ごぼうの腸内環境に対する健康機能性を示すものであり，麹菌の機能性食品開発への有用性を意味している。同様な効果は，多穀麹や米麹，酒粕でもある程度見られるので，麹菌発酵食品に広く見られる現象であると思われる。ただし，発酵

---

*1　Norihisa Kato　広島大学　大学院生物圏科学研究科　名誉教授

*2　Yongshou Yang　広島大学　大学院生物圏科学研究科

*3　Thanutchaporn Kumrungsee　広島大学　大学院生物圏科学研究科　助教

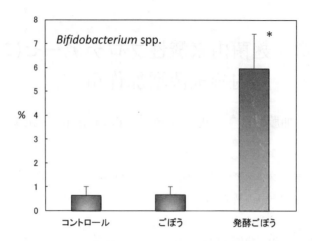

図1 ごぼう，および発酵ごぼうの盲腸内ビフィズス菌の割合に及ぼす影響（T-RFLP 法による遺伝子解析）
*コントロール群やごぼう群と比較して有意差あり（$P < 0.05$）

表1 ごぼう，および発酵ごぼうの盲腸内短鎖脂肪酸に及ぼす影響

	コントロール	ごぼう	発酵ごぼう
盲腸内容物重量（g）	1.58 ± 0.17	1.70 ± 0.34	4.42 ± 0.22*
（μmol/g 盲腸内容物）			
コハク酸	22.3 ± 5.6	11.1 ± 4.8	17.6 ± 2.7
乳酸	1.0 ± 0.5	10.9 ± 3.1	47.5 ± 24.2*
酢酸	44 ± 4	58 ± 10	117 ± 9*
プロピオン酸	13.8 ± 1.4	13.4 ± 3.3	40.8 ± 4.5*
n-酪酸	18 ± 2	36 ± 12	113 ± 13*

平均 ± SE（n = 8）
*コントロール群と比較して有意差あり（$P < 0.05$）

ごぼうの効果はそれらと比べると遥かに強力なものであったが，その理由は不明である。泡盛麹菌はクエン酸を産生するので，発酵ごぼうの効果にクエン酸が関与する可能性もあり，クエン酸摂取の腸内細菌への影響も調べた。その結果，クエン酸自身には腸内環境改善作用は見られなかった。

3 麹菌由来プロテアーゼ剤の機能性

次の課題は，発酵ごぼうのビフィズス菌の増加効果に，どのような成分が関与しているかであった。様々な予備検討を行ったところ，その活性本体は菌体外成分であり，加熱すると効果が消失した。麹菌はプロテアーゼなど消化酵素を多量に菌体外に分泌する特徴がある。そのため，その活性本体は，酵素などのタンパク質性の高分子画分が関与しているのではないかと考えられた。そこで，麹菌由来の様々なプロテアーゼ剤（食品加工用）についても同様な善玉菌増加効果

第7章　麹菌由来酸性プロテアーゼによる腸内善玉菌増加作用

が見られるかラットを用いて検討を行った[3]。その結果，プロテアーゼA「アマノ」SD（*Aspergillus oryzae* 由来，天野エンザイム社，以下 Amano protease と略）を高脂肪食（表1）に 0.2%添加し，ラットに摂取させたところ，ビフィズス菌が著しく増加することが見出された（表2）[3]。この効果は劇的で 100 倍以上の増加と驚くべき効果であった。ラクトバチルスも 7.6 倍の有意な増加が見られた。同様に，盲腸の酪酸やプロピオン酸なども顕著に増加させていた（表3）。さらに注目すべきことに，糞中の Immunoglobulin A（IgA）やムチンも顕著に増加させていた（表4）。IgA は腸管免疫に関与し，ムチンは腸内バリアー機能の維持に重要な役割を担っている。これらの増加もプレバイオティクスを摂取した時に見られる現象（図3）である。興味あることに，ムチンの分解菌である *Akkermansia muciniphila* が Amano protease 群で著しく減少していた（表2）[3]。この減少が，ムチンの増加につながった可能性は考えられる。以上の結果から，麹菌は菌体外にプロテアーゼなどを産生し，それらが善玉菌や有用な短鎖脂肪酸，IgA，ムチンの増加に寄与しているのではないかと思われた。

表2　0.2% Amano protease 添加食の盲腸内腸内細菌叢に及ぼす影響（Real-time PCR 法による遺伝子解析）　　　　　　　　　　　　% of total bacteria

	コントロール	0.2% Amano protease
Bifidobacterium spp.	0.016 ± 0.002	3.105 ± 0.758[*]
Lactobacillus spp.	3.5 ± 0.5	26.7 ± 3.0[*]
Clostridium coccoides	6.60 ± 0.07	3.88 ± 0.85
Clostridium leptum	0.263 ± 0.071	0.004 ± 0.001[*]
Akkermansia muciniphila	1.332 ± 0.512	0.0009 ± 0.0004[*]

平均 ± SE（n = 8）。[*]$P < 0.05$。

表3　0.2% Amano protease 添加食の盲腸内短鎖脂肪酸に及ぼす影響

	コントロール	0.2% Amano protease
盲腸内容物重量（g）	2.21 ± 0.10	7.02 ± 0.29[*]
盲腸内容物（pH）（μmol/g 盲腸内容物）	7.16 ± 0.10	5.32 ± 0.12[*]
コハク酸	18.3 ± 3.5	13.6 ± 2.6
乳酸	4.7 ± 0.6	38.7 ± 3.5[*]
酢酸	31.2 ± 3.8	19.4 ± 1.7[*]
プロピオン酸	10.9 ± 0.9	35.5 ± 4.2[*]
n-酪酸	18.6 ± 1.8	78.9 ± 7.9[*]
アンモニア	3.84 ± 0.28	3.38 ± 0.21

平均 ± SE（n = 8）。[*]$P < 0.05$。

表4　0.2% Amano protease 添加食の糞中 IgA，およびムチンに及ぼす影響

	コントロール	0.2% Amano protease
乾燥糞重量（g）	3.39 ± 0.07	4.13 ± 0.26[*]
IgA（mg/3 日）	0.90 ± 0.09	2.37 ± 0.15[*]
ムチン（mg/3 日）	1.48 ± 0.09	18.85 ± 2.26[*]

平均 ± SE（n = 8）。[*]$P < 0.05$。

4 米麹菌由来酸性プロテアーゼの善玉菌増加作用の発見

Amano protease にはアルカリ性プロテアーゼや中性プロテアーゼ，酸性プロテアーゼ等の複数のプロテアーゼが含まれている。そこで，限外濾過で高分子画分（分子量 5,000 以上）と低分子画分に分けてテストしたところ，高分子画分にのみビフィズス菌増加活性が見られた。さらに加熱したところ，その効果は消失した。次に，個々のプロテアーゼを精製して，ラットに摂取させて，腸内細菌を調べた。その結果，0.1％ Amano protease に含まれる酸性プロテアーゼ（AcP）相当分（0.0096％酸性プロテアーゼ）を餌に添加すると，ビフィズス菌は僅かに増加し，4倍量を添加（0.0384％酸性プロテアーゼ）すると顕著な増加が見られた（図2）。そのため，ビフィズス菌を増加させる活性本体の少なくとも一部は酸性プロテアーゼであると考えられた[4]。さらに，酸性プロテアーゼをトリクロロ酢酸で失活させて摂取させると，ビフィズス菌へ

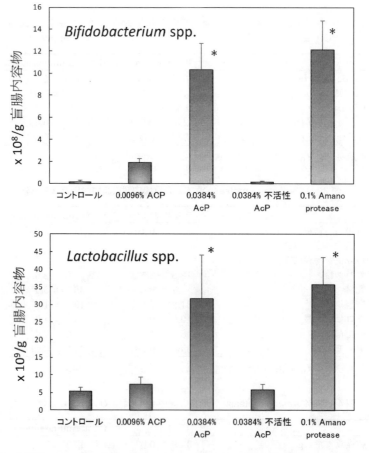

図2 酸性プロテアーゼ（AcP），および Amano protease の盲腸内善玉菌数に及ぼす影響（Real-time PCR 法による遺伝子解析）
平均 ± SE（n = 6〜8）。*コントロール群と比較して有意差あり（$P < 0.05$）。

第7章　麹菌由来酸性プロテアーゼによる腸内善玉菌増加作用

の効果はなかった。したがって，酸性プロテアーゼの活性そのものも必須であると思われる。しかしながら，0.1% Amano protease に含まれる酸性プロテアーゼは活性本体の一部にすぎず，他に重要な活性成分が含まれている可能性は残された。さらに，盲腸内の短鎖脂肪酸も測定したところ，4倍量の酸性プロテアーゼ添加群で乳酸の有意な増加が見られた（表5）。最近，腸内の乳酸は腸内での炎症に抑制的に作用することが報告されており[5]，この点でも酸性プロテアーゼの健康効果が示唆された。

　従来のオリゴ糖などのプレバイオティクスは，小腸において消化抵抗性を示し，大腸まで到達すると考えられている。1995年に Gibson と Roberfroid は，「プレバイオティクスは大腸内の特定の細菌の増殖および活性を選択的に変化させることより，宿主に有利な影響を与え，宿主の健康を改善する難消化性食品成分」として提唱し[6]，今日のプレバイオティクスの基本概念となっている（図3）[7]。この概念では，プレバイオティクスが善玉菌の餌となり，善玉菌の生育に有利になるという考え方である。これに対して，我々の研究により，麹菌の産生する酸性プロテアーゼそのものが善玉菌の増加に関与するという証拠が示された。また従来のプレバイオティクスの代表として10%フラクトオリゴ糖と 0.1% Amano protease の添加食の効果を比較すると，0.1% Amano protease 添加食のビフィズス菌増加効果が勝っており（加藤ほか，未発表），フラ

表5　酸性プロテアーゼ（AcP），および Amano protease の盲腸内短鎖脂肪酸に及ぼす影響

(μmol/g 盲腸内容物)	コントロール	0.0096% AcP	0.0384% AcP	0.0384% 不活性 AcP	0.1% Amano protease
コハク酸	28.6 ± 8.5	8.4 ± 2.1	14.1 ± 3.7	22.8 ± 10.5	40.8 ± 9.1
乳酸	7.8 ± 2.4	4.1 ± 0.9	27.2 ± 9.5*	5.8 ± 1.8	49.0 ± 9.5*
酢酸	38.6 ± 4.0	44.7 ± 5.3	50.5 ± 4.6	41.1 ± 2.5	33.3 ± 5.1
プロピオン酸	15.2 ± 0.7	10.4 ± 1.5	16.3 ± 3.2	16.3 ± 2.0	26.6 ± 4.5*
n-酪酸	15.4 ± 2.2	17.3 ± 5.5	20.7 ± 3.0	16.6 ± 3.2	46.3 ± 5.3*

平均 ± SE（n = 6～8）。*コントロール群と比較して有意差あり（$P < 0.05$）。

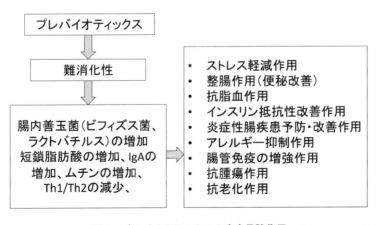

図3　プレバイオティクスの疾病予防作用

酵母菌・麹菌・乳酸菌の産業応用展開

クトオリゴ糖より遥かに少ない量（100分の1以下）で効果が見られた。こうした特長からオリ
ゴ糖などの従来のプレバイオティクスとは根本的に異なる作用機構が考えられ，プレバイオティ
クスの基本概念を変える可能性がある。おそらく，酸性プロテアーゼは酸性条件下でも比較的安
定であり，胃を通過する場合も一部は不活性化を免れ小腸や大腸に到達しているものと思われ
る。善玉菌のビフィズス菌はもともと他の菌と比べて生育が弱く，未消化のタンパク質などの食
餌成分が大腸内に供給されても他の菌に奪われることが考えられる。そこで，大腸内での酸性プ
ロテアーゼは未消化のタンパク質の加水分解を促進させ，ビフィズス菌の生育にとって少しでも
有利な環境となっているのではないかと考えられる。

5　おわりに

　本研究は麹菌発酵食品の効能を探るうえで新たな視点を提示するとともに，麹菌を利用した機
能性食品の開発の可能性を示唆するものである。近年，塩麹が，麹菌から分泌されるプロテアー
ゼなどの作用により肉などの旨味を引き出すことで注目されているが，さらに腸内環境を改善す
る新たな機能性食品開発への麹菌の応用が期待される。麹菌由来の市販のプロテアーゼ剤はすで
に消化酵素剤等として医療用医薬品に含まれ服用されている。そのため，プロテアーゼ剤の腸内
環境改善作用という新たな視点からの用途開発が期待される。こうして麹菌由来の酸性プロテ
アーゼの善玉菌増加作用の発見は，新たな麹菌バイオテクノロジーの扉を開くことになった。さ
らに，ごく最近，日本人の糞便のメタゲノム解析が行われ，日本人にはビフィズス菌が比較的多
いことが報告された[8,9]。これは日本人が麹菌発酵食品を食べていることと関係があるのか興味
が尽きない。

文　　　献

1)　井上淳詞ほか，*Food Style 21*，**17**(3)，1（2013）
2)　Y. Okazaki *et al.*, *Biosci. Biotechnol. Biochem.*, **77**, 53（2013）
3)　Y. Yang *et al.*, *Biomed. Rep.*, **3**, 715（2015）
4)　Y. Yang *et al.*, *Nutr. Res.*, **44**, 60（2017）
5)　C. Iraporda *et al.*, *Front. Immunol.*, **7**, 651（2016）
6)　G. R. Gibson & M. B. Roberfroid, *J. Nutr.*, **125**, 1401（1995）
7)　田代靖人ほか，第5章 プレバイオティクス，光岡知足編，プロバイオテックス・プレバイ
　　オティクス・バイオジェニクス，p.115，日本ビフィズス菌センター（2006）
8)　J. Nakayama *et al.*, *Sci. Rep.*, **5**, 8397（2015）
9)　S. Nishijima *et al.*, *DNA Res.*, **23**, 125（2016）

第8章　麹菌を宿主としたカビの二次代謝産物の生産

南　篤志[*1]，劉　成偉[*2]，尾﨑太郎[*3]，及川英秋[*4]

1　はじめに

　微生物や植物は，自身の生育に必要不可欠な有機化合物（一次代謝産物）に加え，生育には必須ではない有機化合物（二次代謝産物）も生産する。後者は，漢方薬や伝承薬に含まれる薬効成分や狩猟の際の毒などとして古くから利用されてきた。このように，生物に対して何らかの作用を示す化合物を生物活性天然物と呼ぶ。フレミングが青カビの一種である *Penicillium chrysogenum* から β-ラクタム系抗生物質であるペニシリンを発見したことからもわかるように，糸状菌からは多くの生物活性天然物が単離されている。例えば，遠藤章らが単離したコレステロール低下剤・コンパクチン（*Penicillium citrinum*；各種誘導体が上市），免疫抑制剤であるミゾリビン（*Eupenicillium brefeldianum*；上市）やシクロスポリン（*Tolypocladium inflatum*；上市），抗真菌剤である FR901379（*Coleophoma empetri*；誘導体であるミカファンギンが上市），DNA ポリメラーゼ α 特異的阻害剤であるアフィディコリン（*Phoma betae*），マイコトキシンであるアフラトキシン（*Aspergillus flavus*）やトリコテセン（*Fusarium* 属）などが挙げられる。この多彩な生物活性は天然物特有の構造多様性に起因しているため，今なお，天然物は重要な創薬資源として位置づけられている。

　一般に，天然物の生合成遺伝子は染色体上の特定の箇所にまとまって存在している。これを，天然物生合成遺伝子クラスターと呼ぶ。そのため，骨格構築に関わる酵素遺伝子（ポリケタイド合成酵素，非リボソームペプチド合成酵素，テルペン環化酵素など）を道標としてデータベース検索を行えば，修飾酵素遺伝子を含めた生合成遺伝子クラスターを簡単に発見できる。その数は，*Aspergillus niger* に 81 種類，*A. oryzae* に 75 種類，*A. nidulans* に 71 種類あると予想されており[1]，各糸状菌から単離されてきた天然物の数を大きく上回る。この結果は，新たな創薬資源の探索源として糸状菌が有効であることを示す一方，従来から行われてきた培養法だけでは糸状菌が生産し得る天然物を網羅的に取得することはできないことを示唆している。こうした背景の下，著者らは，麹菌を宿主とした異種発現による糸状菌由来天然物の異種生産を検討してきた。本稿では，著者らの研究を中心に，麹菌異種発現系による天然物生産とその特徴などについ

　＊1　Atsushi Minami　北海道大学　大学院理学研究院　化学部門　准教授

　＊2　Chengwei Liu　北海道大学　大学院理学研究院　化学部門　助教

　＊3　Taro Ozaki　北海道大学　大学院理学研究院　化学部門　助教

　＊4　Hideaki Oikawa　北海道大学　大学院理学研究院　化学部門　教授

て紹介する。

2 麹菌異種発現系を用いた天然物の異種生産

　麹菌は，分泌酵素などを菌体外に分泌する系を備えていることから，タンパク質の異種生産の宿主として利用されている。例えば，デンマークの Novo 社は，*Rhizomucor miehei* の酸性プロテアーゼ遺伝子を麹菌へと導入することで，3.3 g/L という高い生産量を実現している。また，醸造産業で利用されていることからもわかるように，麹菌は二次代謝産物の生産量が少なく，菌体内で異種発現した天然物生合成酵素によって生産された化合物の分析が容易であるという利点もある。実際，東京大学の藤井・海老塚らは，代表的な天然物であるポリケタイドの生合成において骨格構築を担うポリケタイド合成酵素（PKS）の機能解析に麹菌異種発現系を利用し，優れた研究成果を挙げていた。しかしながら，生合成に関わる複数の遺伝子を導入することによる天然物（中間体）の異種生産に成功した例は，ピリピロペンやテネリンなどに限定されていた（図1）[2, 3]。その主な原因は，実験で使用されていた M-2-3 株に導入できる遺伝子の数が少ないことにあると考えられたため，東京大学の北本らが既存の NS4 株（$niaD^-$ sC^-）を改良した 4

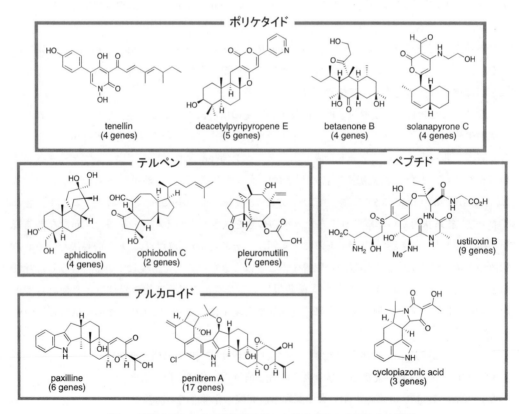

図1　異種生産もしくは微生物変換により合成された天然物の構造

第 8 章 麹菌を宿主としたカビの二次代謝産物の生産

　重栄養要求性 NSAR1 株（niaD⁻ sC⁻ ΔargB adeA⁻）を宿主として異種発現を検討することにした。実験開始時点で，形質転換に利用できる栄養要求性マーカーをもつ 4 種のベクター（pTAex3；argB, pUSA；sC, pUNA；niaD, pAdeA；adeA）と薬剤耐性マーカーをもつベクター（pPTR1；ptrA）が構築されていたが，天然物の異種生産を進める過程で，複数の遺伝子の導入をより迅速に行う必要性が生じてきた。そこで，東北大学の五味教授と共同で，①2 つのマルチクローニングサイトを備えたタンデム型ベクターへの改良や，②酵母の相同組換えを利用したプラスミド構築を行うための大腸菌-麹菌-酵母シャトルベクター（pTASU03）の構築を行った。また，偶然ではあったが，同一マーカーをもつ 2 種のプラスミドを同時に用いることで，各プラスミドに連結した遺伝子を麹菌へと導入できることもわかった[4]。これにより，タンデム型ベクターを活用すれば一度に 4 種類の遺伝子の導入が可能になり，糸状菌由来天然物の中でも生合成に関わる遺伝子数が最も多いアフラトキシンやペニトレム（いずれも 17 遺伝子）の異種生産も行える発現システムとなった。以下，著者らが行ってきた生合成マシナリーの人為的再構築による天然物の異種生産を中心に，具体例を紹介したい。

2. 1　生合成マシナリーの再構築による天然物の異種生産

　糸状菌が生産する代表的な天然物は，主に，ポリケタイド，テルペン，ペプチド（非リボソームペプチド／リボソームペプチド），アルカロイド，フェニルプロパノイドなどの 5 つに分類できる。各天然物群の生合成経路を俯瞰すると，特徴的な少数の骨格構築酵素によって基本炭素骨格が構築された後，汎用的な修飾酵素が種々の官能基を導入することがわかる。そこで，骨格構築酵素遺伝子と修飾酵素遺伝子を段階的に NSAR1 株へと導入したところ，生合成中間体を単離しながら，最終的には天然物を数 10〜100 mg/L 超の生産量で異種生産できることがわかった（図 1，表 1）[5〜8]。これまでに，フェニルプロパノイドを除く全ての天然物群の異種発現が報告されており，現時点においても，糸状菌が生産する多くの天然物をカバーできる汎用性の高い手法であることがわかる。なお，著者らは，取得した形質転換体から薄層クロマトグラフィーや高速液体クロマトグラフなどを用いた高生産株の簡単なスクリーニングを行っているものの，原料供給系の強化や分岐経路の遮断などは行っていない。それにも関わらず，実験室レベルでは十分量の天然物を生産する形質転換体を一度の形質転換で取得できる点が本異種発現系の魅力である。

　また，骨格構築酵素の種類が少ないことからも予想されるように，共通中間体から分岐して多様な天然物が生合成されるケースが多く見受けられる。そのため，一度，共通中間体を生産する形質転換体を構築すれば，追加導入する修飾酵素遺伝子を変えることで類縁化合物を網羅的に取得できる点も異種発現系の大きな魅力である[9]。例えば，インドールジテルペンに分類される化合物群はパスパリンを経由して生合成されるものが全体の 7 割程度を占めている。代表的な類縁化合物には，パキシリン，アフラトレム，ペニトレム，シアレニンが知られている（図 2）。我々は，構築したパスパリン生産株（AO-paxGCMB）に対して修飾酵素遺伝子を追加導入することで，パキシリン（形質転換体；AO-paxGCMBPQ）およびアフラトレム（形質転換体；

157

酵母菌・麹菌・乳酸菌の産業応用展開

表1　異種生産もしくは微生物変換により合成された天然物

分類	天然物	生産菌	生産量
ポリケタイド	tenellin*	*Beauveria bassiana* strain 110.25	243 mg/L
	citrinin*	*Monascus purpureus* NBRC30873	1.5 mg/L
	deacetylpyripyropene E*	*Aspergillus fumigatus* F37	4.5 mg/L
	betaenone B	*Phoma betae* Fr.	153 mg/kg
	solanapyrone C	*Alternaria solani* AASP-2	47 mg/kg
	didymellamide B	*Alternaria solani* A-17	22 mg/kg
ペプチド	ustiloxin B	*Aspergillus flavus* CA-14	–
テルペノイド	aphidicolin	*Phoma betae* PS-13	130 mg/kg
	ophiobolin C	*Bipolarys maydis* C5	1 mg/kg
	sesterfisheric acid	*Neosartorya fischeri* JMC1740	20 mg/kg
	pleuromutilin	*Clitopilus pseudo-pinsitus* ATCC20527	–
アルカロイド	paxilline	*Penicillium paxilli* ATCC26601	35 mg/L
	aflatrem	*Aspergillus flavus* NBRC4295	54 mg/kg
	penitrem A	*Penicillium crustosum* IBT28022	–
	shearinine D	*Penicillium janthinellum* isolate PN2408	–

注1)　*は研究開始時点で異種生産が行われていた天然物
注2)　担子菌由来の天然物を灰色でハイライト

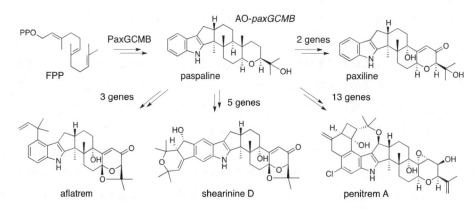

図2　修飾酵素遺伝子の導入による構造類縁体の網羅的生産

AO-*paxGCMB*/*atmPQD*）の全生合成を達成した．また，ペニトレムの生合成研究においては，生合成遺伝子クラスター中に存在した4種のチトクローム P450（PtmKULJ）と2種のフラビン依存性酸化酵素（PtmNO）の機能を解析するため，生合成中間体を利用した微生物変換も行った．導入する遺伝子の組み合わせを変えた5種の形質転換体を構築して微生物変換を行うことで，各遺伝子の機能解析に成功した．これにより，有機化学的にも興味深い環拡大反応（PtmK）や8員環構築（PtmU）を触媒する酵素遺伝子を明らかにできた．

修飾酵素遺伝子に着目すると，化学的に不活性な C-H 結合を活性化する酸化酵素（チトクローム P450，フラビン依存性酸化酵素，α-ケトグルタル酸依存性酸化酵素）が天然物の構造多様性創出における鍵酵素である．この内，チトクローム P450 は膜タンパク質であることから大

第 8 章　麹菌を宿主としたカビの二次代謝産物の生産

腸菌や酵母での機能解析が難しいとされているが，本発現系であれば難なく機能解析できる。実際，上述したインドールジテルペンの他，テルペノイドやポリケタイド，それら複数の生合成経路が融合した天然物の生合成において特徴的な化学反応を触媒する酸化酵素の機能が次々と明らかにされている[10]。

　以上，既知天然物の異種生産を通して，麹菌異種発現系が酵素機能の解析と物質生産を両立できる優れた発現系であることがわかってきた。その優れた汎用性と信頼性から，現在では，炭素数 25 のテルペン環化酵素のように機能未知骨格構築酵素の強制発現による新規天然物の取得（＝ゲノムマイニング）にも利用されつつある[8]。

2.2　麹菌異種発現系の特徴

　著者らがアフィディコリンの異種生産を報告した 2011 年以降，麹菌を宿主とした糸状菌由来天然物の異種発現が年々増加している。これは，あらゆるタイプの天然物を異種生産できる麹菌異種発現系に世界中の研究者が注目している一つの証であり，大腸菌や酵母に続く第 3 の宿主としての地位を今まさに確立しつつあるといっても過言ではない。ここでは，著者らが行ってきたこれまでの研究から明らかになった麹菌異種発現系の特徴についてまとめてみたい。

2.2.1　標的遺伝子に含まれるイントロンの除去が不要

　糸状菌由来の酵素遺伝子を大腸菌や酵母などを宿主として発現する場合，標的遺伝子に含まれるイントロンの除去が必要不可欠である。そのため，標的遺伝子をもつ生産菌からの cDNA の調製もしくは人工的なイントロンの除去といった作業が求められる。これに対して麹菌異種発現系では，イントロンの除去を行うことなく，子嚢菌由来の標的遺伝子を機能解析できる。これは，麹菌が外来遺伝子を正しくスプライシングしていることを意味している。著者らの研究では，麹菌とは系統学的に近縁の *Aspergillus* 由来の酵素遺伝子だけでなく，遠縁の *Trichoderma*, *Alternaria* などの酵素遺伝子も機能解析することができた[11]。このことから子嚢菌由来の遺伝子であれば，ゲノム配列を直接利用しても，ほとんどの標的遺伝子の機能解析ができるのではないかと考えている。この特徴から，cDNA の取得が難しいと考えられる難培養性糸状菌由来の酵素遺伝子の機能解析に麹菌異種発現系が有効であろう。

2.2.2　補助酵素の共発現が不要

　天然物の生合成酵素の中には，他酵素の助けを借りることで機能するものが存在する。例えば，チトクローム P450 における P450 還元酵素，PKS や NRPS におけるホスホパンテテイニル基転移酵素などが挙げられる。大腸菌や酵母を宿主としてこれらの生合成酵素の機能解析を行う場合には，補完システムに関わる酵素遺伝子の導入が必須である。一方，麹菌異種発現系の場合，麹菌が有する補完システムが外来遺伝子から転写・翻訳された生合成酵素に対しても作用することがわかってきた。そのため，触媒活性の維持に必要な補助酵素などが不明な新規酵素の機能解析にも本発現系は有効であると考えている。

2. 2. 3 毒性物質に対する自己耐性能

　生物活性天然物の生合成遺伝子クラスターには，自身に対する毒性を回避するための耐性遺伝子が含まれていることがある。このような天然物を異種生産する場合，生産した天然物そのものが麹菌に対して毒性を示すのではないかと懸念された。しかしながら，実際に行ってみると，真核細胞 DNA ポリメラーゼ α 特異的阻害剤であるアフィディコリンの異種生産においても，他の天然物と比較して生産量や培養速度の低下などは観測されなかった[12]。これは，麹菌がもつ 31種の ABC トランスポーターと 277 種の MFS トランスポーターのいずれかが働き，アフィディコリンを菌体外に排出することで毒性を回避した可能性がある。また，著者らの研究において，生産菌のトランスポーター遺伝子の導入が天然物の異種生産に必須であったケースは，オフィオボリン C のみである[13]。このことから，多くの場合において，特別な耐性遺伝子の導入を行うことなく，麹菌自身に対して毒性を示す天然物の異種生産ができるのではないかと考えている。

2. 2. 4 課題

　研究を行う過程で，予想生合成中間体が宿主による酸化などを受けて別の化合物へと変換されるケースがあることがわかってきた。特に，鎖状のポリケタイド化合物が予期せぬ酸化を受けることが多い。酸化生成物は生合成経路から外れた産物であるため，この副反応の進行は異種生産を行う上で大きな妨げとなる。ソラナピロンやペニトレムなどの異種生産では，下流の修飾酵素を追加導入することで目的とする生合成中間体の取得に成功した[14]。現在のところ，最終産物に分解され易い（反応し易い）部分構造がなければ目的物を異種生産できると考えている。

3　麹菌異種発現系の応用例

　薬用キノコとして一般にも知られているように，担子菌もまた多くの有用生物活性天然物を生産することが知られている。データベースに登録されている担子菌のドラフトゲノム解析の結果をみると，担子菌は子嚢菌と比較して，生物活性テルペノイドを生産するための生合成酵素遺伝子を 10 種程度とかなり多くもつことがわかってきた。そこで著者らは，担子菌由来のジテルペンであり，その誘導体が家畜用の抗生物質として利用されているプロイロムチリンを題材として，麹菌異種発現系による生合成酵素の機能解析に取り組んだ。一般に，担子菌由来の遺伝子を異宿主で発現する場合にはイントロンレスの配列が用いられていたことから，生産菌から調製した cDNA をテンプレートとして標的遺伝子をクローニングした。各遺伝子を麹菌へと導入したところ，上述した特徴を損なうことなく，生合成中間体の異種生産および中間体を用いた微生物変換が可能であることがわかった[15]。ただし，マイクロエキソンが含まれるチトクローム P450については複数のスプライシングバリアントが取得されたことから，mRNA の調製における培養期間や培養条件には課題が残されている。また，東京大学の阿部らは，植物由来の酵素遺伝子を活用したダウリクロメン酸および誘導体の異種生産を報告している[16]。今後，麹菌異種発現系の汎用性が拡張し，真核生物由来の酵素遺伝子の機能解析において酵母に匹敵する宿主として認

第 8 章　麹菌を宿主としたカビの二次代謝産物の生産

知されることを期待する。

4　まとめ

　特徴的な生物活性と構造多様性をもつ糸状菌由来の天然物は，多くの天然物化学者にとって魅力的な研究対象である。また，糸状菌由来の天然物は放線菌由来の天然物と比較して少ない遺伝子（10〜20 種程度）によって生合成されるため，人為的な生合成マシナリーの再構築による天然物生産が期待されている。本稿では，その中核を担うことが期待される麹菌異種発現系について，著者らの研究を中心に概説した。子嚢菌に加えて担子菌や植物由来の天然物の異種生産が報告されていることからもわかるように，麹菌異種発現系は，高い汎用性と信頼性を兼ね備えた優れた物質生産システムとして注目を集めている。その特徴を生かし，機能未知遺伝子の強制発現による新規天然物の探索にも応用されている。将来的には，「天然物探索」と「物質生産」を両立できる手法として世界中の研究者に利用されることが予想される。

文　　献

1)　D. O. Inglis *et al.*, *BMC Microbiol.*, **12**, 91（2013）

2)　M. N. Heneghan *et al.*, *ChemBioChem*, **11**, 1508（2010）

3)　T. Itoh *et al.*, *Nat. Chem.*, **2**, 858（2010）

4)　K. Tagami *et al.*, *ChemBioChem*, **15**, 2076（2014）

5)　南篤志，及川英秋，現代化学，**7**，33（2013）

6)　南篤志，及川英秋，有機合成化学協会誌，**72**，548（2014）

7)　南篤志ほか，バイオサイエンスとインダストリー，**73**，467（2015）

8)　南篤志，及川英秋，日本醸造協会誌，**112**，592（2017）

9)　A. Minami *et al.*, *Heterocycles*, **92**, 397（2016）

10)　M.-C. Tang *et al.*, *Chem. Rev.*, **117**, 5226（2017）

11)　T. Y. James *et al.*, *Nature*, **443**, 818（2006）

12)　R. Fujii *et al.*, *Biosci. Biotechnol. Biochem.*, **75**, 1813（2011）

13)　K. Narita *et al.*, *Org. Lett.*, **18**, 1980（2016）

14)　R. Fujii *et al.*, *Biosci. Biotechnol. Biochem.*, **80**, 426（2016）

15)　M. Yamane *et al.*, *ChemBioChem*, In Press. doi: 10.1002/cbic.201700434

16)　M. Okada *et al.*, *Org. Lett.*, **19**, 3183（2017）

第9章 麹菌の細胞壁 α-1,3-グルカン欠損株による高密度培養と物質高生産への利用

吉見 啓[*1], 宮澤 拳[*2], 張 斯来[*3]

はじめに

多細胞の真核微生物である糸状菌（カビ）は，地球上に150万種以上存在すると考えられており，優れた高分子分解能により陸圏の物質循環（植物遺体の分解）に重要な役割を果たしている[1,2]。また，糸状菌には食物を腐敗させるものだけでなく，農作物に被害を与える植物病原菌やヒト感染菌など我々の生活に不利益をもたらすものも多く存在する[1,2]。一方，醸造・発酵，産業用酵素生産などに用いられる産業上重要な菌も多く存在し，我国の伝統的な発酵産業である清酒・味噌・醤油製造に用いられてきた麹菌（*Aspergillus oryzae*）は代表的な善玉カビである[1,2]。糸状菌が産業的に広く利用されるのは，その生活環境の多様性故の多様な物質生産能力に起因する。原料（醸造産業の場合は米や大豆）に含まれる多糖やタンパク質の分解酵素を菌体外に分泌する能力が高く，歴史的に重要な抗生物質ペニシリンやスタチン系の化合物など医薬品へと応用される二次代謝産物を生合成する糸状菌も多く存在する[1,2]。糸状菌は通常，細胞が連なった紐状の菌糸を形成し，液体培養すると菌糸が接着集合して菌糸の塊（菌糸塊）を作る。糸状菌が菌糸塊を形成する現象は広く知られているが，その形成機構には不明な点が多い。糸状菌の工業培養（数百トン）では，菌糸塊の形成が高密度培養の障害であり，生産コスト改善の大きな限定要因となっている。本章では，筆者らが明らかにした菌糸塊形成の原因因子（菌糸接着因子）の発見と高密度培養への応用展開について，その研究経緯と現状について解説する。

1 糸状菌の細胞壁構築シグナル伝達機構解析

近年，我国の発酵産業において伝統的に利用されている麹菌を含む *Aspergillus* 属糸状菌のゲノム情報が次々と公開された。筆者らは，糸状菌を標的とした新しい抗真菌剤のターゲット探索

---

*1 Akira Yoshimi　東北大学　未来科学技術共同研究センター　戦略的食品バイオ未来技術の構築プロジェクト　准教授

*2 Ken Miyazawa　東北大学　大学院農学研究科　生物産業創成科学専攻　応用微生物学分野

*3 Silai Zhang　東北大学　大学院農学研究科　生物産業創成科学専攻　遺伝子情報システム学分野（現　神戸大学　大学院科学技術イノベーション研究科　バイオ生産工学研究室　学術研究員）

第9章　麹菌の細胞壁 α-1,3-グルカン欠損株による高密度培養と物質高生産への利用

の観点から，糸状菌の細胞壁構築機構に着目して研究を進めていた。糸状菌の細胞壁は，α-1,3-グルカン（AG）や β-1,3-グルカン，キチン，ガラクトマンナンなどの多糖より構成されており，その外層は細胞外分泌マトリックスで覆われている（図1）[3]。この構造体は細胞を保護するだけでなく，細胞の形を規定・維持し，細胞膜に存在するタンパク質と共に細胞外の情報を伝達する役割を担っている。また，動植物に感染する菌にとって，宿主との接触はまず細胞壁を通じて起こることから，細胞壁成分は宿主・病原菌の相互作用にも深く関与している。さらに，糸状菌の細胞壁はヒトや植物には存在しない構造体であることから，農業用殺菌剤や医療用抗真菌剤にとって絶好の薬剤標的であると考えられる。公開された麹菌（A. oryzae）や動物感染真菌（Aspergillus fumigatus）を含む Aspergillus 属糸状菌のゲノム情報を解析すると，糸状菌の細胞壁構築シグナル伝達（CWIS）経路や細胞壁生合成に関与する遺伝子の制御様式は，出芽酵母のものとは幾分様相が異なることが明らかになってきた[3,4]。出芽酵母の CWIS 経路は Protein kinase C（PKC）から MAP キナーゼを中心とした1つの経路が25種以上の細胞壁合成酵素遺伝子の転写を制御しているという特徴的なものである。Aspergillus 属菌においても細胞壁の異常を感知するセンサータンパク質や PKC から MAP キナーゼに至る経路は保存されている。しかしながら，出芽酵母の CWIS 経路とはセンサータンパク質の機能などに幾分か違いがあり，最大の相違はそのターゲット遺伝子である。モデル糸状菌 Aspergillus nidulans では，MAP キナーゼ MpkA をコードする mpkA 遺伝子破壊株の解析から，β-グルカンやキチン合成に関わる多くの遺伝子が MpkA 非依存的に転写制御されていることが明らかとなっている[4]。また，MpkA は出芽酵母には存在しない細胞壁多糖 AG の合成酵素遺伝子の転写制御に特化していることも明らかとなった[4]。この発見当時，糸状菌における AG の生物学的機能に関する情報は乏しく AG の役割は未知であったが，これらの解析結果は AG の重要性を物語っていると考えられた。

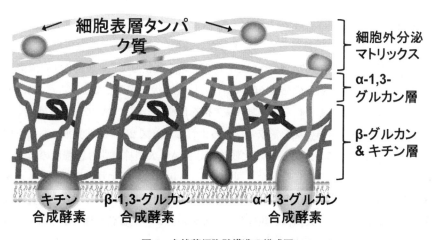

図1　糸状菌細胞壁構造の模式図

2　糸状菌における細胞壁多糖 AG の生物学的機能

　糸状菌 CWIS 経路の解析結果が公表された頃，ヒト感染性の二形性真菌 *Histoplasma capsulatum* において，この菌の感染成立には，AG が必要であることが報告された[5]。Rappleye らは *H. capsulatum* が高温下（37℃）で胞子から出芽して酵母型細胞に転換する際，AG が細胞壁表層に分布し，細胞壁の β-グルカンを覆うことを見出した[5]。その結果，免疫刺激性の高い細胞壁 β-グルカンが感染宿主細胞に認識されず，菌は宿主免疫応答を回避して感染を成立させる[5]。また，イネの重要病害菌であるイネいもち病菌（*Magnaporthe grisea*/*M. oryzae*）は，イネの自然免疫による認識を回避するため，積極的に AG を利用していることも明らかにされている[6]。筆者らは，これらの知見と糸状菌 CWIS 経路の解析結果から，糸状菌の生存戦略において AG は重要な役割を果たしているのではないかと考えた。そこで，*A. nidulans* が持つ 2 つの AG 合成酵素遺伝子 *agsA* と *agsB* の破壊株を造成し，糸状菌 AG の生物学的機能を解析した[7]。その結果，本菌において AG は，ある種の細胞壁ストレスからの防御機構に関与していることが明らかになった[7]。また，抗真菌剤の標的探索としては少々期待はずれの結果であったが，細胞壁から AG が欠損してもシャーレ上の生育には何ら影響しないことも明らかになった[7]。一方，驚くべきことに，AG 欠損株を液体培養すると菌糸が培地中に均一分散するという新奇な培養性状を示すことが明らかになった（図 2A）[7]。これは AG が菌糸同士の接着に関与している，すなわち AG は菌糸接着因子として機能していることを意味している。

3　AG 欠損株の高密度培養への応用

　A. nidulans において培地中に均一分散した菌体の重量を測定すると，野生株と比較して AG 欠損株の菌体重量は約 1.5 倍に増加していた（図 2B）[8]。筆者らは，この菌糸分散性と生育増強が，糸状菌では達成困難と考えられていた高密度培養に適するのではないかと考えた。そこで，産業用糸状菌である麹菌（*A. oryzae*）において AG 欠損株の高密度培養特性を検証する計画を立て，まずは麹菌の AG 欠損株の造成に着手した。麹菌には 3 種の AG 合成酵素遺伝子が存在することから，Cre-*loxP* マーカーリサイクルシステムを駆使して[9]，麹菌 AG 合成酵素遺伝子の 3 重破壊株を造成した[10]。この麹菌 AG 欠損株の培養性状を解析したところ，*A. nidulans* と異なる様相が見出された。すなわち，麹菌 AG 欠損株は液体培養においても菌糸は完全には分散せず，野生株より小さな菌糸の塊を形成しながら生育した（図 2C）[8]。培養液から菌糸塊を回収し平均直径を計測したところ，野生株と比較して麹菌 AG 欠損株は約 6 割程度の大きさの菌糸塊しか形成しないことが明らかになった（図 2D）[8]。糸状菌は先端より物質を分泌生産することから，菌糸塊の縮小は菌体表面積の増大に繋がり，物質生産性向上に直結すると考えられた。そこで麹菌の野生株および AG 欠損株を親株とし，モデルタンパク質発現株（ポリエステル分解酵素クチナーゼ遺伝子 *cutL1* 発現株）を造成し，そのタンパク質生産性を検証した。まず，これ

第9章 麹菌の細胞壁 α-1,3-グルカン欠損株による高密度培養と物質高生産への利用

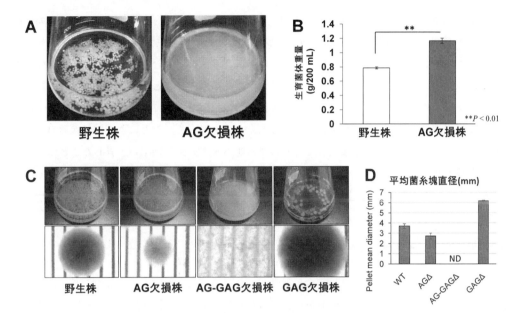

図2 *Aspergillus nidulans* および麹菌のAG，AG-GAG欠損株の表現型
(A) *A. nidulans* 野生株およびAG欠損株の培養性状，(B) *A. nidulans* 野生株およびAG欠損株の生育菌体重，(C) 麹菌の野生株，AG欠損株，AG-GAG欠損株およびGAG欠損株の培養性状と菌糸塊形態，(D) 麹菌の野生株，AG欠損株，AG-GAG欠損株およびGAG欠損株の菌糸塊直径

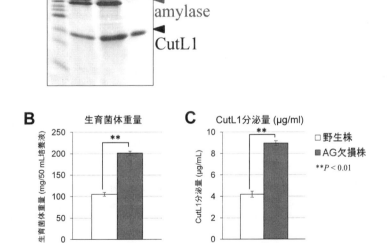

図3 麹菌のAG欠損株のモデル酵素生産
(A) 培養上清に分泌されたモデル酵素CutL1と内在性アミラーゼのSDS-PAGE画像，(B) 麹菌の野生株およびAG欠損株の培養菌体重量，(C) 麹菌の野生株およびAG欠損株のCutL1分泌量

らの *cutL1* 発現株について，液体培養におけるタンパク質生産性を解析したところ，AG 欠損株に *cutL1* を発現させた株は，野生株 *cutL1* 発現株と比較して菌体生育量，CutL1 生産量とも向上していることが明らかになった（図3）[8]。特に，炭素源供給が十分な状況下では，培養後期でも生育が旺盛で，物質生産も衰えなかった。通常，培養後期になると菌糸塊内部の細胞は自己消化し溶菌をはじめるが，分散傾向にある AG 欠損株では溶菌が進みにくい。これらの結果から，麹菌 AG 欠損株の物質生産量の増大は，小さな菌糸の塊を形成したことにより嫌気状態の細胞数が減少し，タンパク質生産に必要となる呼吸によるエネルギー生産効率が上昇したことに起因していると考えられた。すなわち，AG 欠損株の特性は高密度培養による物質高生産に好適であることを示していた[11]。

4　麹菌における第二の菌糸接着因子の発見

　前述のように麹菌の AG 欠損株は完全分散せず小さな菌糸塊を形成する。このことは麹菌には AG 以外にも菌糸接着に関与する因子が存在することを意味している。高密度培養には菌糸分散性の制御が不可欠であるとの考えから，筆者らは麹菌における第二の菌糸接着因子の探索を開始した。その頃，動物感染菌 *A. fumigatus* において，水溶性バイオフィルムの構成多糖であるガラクトサミノガラクタン（GAG）が宿主への定着に関与しており，AG と同じく宿主免疫応答からの回避機能に関与することが報告された[12]。筆者らは，この情報にヒントを得て GAG が麹菌における菌糸接着因子であるとの仮説を立てた。*A. fumigatus* では，GAG 生合成遺伝子は 5 つの遺伝子からなるクラスターを形成していることが報告されていた[12]。麹菌においても相同な遺伝子クラスターが保存されていたため，麹菌の野生株および AG 欠損株を親株として GAG 生合成遺伝子の破壊株を造成した（GAG 欠損株および AG-GAG 欠損株）。その結果，AG-GAG 欠損株の菌糸は液体培地中に完全分散する形質を示した（図2C，D；麹菌では初となる完全分散菌株の造成）。また，両 GAG 欠損株において，細胞壁ガラクトサミン量の顕著な減少が認められた。これらの結果から，麹菌においては AG に加えて GAG も菌糸接着因子として機能することが明らかとなった。興味深いことに，GAG 単独欠損株の菌糸は分散せず，むしろ野生株に比べて大きな菌糸の塊を形成した（図2C，D）。このことは，麹菌では AG と GAG が協調的に菌糸接着を制御していることを示唆している。さらに，完全分散した AG-GAG 欠損株に対してモデルタンパク質発現系を導入した菌株を用いて物質生産性を評価したところ，AG-GAG 欠損株では AG 欠損株よりも有意にタンパク質生産量が増加しており，完全分散麹菌は高密度培養に好適であることが実証された[13]。

おわりに

　糸状菌は，液体培養によるタンパク質・低分子化成品・医薬品原体の大規模工業生産に利用さ

第 9 章　麹菌の細胞壁 α-1,3-グルカン欠損株による高密度培養と物質高生産への利用

れている。糸状菌の大量培養では，糸状に生育する故の菌糸塊形成により，高密度培養が達成できないことが課題となっていた。糸状菌培養技術においての技術革新は，1990 年代後半に海外酵素生産メーカーにより開発された多分岐変異株による酵素の高生産技術であり，それ以降，菌形を制御することによる培養技術の革新は行われていない。筆者らが見出した細胞壁多糖 AG 欠損株および AG-GAG 欠損株の特性は，菌の生育に影響を及ぼすことなく，菌糸生育の高密度化をもたらし，細胞表面積を増加させる。また，近年公開数が増加している糸状菌のゲノム情報から，多くの糸状菌において AG および GAG 合成酵素の両方または少なくともどちらか一方を有することが明らかとなっている。したがって，AG および GAG の特性を利用した高密度培養技術は汎用性の高い技術であり，前例のない糸状菌工業培養技術の革新となる。すでに，食品用途の酵素生産ニーズに対応するために AG 欠損株のスクリーニング方法は開発済みであるが[14, 15]，様々な用途に対応できるように菌糸接着のメカニズム解析を進め，糸状菌の高密度培養技術をさらに発展させたい。

文　　　献

1)　柿嶌眞，德増征二（責任編集），菌類の生物学，共立出版（2014）
2)　吉見啓，宮澤拳，阿部敬悦，化学と教育，**65**，232（2017）
3)　A. Yoshimi *et al.*, *Biosci. Biotechnol. Biochem.*, **80**(9), 1700 (2016)
4)　T. Fujioka *et al.*, *Eukaryot. Cell*, **6**(8), 1497 (2007)
5)　C. Rappleye *et al.*, *Proc. Natl. Acad. Sci. USA*, **104**, 1366 (2007)
6)　T. Fujikawa *et al.*, *Mol. Microbiol.*, **73**(4), 553 (2009)
7)　A. Yoshimi *et al.*, *PLoS One*, **8**(1), e54893 (2013)
8)　K. Miyazawa *et al.*, *Biosci. Biotechnol. Biochem.*, **80**(9), 1853 (2016)
9)　S. Zhang *et al.*, *J. Biosci. Bioeng.*, **123**(4), 403 (2017)
10)　S. Zhang *et al.*, *J. Biosci. Bioeng.*, **124**(1), 47 (2017)
11)　阿部敬悦，五味勝也，吉見啓，糸状菌の高密度培養株を用いた有用物質生産方法，特許第 6132847 号
12)　F. N. Gravelat *et al.*, *PLoS Pathog.*, **9**, e1003575 (2013)
13)　阿部敬悦，吉見啓，宮澤拳，田畑風華，五味勝也，佐野元昭，変異型糸状菌及び当該変異型糸状菌を用いた物質生産方法，特願 2017-91734
14)　吉見啓，阿部敬悦，川上和義，平間美沙，坪田康信，麹菌の細胞壁変異株の選抜方法，当該細胞壁変異株，当該細胞壁変異株を用いた米製品およびその製造方法，特願 2015-205934
15)　A. Yoshimi *et al.*, *J. Appl. Glycosci.*, **64**(3), 65 (2017)

第10章　麹菌由来界面活性タンパク質（ハイドロフォービン）の特性とその応用技術

田中拓未[*1], 中島春紫[*2], 阿部敬悦[*3]

1　ハイドロフォービンの生態

　日常生活の中でも，カビのコロニーに滴下した水滴がいつまでも保持され，水面に落ちたカビの胞子が薄く広がるのを目にする。これは，カビの気中菌糸や胞子の表層が強い撥水性を有するためである。

　糸状菌と呼ばれる，空気中に菌糸を伸ばして胞子を形成する真菌類の気中構造体の細胞表層は，ハイドロフォービンとよばれるタンパク質に覆われている。ハイドロフォービンはスエヒロタケ Schizophyllum commune の子実体形成中に高度に発現する遺伝子の研究から見いだされた低分子量の分泌タンパク質であり，強い疎水性の側面を持つため水面などの界面に局在して表面張力を低下させ，湿った基質から空気中への菌糸の伸長を可能にする[1]。さらに，気中菌糸や胞子の表面に自己集合し，外側に疎水性面を向けて堅固な多量体の単層を形成することにより，菌体に撥水性を付与する（図1）[2]。

　酵母を除く真菌類は複数のハイドロフォービン遺伝子を有するが，担子菌類には20個以上の遺伝子を保有するものもあり，気中菌糸の乾燥防止，胞子の形成と分散，子実体の空気孔の形成と維持など真菌の生活環の中で多様な役割を果たしている[3]。また，いもち病菌 Magnaporthe

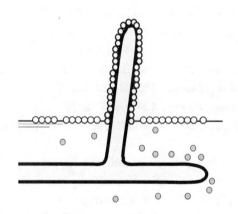

図1　界面と細胞表層に局在するハイドロフォービン

---

*1　Takumi Tanaka　東北大学　大学院農学研究科　生物産業創成科学専攻　特別研究員
*2　Harushi Nakajima　明治大学　農学部　農芸化学科　教授
*3　Keietsu Abe　東北大学　大学院農学研究科　生物産業創成科学専攻　教授

第10章 麹菌由来界面活性タンパク質(ハイドロフォービン)の特性とその応用技術

grisea のハイドロフォービン MPG-1 は宿主への付着器の形成に必要であり、外生菌根菌では宿主への接着のためにハイドロフォービンを発現するなど、病原性や相利共生に関与する他の生物との相互作用に重要な役割を果たしている[4]。さらに、ヒトの気管支や肺に感染してアスペルギルス症を引き起こす *Aspergillus fumigatus* の胞子は、ハイドロフォービン RodA に覆われることにより免疫細胞による認識と貪食を免れていることが報告されている[5]。

2 ハイドロフォービンの構造と重合性

ハイドロフォービンは分子内に4つのジスルフィド結合を形成する特徴的なパターンにより配置された8個の Cys 残基を有する 80〜150 アミノ酸の低分子量タンパク質である。アミノ酸配列の相同性は低いが疎水性領域のパターンは類似性が高く、タンパク質の立体構造には共通性があるものと考えられる(図2)。ハイドロフォービンには細胞表層に微小繊維状に重合して規則的な Rodlet 構造を形成するものがある(図3)。このような Rodlet 層は極めて安定であり、有機溶媒でも、還元剤でも、界面活性剤存在下の加熱処理でも、アルカリ処理でも溶解しないが、100%トリフルオロ酢酸により溶解することが見出されている。このように強固な Rodlet を形成するハイドロフォービンはクラスⅠに分類され、一方で分子内の疎水性領域が短く重合体が SDS 存在下の加熱処理により溶解するクラスⅡのハイドロフォービンも見出されている[6]。トマト葉カビ病菌 *Cladosporium fulvum* では、クラスⅠの HCf-1 は気中菌糸と分生子の表層に局在するが、クラスⅡの HCf-6 は植物組織への侵入時に生産されるなどの個別の役割が観察

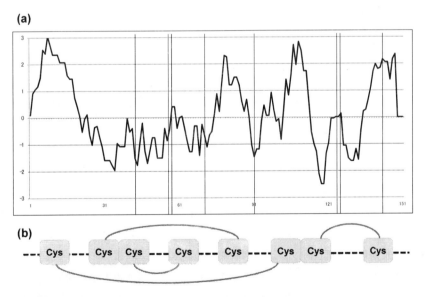

図2 (a) 麹菌ハイドロフォービン RolA/HypA のハイドロパシープロット。縦線は8個の保存 Cys 残基の位置を示す。(b) 8個の Cys 残基間の S-S 結合

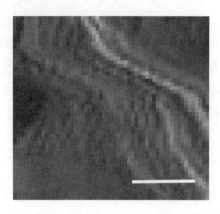

図3 麹菌の分生子表層に形成された Rodlet 構造の原子間力顕微鏡像
Bar：50 nm

されている。

ハイドロフォービンは分泌された時点では可溶性の単量体だが，速やかに自己集合するため自然界では重合体として存在する。ハイドロフォービンは凝集性と強い吸着性のためタンパク質としての取扱いが困難であり，結晶化によるX線構造解析が成功した例は非常に限られているが，解析された立体構造は類似性が高い。ツチアオカビ *Trichoderma reesei* の HFBⅡは β-バレル構造のコアを有する球形の構造を取り，一端に大きな平面状の疎水性パッチが存在する[7]。この疎水性領域の露出のためハイドロフォービンは強い凝集性を示すが，自己集合により多量体を形成する時には，β-バレル構造が隣接するハイドロフォービン分子まで延長することにより安定化していると推定される[8]。

3 ハイドロフォービンの物理的性質

ハイドロフォービン分子は疎水性パッチを有するため両親媒性であり，界面活性効果を有する。精製したハイドロフォービン水溶液の水滴では，水面にハイドロフォービン分子が集中して自己集合することにより，表面張力が低下して水滴の表面が平らになるプラトー化[9]が観察される（図4）。

ハイドロフォービンの最大の物理的特性は強い吸着性であり，菌体の表層に限らずさまざまな物質の表面に吸着する。精製ハイドロフォービン水溶液をテフロンなどの疎水性の基材に滴下すると，疎水性パッチが基材に接着して重合化する。結果として親水性の領域が表面を向くため，基材の疎水性度が低下する。一方，ガラス板などの親水的な基材にハイドロフォービンを吸着させると，疎水性パッチが表面を向いて吸着するため，基材の疎水性度が増加する。このように，ハイドロフォービンはさまざまな基材表面に整列して吸着し，基材の親水性度を逆転させるユニークな物性を有している。

第 10 章　麹菌由来界面活性タンパク質（ハイドロフォービン）の特性とその応用技術

図4　麹菌 RolA/HypA 水溶液（100 μg/mL）の水滴のプラトー化
（左）0 min，（右）40 min

炭酸飲料中に疎水性の粒子が存在すると，粒子を核として泡が発生しやすくなる。ビールの醸造工程で麦芽にカビが混入すると，ハイドロフォービンのために製品のビールを抜栓したときに猛烈に泡を噴く gushing が起こることが知られている[10]。

4　ハイドロフォービンと酵素タンパク質の相互作用

ハイドロフォービンは糸状菌の形態形成因子，および病原性糸状菌の感染因子として報告されてきたが，最近になり糸状菌の栄養成長にもハイドロフォービンが関与することが示唆されている。

黄麹菌 *Aspergillus oryzae* は生分解性ポリエステル PBSA（ポリブチレンコハク酸アジピン酸）を唯一の炭素源として液体培養すると，ハイドロフォービン RolA（HypA）を培地中に分泌する。RolA は PBSA 表面に吸着し，その後ポリエステラーゼの一種であるクチナーゼ CutL1 やそのホモログ CutC と相互作用することで，これらの酵素を PBSA 表面へ濃縮し，PBSA の分解を促進する（図5）。この相互作用においては，RolA の N 末端側領域に存在する複数の正電荷アミノ酸残基と，CutL1 の活性中心と逆側の分子表面に存在する複数の負電荷アミノ酸残基との間に働くイオン的相互作用が主体であることが報告されている（図5）。また，このような界面活性タンパク質が足場となって固体高分子分解酵素をリクルートする分子間相互作用は，糸状菌の固体高分子分解において新奇に見出された固体高分子分解メカニズムである[11, 12]。

近年，*Aspergillus* 属糸状菌のモデル生物 *Aspergillus nidulans* のハイドロフォービン RodA とクチナーゼ Cut1，Cut2 の間や，イネいもち病菌 *Magnaporthe oryzae* のハイドロフォービン MPG1 とクチナーゼ Cut2 の間にも同様の相互作用現象が存在することが報告された[13, 14]。クチナーゼは植物病原性糸状菌から多数見出されており，その本来の基質である脂肪族エステルのクチンは，植物表面を覆うワックス層の成分として知られる[15, 16]。このことから，ハイドロフォービンとクチナーゼの相互作用による生分解性ポリエステル分解促進現象は，病原性糸状菌が植物に感染する際に植物表面のワックスを分解するメカニズムを模倣したものであるといえる。*A. nidulans* においては，ハイドロフォービン遺伝子を破壊することでセルラーゼやアミラーゼ等の多糖加水分解酵素群の分泌量が低下し，固体バイオマス（サトウキビ絞りかす）上での生育が悪化することも報告されており[17]，さらに，*in vitro* 系におけるクチナーゼ以外のタンパク質と

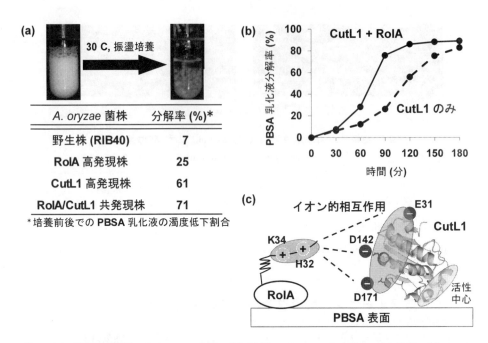

図5 (a) 組換え麹菌株によるPBSA分解, (b) 精製RolA・CuL1によるPBSA分解, (c) RolA-CutL1相互作用モデル

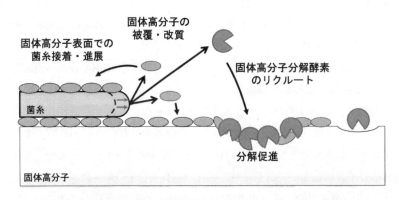

図6 糸状菌の固体高分子分解におけるハイドロフォービンの関与

ハイドロフォービンとの相互作用も報告されるようになってきた[18,19]。

以上から，ハイドロフォービンは様々な酵素と相互作用して酵素を固体高分子表面に濃縮し，糸状菌による固体高分子の分解・資化の効率化に寄与していると考えられる（図6）。また，このメカニズムはハイドロフォービンを持つ糸状菌には一般的に存在すると推測される[14,17,20]。

5 ハイドロフォービンの産業応用

ハイドロフォービンは，前述のユニークな物理化学的性質を利用した産業応用が期待されてい

第10章　麹菌由来界面活性タンパク質（ハイドロフォービン）の特性とその応用技術

る（表1）[21, 22]。

　一つは，その両親媒性を利用した物質の分散性向上・コロイド化用途である。機能性材料として利用される，もしくは利用が期待される，高配向性熱分解グラファイト（HOPG）やカーボンナノチューブ（CNT），テフロン等は強い疎水性を持ち，材料として用いるには溶媒へよく分散させることが重要である。このような疎水性物質の分散には有機溶媒が主に用いられるが，有機溶媒は環境負荷や毒性が強い場合が多い。ハイドロフォービンとこれらの疎水性物質を混合すると，水系溶媒へ効率よく安定的に分散させることが可能である[23, 24]。ハイドロフォービンは，同様にして水分散性の低い薬剤の分散剤[25]や，エマルジョン構造を持つ食品（ドレッシング，アイスクリームなど）の安定化剤としても期待される。例えば水と食用油にクラスⅡハイドロフォービンHFBⅡを添加してから混合すると，形成されたエマルジョンは数年間という長期間維持される。これはカゼインやTweenを界面活性剤として用いたエマルジョンの維持期間に比べて有意に長期間である[26]。

　次に，ハイドロフォービン自己組織化膜の高度な分子配向性と，物理・化学的安定性を利用した用途が挙げられる。基板と反対側に露出する領域に酵素（ペルオキシダーゼ，グルコースオキシダーゼ，クチナーゼ等）や分子結合ドメイン，細胞接着ペプチドを融合させたハイドロフォービンを用いることで，基板表面にこれらの因子を高密度・高配向性で提示できる[27, 28]。ハイドロフォービンと他のタンパク質との相互作用を利用し，ハイドロフォービンを吸着させた基板に，

表1　ハイドロフォビンの産業応用の可能性

用途	ハイドロフォービン	クラス	出典
固体表面（テフロン，ポリマー，ガラス等）の濡れ性の改質	SC3	I	Scholtmeijer K *et al*, 2002
	HFBI	II	Qin M *et al*, 2007
疎水性材料（グラフェン，CNT，HOPG）や色素粒子，鉱物粒子の水分散性向上	EAS, HGFI, HYD3	I	Wang Z *et al*, 2010
	HFBI	II	Laaksonen P *et al*, 2010 Wang X *et al*, 2010
	HFBII	II	Heinonen H *et al*, 2014
医療用金属微粒子，薬剤微粒子の被覆	RolA	I	阿部ら，特願2013-528956
	SC3	I	Akanbi MHJ *et al*, 2010
	HFBI	II	Valo HK *et al*, 2010
固体表面へのバクテリア接着阻害	DewA	I	Weicket U *et al*, 2011
固体表面への機能性ペプチド類（酵素，セルロース結合ドメイン，Protein A，Hisタグ，細胞接着因子等）固定化	DewA	I	Boeuf S *et al*, 2012
	RolA	I	Takahashi T *et al*, 2005
	SC3	I	Corvis Y *et al*, 2005
	VmhII	I	Longobaldi S *et al*, 2014
	HFBI	II	Kurppa K *et al*, 2013
	HFBII	II	Sarparanta M *et al*, 2012
	HFB4, HFB7	II	Espino-Lammer L *et al*, 2013
酵素大量生産・精製のためのfusion partner	HFBI	II	Linder MB *et al*, 2004
エマルジョン，気泡（bubble），泡沫（foam）の長期間維持	SC3	I	Wösten HAB *et al*, 1994
	HFBI	II	Tchuenbou-Magaia FL *et al* 2009
	HFBII	II	Cox AR *et al*, 2009

別のタンパク質や化合物を固定することも可能である[13, 18, 19, 29]。このような「機能化基板」は従来のものより高感度なバイオセンサーや細胞培養基材，物質分解・変換バイオリアクターへの利用が期待される（図7）。

さらには，ハイドロフォービンが免疫細胞による認識と貪食を免れる性質[5, 30]を医療分野に応用する試みもなされている。例えば，磁気性金属ナノ粒子をハイドロフォービンでコーティングすると，コーティングされた粒子そのものが免疫細胞による認識と貪食を免れ，生物体内に投与した際には，免疫細胞が集中する網内系へ集積される量が減少する（図8）。コーティングする

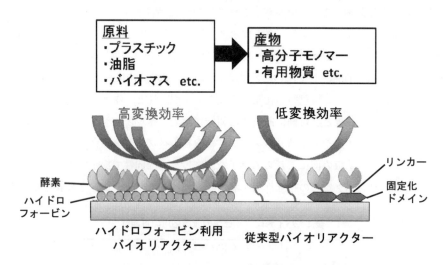

図7 ハイドロフォービンを用いた「機能化基板」の応用例

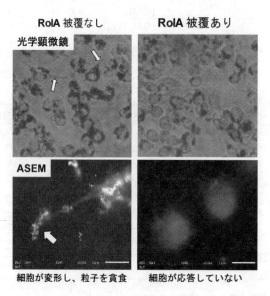

図8 ハイドロフォービンRolAで被覆した金属ナノ粒子の貪食回避
Bar : 5 μm

第 10 章　麹菌由来界面活性タンパク質（ハイドロフォービン）の特性とその応用技術

ナノ粒子のサイズや材質（金属，多糖，タンパク質薬剤等）を変更することで，粒子を目的の組
織へ効率的に集積し，MRI を利用した磁気イメージングや，腫瘍の磁気温熱治療または放射線
治療，薬剤輸送システム（DDS）へ応用できると期待されている[25, 30, 31]。

文　　献

1) J. G. Wessels *et al.*, *J. Gen. Microbiol.*, **137**, 2439（1991）

2) H. A. B. Wösten *et al.*, *Plant Cell*, **5**, 1567（1993）

3) H. A. B. Wösten, *Annu. Rev. Microbiol.*, **55**, 625（2001）

4) M. A. Elliot & N. J. Talbot, *Curr. Opin. Microbiol.*, **7**, 594（2004）

5) V. Aimanianda *et al.*, *Nature*, **460**, 1117（2009）

6) H. A. B. Wösten *et al.*, *Eur. J. Cell Biol.*, **63**, 122（1994）

7) J. Hakanpää *et al.*, *J. Biol. Chem.*, **279**, 534（2004）

8) M. Sunde *et al.*, *Micron*, **39**, 773（2007）

9) M. Lienemann *et al.*, *Biomacromolecules*, **16**, 1283（2015）

10) M. B. Linder *et al.*, *FEMS Micribiol. Rev.*, **29**, 877（2005）

11) T. Takahashi *et al.*, *Mol. Microbiol.*, **57**, 1780（2005）

12) T. Takahashi *et al.*, *Mol. Microbiol.*, **96**, 14（2015）

13) C. L. Pham *et al.*, *Sci. Rep.*, **6**, 25288（2016）

14) T. Tanaka *et al.*, *Appl. Microbiol. Biotechnol.*, **101**, 2343（2017）

15) R. E. Purdy & P. E. Kolattukudy, *Biochemistry*, **14**, 2832（1975）

16) J. A. Sweigard *et al.*, *Mol. Gen. Genet.*, **232**, 174（1992）

17) N. A. Brown *et al.*, *Biotechnol. Biofuels*, **19**, 145（2016）

18) Y. Corvis *et al.*, *Anal. Chem.*, **77**, 1622（2005）

19) Z. Wang *et al.*, *Langmuir*, **26**, 8491（2010）

20) P. Skamnioti & S. J. Gurr, *Plant Signal Behav.*, **3**, 248（2008）

21) H. A. B. Wösten & K. Scholtmeijer, *Appl. Microbiol. Biotechnol.*, **99**, 1587（2015）

22) M. Khalesi, *Protein J.*, **34**, 243（2015）

23) S. O. Lumsdon *et al.*, *Colloids Surf. B. Biointerfaces*, **44**, 172（2005）

24) W. Yang *et al.*, *Biopolymers*, **99**, 84（2013）

25) M. Haas Jimoh Akanbi *et al.*, *Appl. Microbiol. Biotechnol.*, **97**, 4385（2013）

26) A.R. Cox *et al.*, *Food Hydrocoll.*, **23**, 366（2009）

27) M. I. Janssen *et al.*, *Biomaterials*, **25**, 2731（2004）

28) L. Espino-Rammer *et al.*, *Appl. Environ. Microbiol.*, **79**, 4230（2013）

29) Y. Corvis *et al.*, *J. Phys. Chem.*, **111**, 1176（2007）

30) 阿部敬悦ほか，特願 2013-528956（2012）

31) I. Vejnovic *et al.*, *Int. J. Paharm.*, **397**, 67（2010）

第11章　黒麴菌のゲノム解析とその産業応用

塚原正俊[*1]，山田　修[*2]

1　黒麴菌のゲノム解析の意義

　黒麴菌は，黄麴菌と共に日本の「国菌」として認定され[1]，学術分野のみならず，文化的，産業的にも重要な微生物である。そもそも黒麴菌とは，沖縄での泡盛醸造に用いられている「分生子が黒色を呈する *Aspergillus* 属の糸状菌」である。しかしながら，黒麴菌は，本格的に研究対象となってからの歴史がまだ浅く，ごく最近まで黒麴菌を学名で定義づけることができていなかったことから，黒麴菌の詳細な特性把握やこれらの産業応用を目指す際の大きな問題となっていた。近年，ゲノム解析を応用したいくつかの成果[2,3]により，黒麴菌が *Aspergillus luchuensis* として再定義された。これらの成果は，単に黒麴菌という対象微生物のゲノム情報の取得にとどまらず，黒麴菌文化を支える基盤であり，今後の産業応用に不可欠な成果といえる。また，これらの過程では，ゲノム解析が文化や産業に直接つながる重要な成果をもたらしており，ゲノム解析自体の実力や可能性を示すケースの一つになったといえる。

　黒麴菌研究分野は，産業における重要性から考えると多くの課題が残されているフロンティアである。本稿においては，まず，いかにして黒麴菌が種として認知されたのかを概説することで，この過程で遺伝子解析が重要な役割を果たしたことを示す。さらにゲノム解析が黒麴菌の産業利用を進める上で強力な方法であると共に，今後も有益な情報をもたらす可能性について，最新の知見を交えて紹介する。

2　黒麴菌の歴史[4,5]

　泡盛は，約600年の歴史を有する日本最古の蒸留酒である。泡盛に関する歴史的な記録はいくつかあるものの[6]，黒麴菌につながる醸造工程や技術を示す記録はほとんどない。黒麴菌が初めて記載されたのは1901年であり，乾環が泡盛麴から採取した試料より「本菌は麴中の主要なる糸状菌にして胞子黒色なるを以て麴をして固有の黒色を帯はしむ澱粉糖化の作用は専ら本菌によるものにして」との記載で *A. luchuensis* を分離し，新種として報告している[7]。また，同年に宇佐見桂一郎も泡盛麴中より2種類の黒色 *Aspergillus* を分離し，「黒色糸状菌第1は *A. luchuensis* であり，黒色糸状菌第2は菌糸が黄色を呈することがある」と報告している[8]。1936

＊1　Masatoshi Tsukahara　㈱バイオジェット　代表取締役／研究統括
＊2　Osamu Yamada　㈾酒類総合研究所　醸造技術応用研究部門　部門長

第 11 章　黒麴菌のゲノム解析とその産業応用

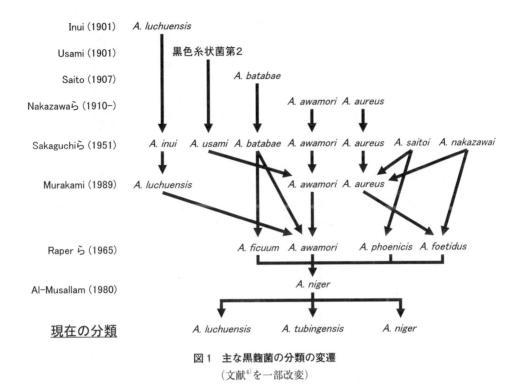

図1　主な黒麴菌の分類の変遷
（文献[4]を一部改変）

年には中澤らにより泡盛麴からの 25 種の分離株の解析[9]，1951 年には坂口謹一郎らにより分離した 1,000 株を超える黒色 *Aspergillus* の解析[10]，1979 年には村上英也により 69 株の解析と共に学名の整理を試みるなど[11]，複数の株を対象として黒アスペルギルス類を体系的に整理する試みが精力的に行われてきた（図 1）。このような豊富な形態的情報に基づいた解析の中で，村上らは醸造に用いられる黒麴菌株が，黒色 *Aspergillus* 属の近縁株である *A. niger* の株群とは明確に区別されると記載している[11]。これらの研究により，日本国内では黒麴菌と *A. niger* が全く異なる菌であると理解された（図 1）。一方海外では，1965 年に Raper らによる黒色 *Aspergillus* の整理[12]などの報告に続き，1980 年には Al-Musallam が，ほぼすべての黒麴菌株は *A. niger* およびその変種であると提唱されるなど[13]，世界的には実態に即さない分類が認められつつあった。

3　黒麴菌のゲノム解析による再分類

旧来の黒アスペルギルス類の分類は，形態学的な特徴と，生育やコロニー形成，各種の酵素活性などの菌学的な性質を解析することで行われていた。我々は，黒麴菌を含む黒アスペルギルス類の系統解析を行うためには形態のみでは難しいことから，ゲノム解析を応用した。種判別に広く用いられている単一の領域で系統解析を試みたところ系統解析が困難であることがわかったため複数領域を対象として比較解析を行った。酒類総合研究所や沖縄県に保存されていた醸造現場

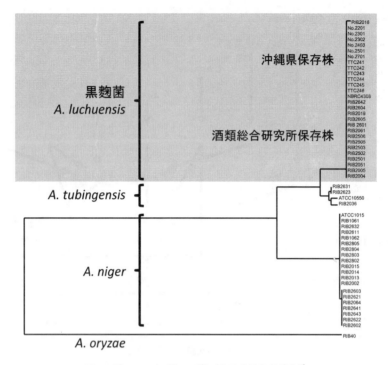

図2　黒アスペルギルス類の分子生物学的解析[4]

由来黒麹菌株，白麹菌など合計57株を対象として，ribosomal DNA internal transcribed spacers (ITS)，D1-D2領域，ヒストン3，チューブリン，およびチトクロームb遺伝子部分配列の合計約2,500塩基を用いて系統解析を行った。その結果，黒麹株群は，*A. niger*，*A. tubingensis*とは系統樹上分化した枝の中に1グループとして存在していることが明らかになった[14]（図2）。このグループには，乾により寄託され，黒麹菌の標準株として東京大学に保存されていたRIB2642株，中澤が報告したα菌であるJCM2261 (IAM 2112) 株，坂口らのJCM22320 (IAM 2351) 株などが含まれることが確認された[4]。また，現在の泡盛醸造で中心的に用いられている泡盛黒麹菌ISH1およびISH2，焼酎醸造に用いられる白麹菌もこのグループに含まれることが確認された。結果として，泡盛酒造所から分離された多くの株，および泡盛醸造に種麹として用いられている全ての株が*A. niger*，および*A. tubingensis*とは異なるグループに属していることが示された。これらの結果から，黒麹菌は*A. niger*とは異なる独立した種*A. luchuensis*としてあらためて記載されるに至った[14]（図1）。最近になって，さらに膨大な*Aspergillus*の種を対象とした広範囲の遺伝子情報に基づいた系統解析の報告がなされ，*A. luchuensis*が*A. niger*とは異なる独立した種であることを支持する結果が得られている[15, 16]。

第 11 章　黒麹菌のゲノム解析とその産業応用

4　黒麹菌 *A. luchuensis* NBRC 4314 株の全ゲノム解析

　黒麹菌があらためて *A. luchuensis* として整理できたことから，*A. luchuensis* の基盤情報の取得を目指して全ゲノム解析を進め，2016 年に *A. luchuensis* NBRC4314 株を対象とした報告を行った[17]。その結果，*A. luchuensis* のゲノムサイズは約 35 Mb，遺伝子数約 12,000，*A. niger* とゲノムの相同性は約 89％であった。これらのことから *A. luchuensis* と *A. niger* は確かに近縁種であるものの，染色体の構造を見ると多くの転座が生じているなど違いが著しいことが分かった[17, 18]。以上のように黒麹菌 *A. luchuensis* と *A. niger* および *A.tubingensis* は，共通の祖先から黒色の分生子，クエン酸生産など類似した表現型を保持しつつ，それぞれが独立して進化してきたことが全ゲノム情報からも確認された。

　一方，*A. niger* ではカビ毒オクラトキシン A およびフモニシン B2 を生成する株の存在が知られている。オクラトキシン A は，発がん性が報告されているカビ毒で，フモニシン B2 は，フザリウム属糸状菌が生産する細胞毒性を有する穀物類汚染カビ毒である。*A. niger* では，オクラトキシン A，フモニシン B2 生合成系に関わる遺伝子はそれぞれ異なるゲノム領域にクラスタを形成していることが確認されている[19]。*A. luchuensis* のオクラトキシン生合成系遺伝子クラスタを確認したところ，必要な遺伝子を保持しておらずオクラトキシン A 非生産性であることがわかった。また，フモニシン B2 生合成系の遺伝子クラスタについても，*A. niger* において確認されている生合成遺伝子のほとんどを欠失していることが分かった。さらに，最近の報告によると他のアスペルギルス属の糸状菌で生産される他のカビ毒（fumagillin, fumigaclavlne C, Gliotoxin, Pseurotin A, Aflatoxin, Geodin）などは全て *A. luchuensis* では非生産と考えられ[16]，泡盛黒麹菌を含む *A. luchuensis* の安全性が再確認された。

　また，黒麹菌の生活環を理解する上で重要な遺伝子群として，MAT 遺伝子があげられる。以前は，*Aspergillus* 属は有性世代が見つかっていない不完全菌であり増殖は分生子（無性胞子）のみと考えられてきたものの，近年のゲノム解析により *Aspergillus* 属においても有性生殖を行うために必要な遺伝子群を有する種が存在することが明らかになってきている[20]。*A. luchuensis* のゲノム解析から，*A. luchuensis* は MAT1-2 を保有するヘテロタリック型であることが確認された。これまでの解析では，他の *A. luchuensis* 株からも MAT1-2 以外の型は見出されていない。*A. luchuensis* には MAT1-1 の株がいないかどうかについては，今後，さらに広範な検討が必要であると考えられる。

　以上のように，全ゲノム解析により *A. luchuensis* と *A. niger* の菌学的な違いを説明する遺伝子的背景が明らかになってきた。今後は，さらに黒麹菌の機能と遺伝子を関連付けた研究が進むことで黒麹菌の有用性が明らかになっていくと期待される。

179

5 全ゲノム情報による A. luchuensis の種内系統解析

前述の通り ITS などの遺伝子領域を用いたゲノム解析により黒麹菌は独立した種 A. luchuensis として規定された（図 1, 2）。今後，黒麹菌の産業応用を目指すためには，さらに A. luchuensis の種内の系統解析が重要な情報となると考えられる。しかしながら，一部の遺伝子では A. luchuensis の種内系統解析を十分に行うことができないことから，我々は泡盛黒麹菌を中心とした黒麹菌株を対象として，全ゲノム解析による種内系統解析を進めた。

現在の泡盛製造現場では主に ISH1 と ISH2 という 2 つの黒麹菌株を混合した複菌麹として利用されている。これらの実用株を含めた A. luchuensis および近縁種数十株を対象として全ゲノム解析を行ったところ，A. luchuensis 内で比較すると数百〜数千塩基の変異，A. luchuensis と A. niger を比較すると百万塩基以上の変異が確認され，全ゲノム解析からも A. luchuensis が独立した種であることが再確認された。さらに，得られた全ての点変異を用いて系統樹を作成したところ，A. luchuensis と A. tubingensis, A. niger とが明確に分離することが確認された（図 3）。また，A. tubingensis 内での系統分離の距離と比較して，A. tubingensis と A. luchuensis の距離は大きく離れていた。これらの結果は A. luchuensis が種として確立していることを強く支持している（図 3）。

一方，A. luchuensis 内での変異を用いて比較することで，A. luchuensis の種内系統解析が可能であることが確認された（図 4）。現在，多くの泡盛酒造所で用いられている黒麹菌株は ISH1 と ISH2 の 2 種類で，ISH1 はアワモリ株，ISH2 はサイトイ株と呼ばれている。今回の解析に用いた株は 2 つの系統に分離し，ISH1 と ISH2 がそれぞれ異なるグループに分かれることが明

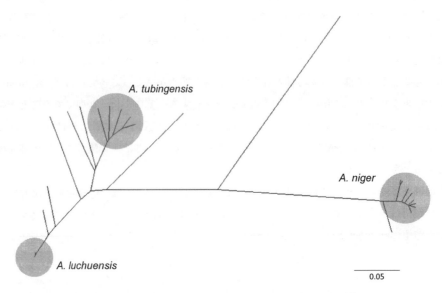

図 3　全ゲノム解析による黒アスペルギルス類の系統樹[21]

第 11 章　黒麹菌のゲノム解析とその産業応用

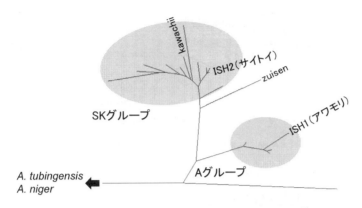

図 4　全ゲノム解析による A. luchuensis 内の系統樹[21]

らかになった。さらに ISH2 と同じグループに属する株の中には，白麹菌として知られている A. luchuensis mut. kawachii 株が含まれることが確認された。これらの結果から，A. luchuensis を大別すると，アワモリ株のグループ（A グループ），およびサイトイ株，カワチ株のグループ（SK グループ）の 2 つに大別できることがわかった（図 4）。また，戦前に泡盛酒造所から採取され長期間保存された後，近年，泡盛醸造に使われ始めた zuisen 株（JCM22320）は，SK グループの祖先の近傍から分化していることが明らかとなり興味深い結果となった。以上の解析から，A. luchuensis は複数のグループに分けられると共に，これらのグループとは異なる種も存在していることから，今後，応用研究の対象としてさらに多くの A. luchuensis について解析を進める意義は大きいと考えられる。

一方，比較ゲノム解析から，前述のオクラトキシン A およびフモニシン生合成遺伝子クラスタを解析したところ，A. luchuensis は，これらの領域の大部分を欠失していること，さらに，その欠失の様式は A. tubingensis および A. niger にみられる欠失株とは異なる A. luchuensis 固有のパターンであることがわかった。全ゲノムデータを用いたこれらの結果から，A. luchuensis においては欠失した遺伝子や相同性が高い遺伝子がゲノムの他の箇所に転座している可能性も否定され，黒麹菌の安全性がさらに担保された。

6　黒麹菌の源流は沖縄県

以上の解析結果から，A. luchuensis は A. tubingensis と共通の祖先から進化し，さらにこれは A. niger と共通の祖先から進化したと考えられ，黒アスペルギルスの 3 種の進化の系譜の一端を明らかにすることができた（図 5）。

A. luchuensis は，もともと沖縄で初めて採取，記述された黒麹菌であり，多様な黒麹菌が諸所の酒造所から分離された。一方，全ゲノム解析の結果からは，従来の黒麹菌が含まれるグループに属する株の全てが沖縄県由来と確認されている株，または沖縄県由来が示唆される株であ

酵母菌・麹菌・乳酸菌の産業応用展開

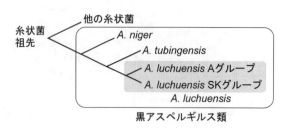

図5　黒アスペルギルス類の系統進化

り，他の地域から採取された株はこれまでのところ含まれていない。また，zuisen 株など過去に採取・保存されていた株が相対的に A. tubingensis に近い場所に位置していることなどを合わせて考えると，黒麴菌は，沖縄県の自然界あるいは泡盛酒造所そのものに源流があると推察される。

7　黒麴菌のゲノム解析によるさらなる産業振興

泡盛醸造では ISH1 および ISH2 株の 2 株を混合して利用されていることからもわかるように A. luchuensis に分類される黒麴菌には個性があり，その個性が産業利用において重要な役割を担っている。これまでの黒麴菌のゲノム解析により，黒麴菌が A. luchuensis であると再定義され，黒アスペルギルス類内の各種の系統関係，および A. luchuensis 種内の系統関係が明らかになってきた。これらの成果は，産業振興に直接結びつくことが期待される。一例として，これまでの実用株が属するグループとは異なる系統的位置の株の存在が見出されていることから，これ

図6　通常とは異なる黒麴菌株を用いた泡盛

第 11 章　黒麹菌のゲノム解析とその産業応用

らの株の異なる特性を産業的に活用していくことが期待される。実際，複数の泡盛酒造所において異なる黒麹菌株を用いて醸造された通常の泡盛あるいは限定販売の泡盛が開発される例も見られ（図 6），今後さらに黒麹菌の解析を進めることで，新たな商品群の形成や他の活用にもつながると考えられる。

　以上のように，黒麹菌の研究において，ゲノム解析は種の定義付けから産業振興につながる成果まで，広くかつ重要な役割を担った中心的な技術として活用されてきた。今後も，ゲノム解析技術やその解析結果が黒麹菌の可能性を広げると共に，他の生物種を対象とした研究開発にも応用しうるモデルケースとなることが期待される。

文　　献

1)　麹菌をわが国の「国菌」に認定する－宣言－，日本醸造学会，http://www.jozo.or.jp/koujikinnituite2.pdf
2)　S.-B. Hong *et al.*, *PLoS One*, **8**, e63769（2013）
3)　S.-B. Hong *et al.*, *Appl. Microbiol. Biotechnol.*, **98**, 555（2014）
4)　山田修，バイオサイエンスとインダストリー，**71**，499（2013）
5)　村上英也，麹学，日本醸造協会（2008）
6)　塚原正俊ほか，発酵と醸造のいろは，p.189，NTS（2017）
7)　乾環，工化雑誌，**4**，1357（1901）
8)　宇佐美桂一郎，泡盛酒醸造研究報告，工化，**4**，1437（1901）
9)　中澤亮治ほか，日本農芸化学会誌，**12**，931（1936）
10)　坂口謹一郎ほか，日本農芸化学会誌，**24**，138（1950）
11)　村上英也，日本醸造協会誌，**74**，849（1979）
12)　K. B. Raper & D. I. Fennell, The genus Aspergillus, p.293, The Williams & Wilkins Company（1965）
13)　A. Al-Musallm, Revision of the black Aspergillus species, Utrecht University（Dissertation）（1980）
14)　山田修，日本醸造協会誌，**110**，64（2015）
15)　https://genome.jgi.doe.gov/mycocosm/specis-tree/tree;dAFdeF?organism=Aspergillus
16)　R. P. Vries *et al.*, *Genome Biology*, **18**(28), 1（2017）
17)　O. Yamada *et al.*, *DNA Res.*, **23**, 507（2016）
18)　山田修，日本醸造協会誌，**112**，530（2017）
19)　A. Susca, *Front. Microbiol.*, **7**, 1412（2016）
20)　北本勝ひこほか，日本醸造協会誌，**101**，740（2006）
21)　塚原正俊ほか，日本醸造協会誌，投稿中

第12章　麹菌酵素活性の制御による機能性ペプチド高含有醤油の開発

仲原丈晴[*1]，内田理一郎[*2]

1　はじめに

醤油は，アジアの伝統的な発酵調味料で，先人達の知恵によって麹菌・乳酸菌・酵母の3種の微生物が産業応用されたものである。その製法の概要は以下のとおりである。

①　大豆と小麦を混合したものに麹菌を生育させ，醤油麹を作る。

②　醤油麹に食塩水を加え，攪拌して諸味を作る（仕込み）。

③　諸味中で乳酸菌と酵母が増殖し発酵が進む。

④　発酵・熟成後の諸味を布に包んで圧搾すると，固液分離された生醤油が得られる。

⑤　生醤油を加熱殺菌（火入れ）し，沈殿を除去したものが醤油となる。

麹菌は *Aspergillus oryzae* と *Aspergillus sojae* が単独もしくは組み合わせて用いられる。*A. oryzae* は日本の様々な発酵食品に用いられるのに対し，*A. sojae* は醤油や味噌に特徴的に用いられる。麹菌が産生した各種酵素のはたらきによって，諸味中で原料のタンパク質がペプチドやアミノ酸に分解され，デンプンがグルコースなどの糖に分解される。醤油諸味の食塩濃度は一般的に14％（w/v）以上となるため，食中毒菌をはじめとした多くの微生物は増殖することができないが，耐塩性を有する一部の微生物は選択的に生育することができる。仕込み初期には醤油乳酸菌 *Tetragenococcus halophilus* のはたらきによりグルコースから乳酸が生成する。さらに，醤油酵母 *Zygosaccharomyces rouxii* のはたらきにより，有機酸類やエタノール，香気成分が生成する。これらが過不足なく，最適なタイミングで行われることが優れた風味の醤油を作るうえで重要である。微生物学の概念が知られるより遥か昔から，経験と伝承の積み重ねによってこれらの発酵プロセスが最適化されてきたことに感服するばかりである。

本章では，醤油の醸造工程における原料タンパク質の酵素分解に着目して研究開発を行い，機能性成分（アンジオテンシン変換酵素阻害ペプチド）を顕著に高含有させる醸造法を確立したことについて概説するとともに，これらの研究開発成果を応用して商品化した機能性訴求型の醤油類について紹介する。なお，本研究は既に先行文献[1,2]にも記載されている。一部の内容に重複もあるが，あわせて参照されたい。

＊1　Takeharu Nakahara　キッコーマン㈱　研究開発本部

＊2　Riichiro Uchida　キッコーマン㈱　研究開発本部

第12章　麹菌酵素活性の制御による機能性ペプチド高含有醤油の開発

2　醤油中のペプチドを増加させる試み

　高血圧は脳血管障害，虚血性心疾患，腎疾患など多くの疾患の危険因子となることが示されている。日本において高血圧症有病者と正常高値血圧者の合計は5,490万人にものぼり[3]，国民の健康維持・増進の観点から，高血圧の発症予防あるいは症状改善を図ることが重要な課題となっている。様々な疫学研究から，醤油にも含まれる塩分の過剰摂取と血圧上昇との関連性が指摘される場合があり[4]，高血圧の抑制が求められる現代社会においては醤油が持つ課題のひとつとなっている。一方，前述のとおり醤油は日本をはじめとしたアジアの伝統的な調味料で，塩味や旨味，香りを付与するために世界中で広く用いられており，毎日の食事の味付けに用いられている。そこで我々は，醤油に血圧コントロールに資する機能性を持たせることができれば，その機能を無理なく自然に継続摂取することができ，人々の健康維持に貢献できると考えた。

　1990年代以降，アンジオテンシン変換酵素（ACE）阻害作用を有する食品由来のペプチドが血圧降下作用を発揮することが報告され，イワシ，わかめ，乳等をプロテアーゼ分解して生成したACE阻害ペプチドを配合した，血圧が高めの方に適する特定保健用食品（トクホ）も販売されている。ACEとは，生体内に存在する酵素で，血圧を上昇させるホルモン（アンジオテンシンⅡ）を産生することにより血圧を上昇させるはたらきがある。ACE阻害ペプチドは，ACEを阻害することで血圧上昇を抑える作用が知られている[5]。

　我々は，従来の醤油にも発酵によって微量のペプチドが生成していることに着目した。これは醤油諸味中で大豆や小麦由来のタンパク質が麹菌プロテアーゼによる分解を受けて生じたものであるが，一般的な醤油ではその大部分はペプチダーゼによってさらに遊離アミノ酸まで分解され，一部の分解されにくいペプチドが最終製品の醤油にまで残存することが知られていた[6]。本研究では，醤油の醸造条件を再検討し，醤油に含まれるACE阻害ペプチドを増加させることにより，血圧降下作用を発揮させることを目指した。従来の醤油業界においては，うま味に寄与するグルタミン酸をはじめとした遊離アミノ酸量を増加させることに主眼を置いた製法改良がなされてきたため，醤油中のペプチドに注目して増量を試みた研究例はほとんどなかった。醤油醸造におけるペプチドは，タンパク質が遊離アミノ酸に至る分解反応の中間物と捉えることができ，ペプチドを増加させるためには，中間物の量をいかに増やすかがポイントとなった（図1）。しかし，醤油諸味中でのタンパク質分解反応は，麹菌によって生産された多種多様の酵素が同時並行的に働く極めて複雑な系であり，その分解機構にも未知の点が多かったため，仕込み温度や原料配合など，現実的に操作可能な条件変更だけでペプチド分解を適切に制御するのは至難の業であった。我々は醸造試験を幾度となく繰り返し，結果として以下の2つの方策を採ることで，ペプチド量を増やしつつ醤油らしいおいしさを有する醤油様調味料（大豆発酵調味液）が製造できることを突き止めた[7]。①原料配合に占める大豆の割合を増やし，ペプチドの原料となるタンパク質量を増やした。②諸味の温度を変更し，仕込み期間を短くすることで，諸味中のペプチダーゼ活性を適切に抑制し，ペプチドを多く残存させた。

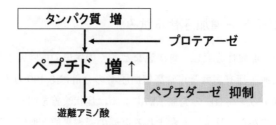

(1) 原料の大豆使用割合の増加
(2) ペプチダーゼ活性抑制

図1 ペプチド増加の方策

3 諸味中のペプチダーゼ活性の抑制方法

諸味中でのペプチダーゼ活性を抑制する方法として，ペプチダーゼ活性の低い麹菌株の使用や，未製麹原料との混合仕込（麹歩合の低減），諸味中でのペプチダーゼの失活，あるいはそれらの方法の組み合わせ等が考えられるが，本稿では諸味中でのペプチダーゼの失活について述べる。

仕込温度が仕込初期諸味のペプチダーゼ活性とペプチド含量にどのような影響を与えるかを明らかにする目的で，様々な温度で仕込んだ諸味から粗酵素液を経時的に抽出し，残存ペプチダーゼ活性を測定した[8]。測定したペプチダーゼは，醤油のタンパク質分解において寄与が高いことが知られているロイシンアミノペプチダーゼ（LAP）-I，LAP-II，酸性カルボキシペプチダーゼ（ACP），および X-プロリルジペプチジルアミノペプチダーゼ（DPP）-IVとした[9~11]。

その結果，仕込温度が高いほど LAP-I および LAP-II 活性が大きく低下することが明らかとなった（図2A, B）。このことから，初期仕込温度を高めることにより，醤油のペプチド分解に寄与が高い LAP 活性を抑制し，残存ペプチド量を増加させられることが示唆された。なお，LAP-I 活性は15℃では徐々に上昇する現象が認められたが（図2A），菌体内在型のアミノペプチダーゼが仕込後の溶菌に伴って徐々に溶出したためと推察された。

一方，ACP および DPP-IV 活性は45℃でも15℃や30℃と同じように低下せず，6日間通して保たれていた（図2C, D）。ACP はペプチドのC末端からアミノ酸を遊離する活性があるものの，その基質特異性からジペプチドは分解しにくいと考えられる[12]。また DPP-IV は3残基以上のペプチドのN末端からジペプチドを遊離する酵素であるため[9]，高温仕込においてこれらの活性が維持されていてもジペプチドは残存可能と考えられた。

これらの結果に基づき，通常の醤油よりも多量のペプチドを含有する醤油様調味料である，大豆発酵調味液を開発した[7]。

第12章　麹菌酵素活性の制御による機能性ペプチド高含有醤油の開発

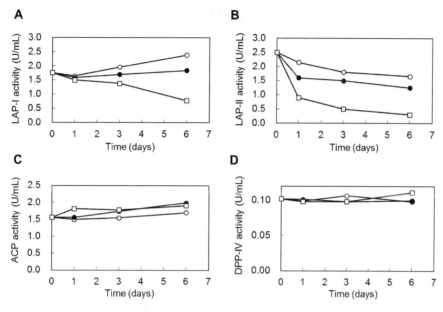

図2　初期仕込温度が諸味中の各種ペプチダーゼ活性に及ぼす影響
(A) LAP-Ⅰ活性，(B) LAP-Ⅱ活性，(C) ACP活性，(D) DPP-Ⅳ活性
○ 15℃，● 30℃，□ 45℃（n = 2）

4　大豆発酵調味液からのACE阻害ペプチドの単離同定と定量

　逆相クロマトグラフィー（C18カラム）を用いてUV検出によるピークプロファイルの分析を行った結果を図3に示す[7]。ペプチドも検出可能な220 nmの波長を用いた。濃口醤油（キッコーマン社製，市販品）と大豆発酵調味液のクロマトグラムは大きく異なり，大豆発酵調味液のほうがピークの種類が多く，それぞれのピークの高さも高かった。このことから，大豆発酵調味液のほうが含まれるペプチドの種類が多く，含有量も全般的に高いことが示唆された。なお，濃口醤油のクロマトグラム中にも見られる20分，27分，37分の大きなピークはペプチドではなく，それぞれ，遊離アミノ酸のチロシン，フェニルアラニン，トリプトファンであった。

　逆相クロマトグラフィーの結果から，大豆発酵調味液に含まれるペプチドが濃口醤油より多いことが示唆されたので，ACE阻害活性を有するペプチドも多いことを期待し，それぞれのACE阻害活性を測定した。その結果，大豆発酵調味液のACE阻害活性（IC_{50}値）は454 μg/mLで，濃口醤油の1,620 μg/mLと比較すると非常に小さかった[7]。IC_{50}値はACEの活性を50%阻害するのに必要な濃度を表すので，大豆発酵調味液のほうが強いACE阻害活性を有していることが明らかとなった。

　次に，逆相分取クロマトグラフィー（C18およびC30カラム）を用いて大豆発酵調味液を分画し，得られたフラクションのACE阻害活性を指標として，ACE阻害成分の精製を行った。

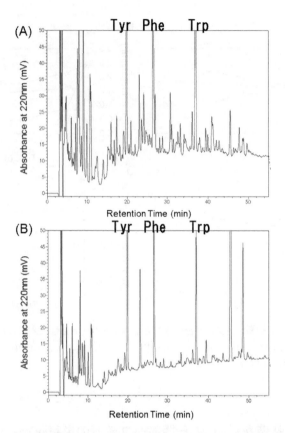

図3 逆相クロマトグラフィーによるペプチドの定性分析
(A) 大豆発酵調味液, (B) 濃口醤油

各種機器分析によって精製物の構造決定を行い,複数のペプチドを同定した。これらのペプチドの合成標品を用いて,ACE阻害活性の測定を行ったところ,いずれも強いACE阻害活性を示した[7](表1)。

さらに,大豆発酵調味液および濃口醤油に含まれるこれらのペプチドの含有量を定量したところ,大豆発酵調味液は濃口醤油と比較して顕著に高濃度のACE阻害ペプチドを含むことが明ら

表1 大豆発酵調味液および濃口醤油中のACE阻害ペプチドとその含有量

ACE阻害 ペプチド	ACE阻害活性 (IC_{50}, μM)	含有量 ($\mu g/mL$) 大豆発酵調味液	濃口醤油
Ala-Trp	10	9	1
Gly-Trp	30	25	1
Ala-Tyr	48	43	4
Ser-Tyr	67	100	3
Gly-Tyr	97	136	19
Ala-Phe	190	45	4

第12章　麹菌酵素活性の制御による機能性ペプチド高含有醤油の開発

かとなり，その量は濃口醤油と比較して7〜33倍であった[7]（表1）。これらのACE阻害ペプチドは大豆発酵調味液の仕込条件においては残存しやすく，対照的に濃口醤油では分解されやすいと考えられた。一方，興味深いことに濃口醤油中にも微量ながらも含まれていることから，醤油の長い歴史の中で人々がこれらの成分を摂取してきたと推測することができ，食経験が豊富な成分であることが示唆された。

5　血圧が高めのヒトを対象とした連続摂取試験

醤油の一般的な摂取量程度の大豆発酵調味液を継続的に摂取したときの，血圧が高めのヒトに対する大豆発酵調味液の有効性と安全性を評価することを目的として，正常高値血圧者および未治療のⅠ度高血圧者（軽症高血圧者，収縮期血圧140〜159 mmHgまたは拡張期血圧90〜99 mmHg）を対象に，無作為化二重盲検並行群間比較法による12週間の連続摂取試験を実施した。

大豆発酵調味液を配合した大豆ペプチド高含有醤油（試験食品）8 mL中には，代表的なACE阻害ペプチドであるGly-Tyrが430 μg，Ser-Tyrが250 μg含有されていた。ペプチド含量以外の，食塩分等の栄養成分は，試験食品と対照食品で極力同等になるように設計した。8 mLずつ無色透明の袋に充填し，風味，香りなどの官能面やパッケージなどにより対照食品と区別がつかないようにした。

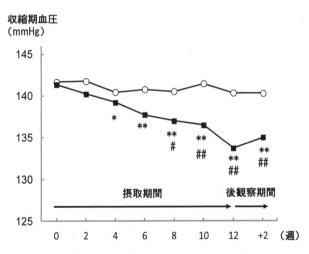

図4　大豆ペプチド高含有醤油（大豆発酵調味液配合）の正常高値血圧者およびⅠ度高血圧者に対する血圧降下作用
○：対照食品（減塩醤油）摂取群，■：大豆ペプチド高含有醤油（大豆発酵調味液配合）摂取群
対照食品 = 64名，被験食品 = 68名
＊ $P < 0.05$, ＊＊ $P < 0.01$ （摂取開始時との比較）
# $P < 0.05$, ## $P < 0.01$ （対照群との比較）

試験の結果，大豆ペプチド高含有醤油摂取群では摂取4週後から摂取終了2週後まで継続して収縮期血圧の有意な低下が認められ，摂取開始時と比較して収縮期血圧値が7.6 mmHg低下した[13]（図4）。また，対照食品摂取群との群間比較でも，収縮期血圧において摂取8週後から摂取終了2週後まで継続して有意な低値を示した。

このことから，大豆発酵調味液を配合した大豆ペプチド高含有醤油は，血圧が高めのヒトに対して血圧降下作用を発揮することが確認できた。なお，正常血圧の人が摂取しても，過度の降圧等の有害事象が起こらないことも確認している。

6　特定保健用食品（トクホ）としての実用化と機能性表示食品への展開

これらの研究結果を基に，2008年にトクホ表示許可申請を行った。審査の末，有効性と安全性が認められ，2013年に醤油類で初の「血圧が気になる方」向けのトクホ表示許可を取得し，商品を発売した（図5，商品名「まめちから大豆ペプチドしょうゆ」）。商品の発売から4年ほどが経過し，テレビ番組等の媒体で取り上げられる機会もあり，世間の醤油への関心を高めることにも幾分貢献できたかもしれない。

さらに近年，機能性食品を取り巻く環境が変化を続ける中，トクホとは異なる形で食品への機能性表示を可能にする制度を求める声が高まり，2015年に機能性表示食品制度が施行された[14]。機能性表示食品制度においては，表示しようとする機能性の科学的根拠として機能性関与成分の有効性に関する妥当性の高い研究レビュー（システマティックレビュー）を示すことにより，個別の最終製品を用いたヒト臨床試験を行わなくとも届出が可能となっている。我々もこの制度に則り，トクホ申請の際の試験結果をレビューに用いることにより，機能性表示食品の届出を行い，本年9月にボトル容器を採用した新商品を発売した（図6，商品名「大豆ペプチド減塩しょうゆ（だし入り）」）。

図5　特定保健用食品「まめちから大豆ペプチドしょうゆ」

第 12 章　麹菌酵素活性の制御による機能性ペプチド高含有醤油の開発

図 6　機能性表示食品「大豆ペプチド減塩しょうゆ（だし入り）」

　これらの商品は，おいしさの面でも通常の減塩醤油に匹敵する品質を実現したことにより，普段の食生活の中で通常の醤油と置き換えて無理なく用いることができる。本研究では元々醤油に微量に含まれていた機能性ペプチドを醸造工程の工夫によって機能が発揮される量まで増やしたところに独創性があり，食経験が豊富で安全性が高いこともメリットである。

　日本においては，収縮期血圧水準が 2 mmHg 低下すれば，脳卒中死亡率が 6.4％減少すると推計されている[15]。高血圧は日本だけでなく海外においても問題となっており，今後，本技術を展開することによって，人々の食生活と健康増進に貢献できると期待される。

文　　献

1) 内田理一郎ほか，大豆の栄養と機能性，p.192，シーエムシー出版 (2014)
2) 仲原丈晴ほか，機能性ペプチドの開発最前線，p.175，シーエムシー出版 (2015)
3) 日本高血圧学会高血圧治療ガイドライン作成委員会編，高血圧治療ガイドライン 2009, ライフサイエンス出版 (2009)
4) 厚生労働省，平成 18 年国民健康・栄養調査報告 (2009)
5) 松井利郎，バイオサイエンスとインダストリー，**60**, 665 (2002)
6) D. Fukushima, Industrialization of indigenous fermented foods, 2nd ed., p.1-88, Marcel Dekker (2004)
7) T. Nakahara et al., *J. Agric. Food Chem.*, **58**, 821 (2010)；Erratum in：*J. Agric. Food Chem.*, **58**, 5858 (2010)
8) T. Nakahara et al., *J. Biosci. Bioeng.*, **113**, 355 (2012)
9) 舘博，日本醸造協会誌，**93**, 307 (1998)

10) T. Nakadai *et al.*, *Agric. Biol. Chem.*, **36**, 261 (1972)
11) T. Nakadai *et al.*, *Agric. Biol. Chem.*, **36**, 1239 (1972)
12) 中台忠信, 日本醬油研究所雜誌, **11**, 67 (1985)
13) 内田理一郎ほか, 薬理と治療, **36**, 837 (2008); 訂正　薬理と治療, **39**, 1063 (2011)
14) 湯田直樹, 健康・栄養食品研究, p.1 (2017)
15) 健康日本 21 企画討論会, 計画算定検討会報告書「健康日本 21」（21 世紀における国民健康づくり運動について）(2000)

【第Ⅲ編　乳酸菌】

第1章　乳酸菌の脂肪酸変換機能とその産業利用

小川　順[*1]，岸野重信[*2]，米島靖記[*3]

　不飽和脂肪酸の分子中に存在する炭素間二重結合が乳酸菌により飽和化されることを見出した。この飽和化代謝系の解析を通して，共役脂肪酸，水酸化脂肪酸，オキソ脂肪酸，部分飽和脂肪酸などの機能性が期待される脂肪酸変換物を代謝中間体として同定した。本稿では，乳酸菌における不飽和脂肪酸飽和化代謝を俯瞰するとともに，代謝中間体の生産プロセス開発を解説する。加えて，水酸化脂肪酸を例に，その生理機能，化合物特性に立脚した実用化開発を紹介する。

1　はじめに

　これまで，微生物による脂肪酸の変換反応については，酸化反応による鎖長短縮（β-酸化），水酸化・過酸化ならびに異性化や，不飽和化反応による二重結合導入など，好気条件下で観察される現象が主な研究対象とされてきた。一方，腸内細菌の健康に対する影響がクローズアップされ，腸内環境である嫌気条件下での微生物代謝が注目を集めてきている。筆者らも，腸内細菌の一種であり食品産業にて広く利用されている乳酸菌を対象に，嫌気条件下での食品成分の代謝ならびに代謝産物の生理機能解析に取り組んでおり，乳酸菌の不飽和脂肪酸飽和化代謝を見出すとともに，代謝中間体に様々な機能を見出した。

2　乳酸菌に見出された不飽和脂肪酸飽和化代謝

　腸内細菌の一種である乳酸菌 *Lactobacillus plantarum* が，食事脂質の主な構成脂肪酸リノール酸を飽和化する特異な代謝を見出した。本代謝においては，4つの不飽和脂肪酸変換酵素の作用により，リノール酸がオレイン酸（*cis*-9-octadecenoic acid（18:1））ならびに *trans*-10-18:1へと，C10水酸化体（10-hydroxy-*cis*-12-18:1，HYA），C10オキソ体（10-oxo-*cis*-12-18:

＊1　Jun Ogawa　京都大学　大学院農学研究科　教授

＊2　Shigenobu Kishino　京都大学　大学院農学研究科　助教

＊3　Yasunori Yonejima　日東薬品工業㈱　研究開発本部　研究開発部　菌・代謝物研究
　　　　センター　課長

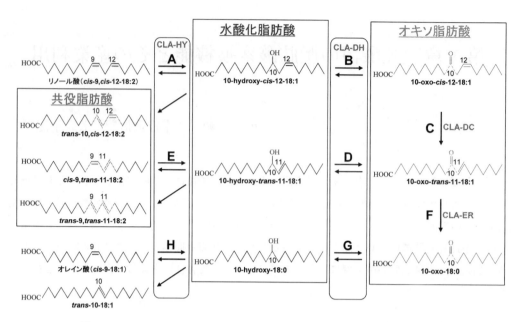

図1 *Lactobacillus plantarum* AKU 1009a における不飽和脂肪酸飽和化代謝

1, KetoA), C10エノン体（10-hydroxy-*trans*-11-18:1, KetoC）と言った特徴的な代謝中間体を経て飽和化される（図1)[1]。すなわち，リノール酸の水酸化脂肪酸への水和（CLA-HY が触媒），水酸化脂肪酸の酸化（CLA-DH が触媒）と引き続く二重結合の転移によるエノンの生成（CLA-DC が触媒），さらには，エノンを構成する炭素‐炭素二重結合への水素添加（CLA-ER が触媒）を経て，それまでの反応を折り返すように進行するカルボニル還元による水酸基の生成（CLA-DH が触媒），脱水反応（CLA-HY が触媒）による二重結合の生成を経て飽和化を完結する一連のルートを主経路とし，様々な水酸化脂肪酸，オキソ脂肪酸，共役リノール酸を生じる分岐路を伴った複雑な代謝経路が明らかにされた。さらに，α-リノレン酸やγ-リノレン酸などの炭素数18でΔ9位とΔ12位に二重結合を持つ不飽和脂肪酸を基質とした際にも，同様の代謝経路により様々な水酸化脂肪酸やオキソ脂肪酸，共役脂肪酸，二重結合が1つ飽和化された部分飽和脂肪酸が生成することが明らかとなった。

　L. plantarum において見出された代謝はΔ9位の二重結合への水和を起点とするものであったが[2~4]，*L. acidophilus*[5]や *Pediococcus* 属乳酸菌[6]では，Δ12位の二重結合への水和を起点とするものも見出されている。*L. acidophilus* は，炭素数20ならびに22の不飽和脂肪酸にも作用し，アラキドン酸からはC15水酸化体を，DHAからはC14水酸化体をそれぞれ生成した[5]。

第1章　乳酸菌の脂肪酸変換機能とその産業利用

3　乳酸菌の脂肪酸変換活性を活用した脂肪酸誘導体の生産

3．1　共役脂肪酸生産

3．1．1　リノール酸の異性化による共役リノール酸（CLA）生産

　リノール酸は乳酸菌により，図1に示される水和（CLA-HY が触媒），水酸化脂肪酸の酸化（CLA-DH が触媒），二重結合の転移によるエノンの生成（CLA-DC が触媒）を経て，カルボニル還元による水酸基の生成（CLA-DH が触媒），脱水反応（CLA-HY が触媒）による二重結合の生成を受けることにより，共役リノール酸（CLA）へと変換される。CLA 高生産株の探索の結果，*Lactobacillus acidophilus* や *L. plantarum* に属する乳酸菌に顕著な活性を見出した[7]。各種機器分析により，生成する CLA は *cis*-9, *trans*-11 異性体（CLA1）および *trans*-9, *trans*-11 異性体（CLA2）であることが判明した[8]。このうち CLA1 は発癌抑制作用などが報告されている活性型 CLA 異性体であった。高い CLA 生産能を示した *L. plantarum* AKU 1009a の湿菌体を触媒として用い，リノール酸からの CLA 生産の効率化を図った結果，CLA の生産量は約 40 mg/mL に達した（モル転換率 33％，CLA1：15 mg/mL，CLA2：25 mg/mL）[7]。異性体生成比は基質濃度や反応時間などの反応条件により変動し，CLA1 は最大 80％，CLA2 は97％以上の選択率で生産された[9]。

3．1．2　リシノール酸の脱水による共役リノール酸（CLA）生産

　水酸化脂肪酸が CLA 合成中間体として想定されたことから[10]，各種水酸化脂肪酸を基質とする乳酸菌湿菌体による微生物変換反応を検討した結果，リシノール酸（12-hydroxy-*cis*-9-18:1）が CLA（CLA1 および CLA2）へと変換されることを見出した[11]。*L. plantarum* JCM1551 の湿菌体を触媒として反応を行った場合，3.4 mg/mL のリシノール酸から 2.4 mg/mL の CLA が生成した（モル転換率 70％，CLA1：0.8 mg/mL，CLA2：1.6 mg/mL）[8]。一方，リシノール酸の天然資源であるヒマシ油を原料とする場合，反応系へのリパーゼならびに界面活性剤の添加により CLA 生産が可能となった。至適反応条件下では，30 mg/mL のヒマシ油から 7.5 mg/mL の CLA が生成した（ヒマシ油に含まれるリシノール酸に対するモル転換率 28％，CLA1：3.4 mg/mL，CLA2：4.1 mg/mL）[12]。

3．1．3　乳酸菌による種々の共役脂肪酸の生産

　L. plantarum AKU 1009a の洗浄菌体を種々の高度不飽和脂肪酸と反応させたところ，リノール酸以外にも，炭素数が 18 で Δ9 位と Δ12 位に *cis* 型の二重結合を有する α-リノレン酸，γ-リノレン酸，ステアドリン酸を基質とした際に新たな脂肪酸の蓄積が観察された[13~16]。α-リノレン酸からは *cis*-9, *trans*-11, *cis*-15-18:3（CALA1）および *trans*-9, *trans*-11, *cis*-15-18:3（CALA2）が[15]，γ-リノレン酸からは *cis*-6, *cis*-9, *trans*-11-18:3（CGLA1）と *cis*-6, *trans*-9, *trans*-11-18:3（CGLA2）が誘導可能であった。

3.2 水酸化脂肪酸，オキソ脂肪酸などの不飽和脂肪酸飽和化代謝産物の生産

今後の不飽和脂肪酸飽和化代謝産物の機能開発においては，これらの化合物をある程度の量，高純度で供給する技術の確立が必要である。

L. plantarum AKU 1009a の不飽和脂肪酸飽和化代謝の初発反応を触媒する CLA-HY を発現する形質転換大腸菌を作製し[17]，その洗浄菌体を用いることにより，280 mg/mL のリノール酸から約 6 時間の反応にて 250 mg/mL の 10-hydroxy-*cis*-12-18:1（HYA）を立体選択的に（S 体に対し 100% *e.e.*）生産することができた（収率 90%）。また，反応温度を下げることにより，約 48 時間の反応にて収率 98% を達成した。さらに，基質をオレイン酸や α-リノレン酸とした場合にも，同様の収率で対応する 10-水酸化脂肪酸を得ることができた[18]。

こうして CLA-HY により得られる水酸化脂肪酸は，CLA-DH によりオキソ脂肪酸へと酸化（図 1B）された後[19]，CLA-DC による異性化（図 1C）にてエノン型オキソ脂肪酸へと，さらには，CLA-ER による飽和化（図 1F）にて部分飽和オキソ脂肪酸へと変換される。これらのオキソ脂肪酸は，最終的に CLA-DH による還元を受け（図 1D, G）様々な水酸化脂肪酸へと変換される。これらの酵素反応の活用により，多様な水酸化脂肪酸，オキソ脂肪酸の生産が可能となっ

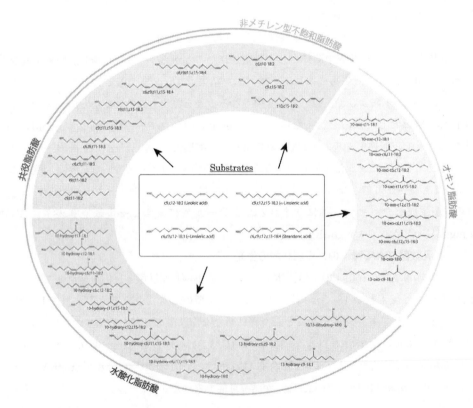

図2 乳酸菌由来の不飽和脂肪酸飽和化代謝系酵素を組み合わせることにより生産可能な脂肪酸変換物

ている。この方法論は，リノール酸のみならず，炭素数 18 で，$\Delta 9$，$\Delta 12$ 位にシス型二重結合を有する脂肪酸，例えば，α-リノレン酸，γ-リノレン酸などにも適応可能であり，様々な食事脂肪酸に由来する不飽和脂肪酸飽和化代謝産物の生産が可能となっている（図 2）。筆者らは，これら以外にも，炭素数 20 の食事脂肪酸（アラキドン酸や EPA）に由来する共役脂肪酸，部分飽和脂肪酸の微生物生産法を開発している。これらについては，既報の総説等を参照されたい[20~23]。

4　水酸化脂肪酸にみる乳酸菌脂質変換物の実用化開発

　植物油脂の主要成分であるリノール酸は，乳酸菌によって $\Delta 9$ 位の二重結合の水和反応を受け，水酸化脂肪酸である 10-hydroxy-*cis*-12-18:1（HYA）へと変換される。腸内細菌は食事由来の油脂を利用して本反応を行い HYA を生成していることから，腸内容物中には腸内細菌に依存した HYA の存在が確認されている[1]。また，HYA はチーズ，漬物，味噌などにも微量ながらその存在が確認されており，発酵食品においては，特定の乳酸菌の代謝によって HYA が生成されると考えられる。このように身近な存在であるにも関わらず，その機能についてほとんどわかっていなかった HYA について，筆者らは腸管上皮バリアの保護機能，抗炎症作用を有することを新たに見出した。

4. 1　HYA の生物ならびに食品における存在
　筆者らは HYA 等の特異な不飽和脂肪酸代謝物の生成が腸内細菌の作用によることを証明するため，Specific-pathogen-free（SPF）マウスと無菌（GF）マウスを通常飼料を用いて飼育し，結腸，小腸，血漿における遊離脂肪酸の分布を分析した。その結果，リノール酸およびオレイン酸の腸内細菌による初期代謝産物である水酸化脂肪酸 HYA と 13-hydroxy-*cis*-9-octadecenoic acid および 10-hydroxy-octadecanoic acid（HYB）が各種組織中に確認された。さらに確認された水酸化脂肪酸の量は，SPF マウスにおいて GF マウスよりも顕著に多かったことから，これらの脂肪酸が腸内細菌の存在に依存して生成していることが示唆された[1]。
　CLA-HY 相同遺伝子の分布をゲノム情報を基に調査したところ，*Lactobacillus plantarum*，*Lactobacillus rhamnosus*，*Lactobacillus brevis* などの乳酸菌にその存在を認めた。これらの乳酸菌は漬物やヨーグルトなどの一般的な発酵食品で確認される菌種であり，その発酵過程において，基質となる油脂，遊離脂肪酸を生成するリパーゼ，水和反応を触媒する乳酸菌の 3 つの条件が整えば，HYA は生成されていると考えた。そこで，発酵食品を中心に食品中の HYA の含量を測定したところ，チーズ（29 mg/100 g），チョコレート（5 mg/100 g），すぐき漬け（2.8 mg/100 g），味噌（2.8 mg/100 g）などの食品に HYA を検出した。

4. 2　HYA の生理機能
　HYA に腸管上皮バリアの損傷を回復する効果を確認している[24]。まず，ヒト腸管上皮細胞培

酵母菌・麹菌・乳酸菌の産業応用展開

養株（Caco-2 細胞）を用いた実験系で HYA などのリノール酸腸内細菌代謝産物のタイトジャンクションに対する効果を検討した。Caco-2 細胞を IFN-γ と TNF-α にて処理するとタイトジャンクションが損傷を受け，経上皮電気抵抗（TER）が低下するが，HYA を添加することで TER の有意な回復が確認された。作用機序を明確にするため，タイトジャンクションを構成あるいは調節する因子の発現を解析した結果，タイトジャンクションを構成するタンパク質である Occludin と ZO-1 の増加，および血管平滑筋細胞の収縮を制御するミオシン軽鎖キナーゼ（MLCK）の mRNA 発現量の低下が観察され，HYA の添加によりタイトジャンクション構造が保護されることを確認した。さらに，炎症マーカーである IL-8 の mRNA およびタンパク質発現を有意に抑制することも認め，バリア保護を介した炎症抑制を確認した。オレイン酸由来の水酸化脂肪酸である HYB にはこのような効果は見られなかったことから，これらは HYA 特有の作用と考えられた。

　本結果に基づき，デキストラン硫酸ナトリウム（DSS）誘導性腸炎モデルマウスに対する HYA の腸炎抑制・腸管バリア保護効果を検証した[24]。DSS を経口投与すると，腸上皮の炎症および大腸長の短縮，および炎症に伴う下痢・血便，体重減少が起こるが，HYA をあらかじめ投与することで，DSS による腸炎症状の緩和ならびにタイトジャンクション損傷の低減を認めた。経口投与した HYA は腸管の長鎖脂肪酸受容体である GPR40 を介して，腸上皮細胞中の TNFR2 の発現を制御し，腸管バリア機能を維持させることが示唆された[24]。

　さらに，HYA はマウス腸細胞ならびに骨髄系樹状細胞を用いた *in vitro* の試験においても，炎症性サイトカインの産生を抑制することを確認している[25]。HYA は LPS が誘発する骨髄系樹状細胞の成熟化を抑制し，その際，抗酸化や解毒代謝を担う遺伝子群の転写を活性化することで細胞保護作用を発揮すると考えられた[25]。

　他にも，接触性皮膚炎モデルマウスにおいて，炎症抑制効果を認めている[26]。また，肝細胞を用いた *in vitro* の試験において，脂質の蓄積抑制効果を見出している[27]。

4. 3　HYA の実用化検討

　HYA の食品向け実用化検討がなされている。植物油を原材料にリパーゼ共存下で CLA-HY 活性の強い乳酸菌を用いて反応を行い，植物油に含まれるリノール酸を HYA に変換する検討を行った。乳酸菌の培養方法や反応条件を最適化し，変換効率が約 70%，最終産物中の HYA 純度が最大 50% の生産性を達成した。さらに，パイロットスケールで HYA の製造方法を確立した。安全性についても動物試験で確認済みであり，急性経口毒性試験，反復経口毒性試験，変異原性毒性試験を実施し，いずれも異常を認めず，LD_{50} 値は 2,000 mg/kg 以上であった。

　さらなる成分の安定化，摂取時の利便性の向上，用途拡大を図るべく，酸素への暴露を防ぐためのカプセル化の検討，HYA を安定化させ嗜好性を高めるためのエステル化およびトリグリセリド化が図られている。

198

第1章　乳酸菌の脂肪酸変換機能とその産業利用

5　おわりに

　水酸化脂肪酸は，上述の生理活性に基づく医薬・機能性食品素材としてのポテンシャルのみならず，樹脂，ワックス，ナイロン，プラスチック，防蝕剤，化粧品，コーティング剤，潤滑油など工業的にも利用価値の高い化成品素材でもある。筆者らも，HYA を熱分解を経て酸化することにより，ナイロン 610 の原料となる C10 ジカルボン酸・セバシン酸へと誘導する技術を開発している。また，CLA-DH が触媒する脱水素反応により HYA から生成する 10-oxo-*cis*-12-18 : 1（KetoA）が，ラッカーゼが触媒する酸化開裂反応により，セバシン酸へと誘導されることを見出している[28]。

　乳酸菌が嫌気条件下で生成する一連の脂肪酸変換物は，好気条件下での生成物とは異なり，二重結合への水和反応による水酸基導入を基点とする化合物群であり，構造的にも酸化変換物より安定で，ユニークな生理機能を持つものも多いことから，新規な機能性素材として今後注目を集めることが期待される。

文　　献

1)　S. Kishino *et al.*, *Proc. Natl. Acad. Sci. USA*, **110**, 17808 (2013)
2)　J. Ogawa *et al.*, *Appl. Environ. Microbiol.*, **67**, 1246 (2001)
3)　S. Kishino *et al.*, *Biosci. Biotechnol. Biochem.*, **75**, 318 (2011)
4)　S. Kishino *et al.*, *Biochem. Biophys. Res. Commun.*, **416**, 188 (2011)
5)　A. Hirata *et al.*, *J. Lipid Res.*, **56**, 1340 (2015)
6)　M. Takeuchi *et al.*, *Eur. J. Lipid Sci. Technol.*, **115**, 386 (2013)
7)　S. Kishino *et al.*, *J. Am. Oil Chem. Soc.*, **79**, 159 (2003)
8)　A. Ando *et al.*, *J. Am. Oil Chem. Soc.*, **80**, 889 (2003)
9)　S. Kishino *et al.*, *Biosci. Biotechnol. Biochem.*, **67**, 179 (2003)
10)　J. Ogawa *et al.*, *Appl. Environ. Microbiol.*, **67**, 1246 (2001)
11)　S. Kishino *et al.*, *Biosci. Biotechnol. Biochem.*, **66**, 2283 (2002)
12)　A. Ando *et al.*, *Enzyme Microb. Technol.*, **35**, 40 (2004)
13)　小川順ほか，科学と工業，**76**，163 (2002)
14)　小川順ほか，バイオサイエンスとインダストリー，**60**，753 (2002)
15)　S. Kishino *et al.*, *Eur. J. Lipid Sci. Technol.*, **105**, 572 (2003)
16)　J. Ogawa *et al.*, *J. Biosci. Bioeng.*, **100**, 355 (2005)
17)　M. Takeuchi *et al.*, *J. Biosci. Bioeng.*, **119**, 636 (2015)
18)　M. Takeuchi *et al.*, *J. Appl. Microbiol.*, **120**, 1282 (2016)
19)　M. Takeuchi *et al.*, *J. Mol. Catal. B Enzym.*, **117**, 7 (2015)

20) J. Ogawa *et al.*, *J. Biosci. Bioeng.*, **100**, 355 (2005)

21) S. Kishino *et al.*, *Lipid Technol.*, **21**, 177 (2009)

22) J. Ogawa *et al.*, *Eur. J. Lipid Sci. Technol.*, **114**, 1107 (2012)

23) 岸野重信, 小川順, 化学と生物, **51**, 738 (2013)

24) J. Miyamoto *et al.*, *J. Biol. Chem.*, **290**, 2902 (2015)

25) P. Bergamo *et al.*, *J. Funct. Foods*, **11**, 192 (2014)

26) H. Kaikiri *et al.*, *Int. J. Food Sci. Nutr.*, **68**, 941 (2017)

27) T. Nanthirudjanar *et al.*, *Lipids*, **50**, 1093 (2015)

28) M. Takeuchi *et al.*, *Biosci. Biotechnol. Biochem.*, **80**, 2247 (2016)

第2章　乳酸菌の遺伝子操作技術の進展

岡野憲司[*1]，田中　勉[*2]，本田孝祐[*3]，近藤昭彦[*4]

1　はじめに

　生命の設計図が収められている遺伝子の研究が進むとともに，その設計図を操作する遺伝子工学の技術がこの50年の間に発達してきた。特に近年のDNA合成技術やCRISPR-Cas9のシステムに代表されるゲノム編集技術の劇的な進歩により，生物の設計図を自在に構築・編集する時代が到来しつつある。乳酸菌はその食経験の豊富さから安全性が高い微生物としての認識が高く，遺伝子工学を食品産業や保健目的に応用することが期待されている。無論安全性の立証に向け，越えるべきハードルは多々存在するが，チーズの熟成促進を目的としたタンパク質・ペプチド分解酵素の研究や，ファージ感染への耐性付与などの食品製造への応用に始まり，プロバイオティクスの機能解明や機能増強，経口ワクチンとしての利用など幅広い産業への応用が試みられている。本章ではこのような応用研究の下支えとなる乳酸菌の遺伝子工学技術の進展について概説したい。

2　プラスミドの発見とその利用

　他の微生物にたがわず，乳酸菌の遺伝子操作においてもプラスミドは中心的な働きをしてきた。プラスミドの発見には乳の発酵に関する研究が重要な役割を果たしてきた。チーズ製造を始め，乳の発酵にはラクトースの資化や乳タンパクの分解が重要となる。また，抗菌物質であるバクテリオシンの産生や，ファージ耐性機構の一つである制限・修飾系も安定した乳の発酵には重要な形質である。しかしながら，これらの形質は不安定であることが多く，同種の乳酸菌の中でもこれらの形質の有無が異なることが知られていた。1970年代にこれらの重要な形質が乳酸菌の保有するプラスミドにコードされていることが明らかになると[1]，様々な乳酸菌から多様なプラスミドが単離されるようになった。

　一旦プラスミドが発見されると，これらのプラスミドを他の乳酸菌に導入しようとする試みが

---

* 1　Kenji Okano　大阪大学　大学院工学研究科　生命先端工学専攻　生物工学コース　助教
* 2　Tsutomu Tanaka　神戸大学　大学院工学研究科　応用化学専攻　准教授
* 3　Kohsuke Honda　大阪大学　大学院工学研究科　生命先端工学専攻　生物工学コース
　　　　准教授
* 4　Akihiko Kondo　神戸大学　大学院科学技術イノベーション研究科　教授

多数なされてきた。1970年代後半には細胞と細胞の物理的接触を介して遺伝子が伝達する接合伝達を用いた遺伝子導入が行われるようになった[2]。また，1980年代初期にはプロトプラストを用いた遺伝子導入が行われるようになった[3]。本手法は細胞壁をリゾチーム等の酵素で除去した裸の細胞に，ポリエチレングリコール修飾したDNAを取り込ませる方法である。しかしながら，プロトプラストの再生（細胞壁の修復）は再現性が低く，再生が可能な宿主も限定されており汎用性の高い技術ではなかった。1980年代後半にエレクトロポレーション法が開発され，乳酸菌の遺伝子工学の進展の大きなきっかけとなった。1989年にHoloとNesはグリシンとスクロースを添加した高張培地で乳酸菌の培養を行うことで，細胞壁が弱化し高い形質転換効率を得られることを報告し，現在の様々な形質転換プロトコールの原型となった[4]。これにより*Lactococcus*や*Lactobacillus*属の一部の株では$10^7/\mu g$ DNAという高い形質転換効率が達成され，大腸菌を介さず乳酸菌を用いてプラスミド構築を行うことも可能となった。

　遺伝子導入に用いられるベクターとしては*Lactococcus lactis* subsp. *cremoris* Wg2より単離されたpWV01[5]や*L. lactis* NCDO712より単離されたpSH71[6]をベースに選択マーカー遺伝子を用いたプラスミドが汎用される。これらのプラスミドは，乳酸菌ばかりか枯草菌や大腸菌など広域な宿主で複製が可能であるという利点を有し，形質転換の報告のない乳酸菌への遺伝子導入においてのファーストチョイスとしても利用される。また接合伝達性のプラスミドとしては*Enterococcus faecalis* DS5由来のpAMβ1[7]や*Streptococcus agalactiae*由来のpIP501[8]をベースとしたプラスミドが広宿主域性のプラスミドとして利用されている。発現系については構成発現，誘導発現共に様々なシステムが報告されている。*L. lactis*[9]や*Lactobacillus plantarum*[10]においてプロモーターのコア領域である−35領域，−10領域の配列を固定し，他の配列をランダム化したプロモーターライブラリーが構築され，様々な強度を持った構成発現型のプロモーターが利用できる。誘導発現に関してはバクテリオシンの一つであるナイシンの合成系を利用したシステム（NICEシステム）が有名である[11]。NisKはセンサータンパク質として細胞外のナイシンを感知し，応答制御タンパク質であるNisRをリン酸化する。リン酸化によってNisRの高次構造が変化し，*nisA*の転写を促進する。したがって*nisA*のプロモーターと*nisRK*を組み合わせることでナイシン誘導性の発現系の構築が可能となり，*L. lactis*を中心に利用されている。なお，NICEシステムを用いた遺伝子発現系は発現ベクター，宿主株共に市販されている。類似のペプチド誘導性の発現系としてsakacin Aやsakacin Pを用いた誘導発現系（SIPシステム）が報告されており[12]，*Lactobacillus*属の様々な宿主において利用されている。その他使用例は少ないが，pHの低下に応じて誘導されるP170プロモーター[13]や，二価イオンの枯渇やEDTAによる二価イオンのキレートによって誘導のかかるP_{Zn}-ZitRシステム[14]など様々なシステムが報告されている。

第2章　乳酸菌の遺伝子操作技術の進展

3　従来の遺伝子破壊／置換技術

　遺伝子を組換えた乳酸菌の産業応用にあたっては，形質の安定化が重要であり，1980年代後半より染色体への遺伝子組込みや遺伝子破壊が報告され始めた。初期の遺伝子組込み／破壊技術では，乳酸菌において複製しないプラスミド上に，染色体上の標的配列および選択マーカーを挿入したプラスミドが利用された。プラスミドが宿主内で複製できないため，相同組換えによってプラスミドが染色体に組込まれた株のみが選択条件下でコロニー形成できる（図1a）。しかしながら，シングルクロスオーバーによる遺伝子組込み／破壊では染色体に2箇所の相同配列が存在するため，非選択条件下では挿入配列の脱落が起こりやすい。また，複数遺伝子の組込みや破壊の際に選択マーカーを再利用できないという問題点を有する。そこで，プラスミド上に標的配列の上流，下流の2つの配列を導入したダブルクロスオーバー株の取得が試みられた。いずれの方法においても，乳酸菌へのプラスミドの導入，相同配列間での組換えという2つのイベントが同時に起こらなければならないため，組込み株が得られにくいという問題点を有していた。この問題に対し，Biswasらは温度感受性プラスミドの利用を考案した[15]。pG$^+$hostシリーズのプラスミドは温度感受性のレプリコンを有する（前述のpWV01レプリコンの変異体）。本プラスミドは低温では複製するが高温では複製しない。そこで，まずプラスミドの複製が可能な28℃で形質転換を行う。その後，形質転換体を選択条件下において，プラスミドが複製できな

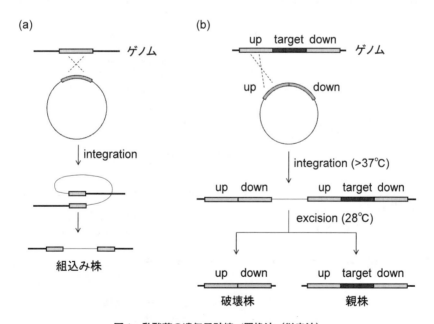

図1　乳酸菌の遺伝子破壊／置換法（従来法）
(a) シングルクロスオーバーによる遺伝子破壊法。(b) 温度感受性プラスミドを用いたダブルクロスオーバーによる遺伝子破壊法。プラスミド上のupとdownの間に挿入配列を導入すると遺伝子置換にも利用できる。

い37℃以上で培養することでシングルクロスオーバー株を取得できる。得られたプラスミド組込み株を非選択条件下において28℃で培養することでダブルクロスオーバー株が得られる（図1b）。本手法の開発では乳酸菌へのプラスミドの導入と，染色体への遺伝子組込みを別フェーズで行うことができるため，形質転換効率の低い菌株にも適用可能である。しかしながら，各々の相同組換えが生じるのに時間がかかり，長期間にわたる継代培養を必要とする。また二度目の組換えが一度目と同じ相同部位で起こると野生型に復帰するという根本的な問題を有している。筆者の経験ではこの確率は50％ではなく，対象とする遺伝子によって激しく変化し，破壊株の取得が極めて困難な場合もある。

4 最新の遺伝子破壊／置換技術

4.1 λRed相同組換え法の応用

このような状況は20年近くも続き，乳酸菌の遺伝子工学技術の進展を大きく妨げていた。しかしここ数年の間でλRed相同組換え法やCRISPR-Cas9に代表されるゲノム編集技術が乳酸菌に適用され，大きなブレークスルー技術となりつつある。λRed相同組換え法は大腸菌の遺伝子破壊や置換に頻繁に利用されている技術である[16]。本法の主役はλファージにコードされるExo, Beta, Gamという3つのタンパク質である（図2a）。微生物へ導入された組換えのための鋳型DNAはExoの5'→3'エキソヌクレアーゼ活性により切断され，3'-突出を生成する。続

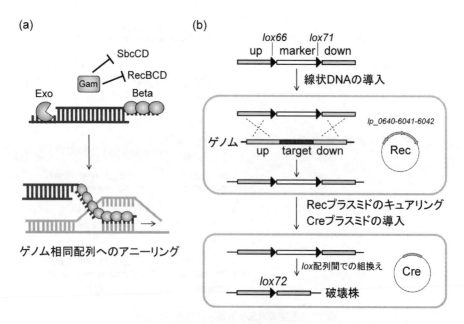

図2 λ-Red相同組換え法
(a) 大腸菌における相同組換え原理（諸説があり完全には解明されていない）。(b) 乳酸菌へのλ-Red相同組換え法の適用。lox66配列の上流に挿入配列を導入すると遺伝子置換にも利用できる。

第 2 章　乳酸菌の遺伝子操作技術の進展

いて Beta が生成した一本鎖 DNA に結合し，染色体上の相補的な配列へのアニーリングを介助し，結合した 3'-末端がプライマーとなり DNA の複製が起こる。Gam は相同組換えには直接かかわらないが，導入した二本鎖 DNA が宿主由来のヌクレアーゼに分解されるのを抑制し，相同組換えの効率を高める。

　Yang らは 2015 年に *exo*，*bet*，*gam* と相同性の高い遺伝子が *L. plantarum* のプロファージ領域に存在することを発見し（それぞれ *lp_0640*，*lp_0641*，*lp_0642*），λ Red 相同組換え法の乳酸菌への適用を図った[17]。本手法ではまず組換え酵素である *lp_0640*，*lp_0641*，*lp_0642* の発現プラスミドを乳酸菌に導入する。続いて破壊の対象とする遺伝子の上流領域および下流領域の間に選択マーカー遺伝子を挟んだ遺伝子カセットを導入する（図 2b）。すると組換え酵素の作用によって，挿入した遺伝子カセットと染色体 DNA との間で組換えがおこり，標的遺伝子が選択マーカー遺伝子で置換された株が取得できる。染色体から選択マーカー遺伝子を除去したい場合は，あらかじめマーカー遺伝子の両端に *lox66* や *lox71* などの配列を付加しておく必要がある。遺伝子破壊株に Cre 組換え酵素を発現するプラスミドを導入することで *lox66*，*lox71* 間での組換えが起こり，選択マーカー遺伝子を脱落させることができる。同様の手法で，遺伝子置換株も得ることができる。本法では従来の遺伝子破壊法のように，相同組換えの誘発後に親株に戻る心配がないため，効率良く遺伝子破壊株や置換株が得られる。現時点では本法は *L. plantarum* においてのみ適用されているが，多様な乳酸菌において利用されることが期待される。また本酵素が他の乳酸菌で発現・作用しない場合も，*lp_0640*，*lp_0641*，*lp_0642* と相同な遺伝子は非常に多くの乳酸菌から見つかっているため，これらの遺伝子ソースの活用が期待できる。

4. 2　CRISPR-Cas9 システムを用いたゲノム編集

　後に CRISPR（Clustered Regularly Interspaced Short Palindromic Repeats）と命名される染色体上の繰り返し配列が発見されたのは 1987 年に遡り，大腸菌のアルカリホスファターゼのアイソザイム形成に関与する Iap 酵素の遺伝子配列決定の際に発見された[18]。石野らは同遺伝子の 3'-末端側には 29 塩基からなる規則正しい繰り返し配列が存在し，これらは非相同な 32 塩基のスペーサー配列を挟んで繰り返されていることを見出した。その後，長らく不明のままであった CRISPR の生理的役割が明らかにされたのは，乳酸菌 *Streptococcus thermophilus* におけるファージ耐性機構の解明に関わる研究が発端である[19]。CRISPR は細菌の 50%，アーキアの 90% が保持しており，微生物の獲得免疫において重要な役割を担っている。CRISPR はヌクレアーゼ複合体である Cas（CRISPR associated）遺伝子の下流に存在し，約 30〜40 bp 程度の繰り返し配列とその間に同程度のスペーサー配列が挿入された繰り返し構造を有している。ファージ等の外来 DNA の遺伝子断片はこのスペーサー配列に補足され，CRISPR 領域に記録される。CRISPR 領域より転写される crRNA はトランス活性化型 crRNA（tracrRNA），Cas タンパク質と共に複合体を形成し，侵入 DNA に対して配向する。その後 Cas タンパク質が，crRNA 相補鎖と反対鎖を NHN および RuvC1 様ヌクレアーゼドメインを介して切断すること

205

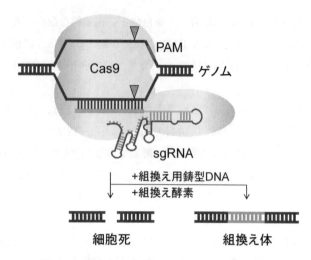

図3　CRISR-Cas9システムを用いたゲノム編集
乳酸菌への適用例では組換え用鋳型DNAや組換え酵素が必要とされている。

で外来DNAの侵入を妨げる[20]。ゲノム編集技術は特にⅡ型のCRISPR-Casシステムを応用したものであり，目的の箇所でゲノムを切断するように設計したcrRNAに，crRNAとCas9の結合を介助するtracrRNAを連結させたsingle-guide RNA（sgRNA）とCas9を用いる（図3）。Cas9およびsgRNAを発現するプラスミド，あるいはCas9とsgRNAの複合体を細胞に導入することで，ゲノムの任意の箇所の切断が可能となる。多くの真核生物では，Cas9によって切断された二本鎖DNAは非相同末端結合によって修復され，この際に変異の導入やフレームシフトが生じる。また相同組換えのための鋳型DNAを導入することで，切断点に点変異を導入することや，様々な塩基長のDNAを挿入することも可能となる。

一方，細菌においてはCas9による二本鎖DNA切断が致死となることが多数報告されており，事例は少ないが乳酸菌においても同様のようである。この致死性を利用したCRISPR-Cas9システムの応用事例としては，プラスミドのキュアリングや従来の遺伝子破壊法との合わせ技による遺伝子破壊株の選別などが挙げられる[21]。一般にプラスミド上にコードされる遺伝子は生育に必須でない場合が多い。そこで，プラスミド上の遺伝子をターゲットとするsgRNAを作製することで，プラスミドDNAの二本鎖切断を行い，プラスミドをキュアリングさせることができる。また前述した温度感受性プラスミドを用いた遺伝子破壊の効率化にも利用が可能である。図1bにおいてプラスミドを染色体に取り込ませたのち，破壊株を得るには非選択条件下での長期間の継代培養が必要となる。この際，培養液中には，プラスミドの染色体組込み株，目的の破壊株，親株に復帰した株の3種の株が混在することになる。破壊株は破壊の標的となる遺伝子を含まないため，標的遺伝子をターゲットとするsgRNAを作製し，3種の株の混合系にCas9と共に共発現させることで，プラスミドの染色体組込み株と親株のゲノムを切断し，死滅させることができる。結果的に破壊株を生育株としてセレクションすることができる。

第2章 乳酸菌の遺伝子操作技術の進展

Cas9 による細胞死を回避するためには切断点を中心とした，相同組換えのための鋳型 DNA が必要であり，*Lactobacillus reuteri* において鋳型 DNA の導入による塩基置換が報告されている[22]。しかしながら，本株は相同組換えを誘発するための組換え酵素を有さないため，先に紹介した Beta または lp_0641 に相同な RecT を細胞内で発現する必要があった。したがって，乳酸菌において CRISPR-Cas9 によるゲノム編集技術を適用するためには，Cas9，sgRNA，相同組換えのための鋳型 DNA，相同組換えのための組換え酵素の4つの要素が必要となる。なお，Cas9 に関しては乳酸菌種によっては内在性のタンパク質が利用できる可能性もある[23]。また tracrRNA についても内在性のものが利用できるため，sgRNA の代わりに crRNA の発現で代用できる可能性もある。実施例は乏しいものの他の生物種と同様，ゲノム編集技術は乳酸菌の遺伝子工学において必須のツールとなっていくであろう。

文　献

1) L. L. McKay, *Anton. Leeuw.*, **49**, 259（1983）

2) G. M. Kempler & L. L. McKay, *Appl. Environ. Microbiol.*, **37**, 1041（1979）

3) J. K. Kondo & L. L. McKay, *Appl. Environ. Microbiol.*, **43**, 1213（1982）

4) H. Holo & I. F. Nes, *Appl. Environ. Microbiol.*, **55**, 3119（1989）

5) J. Kok *et al.*, *Appl. Environ. Microbiol.*, **48**, 726（1984）

6) M. J. Gasson & P. H. Anderson, *FEMS Microbiol. Lett.*, **30**, 193（1985）

7) D. J. Leblanc *et al.*, *Proc. Natl. Acad. Sci. USA*, **75**, 3484（1978）

8) S. Brantl *et al.*, *Nucleic Acids Res.*, **18**, 4783（1990）

9) P. R. Jensen & K. Hammer, *Biotechnol. Bioeng.*, **58**, 191（1998）

10) I. Rud *et al.*, *Microbiology*, **152**, 1011（2006）

11) O. P. Kuipers *et al.*, *J. Biotechnol.*, **64**, 15（1998）

12) E. Sørvig *et al.*, *J. Biotechnol.*, **64**, 15（1998）

13) H. Israelsen *et al.*, *Appl. Environ. Microbiol.*, **61**, 2540（1995）

14) D. Llull & I. Poquet, *Appl. Environ. Microbiol.*, **70**, 5398（2004）

15) I. Biswas *et al.*, *J. Bacteriol.*, **175**, 3628（1993）

16) K. A. Datsenko & B. L.Wanner, *Proc. Natl. Acad. Sci. USA*, **97**, 6640（2000）

17) P. Yang *et al.*, *Microb. Cell Fact.*, **14**, 154（2015）

18) Y. Ishino *et al.*, *J. Bacteriol.*, **169**, 5429（1987）

19) K. Selle *et al.*, *Proc. Natl. Acad. Sci. USA*, **112**, 8076（2015）

20) W. Jiang *et al.*, *Nat. Biotechnol.*, **31**, 233（2013）

21) S. A. van der Els *et al.*, *Proc. 12th International Symposium on LAB.*, 44（2017）

22) J. H. Oh & J. P. van Pijkeren, *Nucleic Acids Res.*, **42**, e131（2014）

23) C. Hidalgo-Cantabrana *et al.*, *Curr. Opin. Microbiol.*, **37**, 79（2017）

第3章　乳酸菌由来抗菌性ペプチド，バクテリオシンの機能と応用

池田史織[*1]，善藤威史[*2]，園元謙二[*3]

1　はじめに

　近年，食品には風味や嗜好性に加え，安全性の面からも高品質が求められるようになり，天然志向は大きな広がりを見せている。このような背景から，人々が長年にわたり食品として，あるいは食品と共に食べてきた植物や動物，もしくは微生物起源の天然の抗菌物質を利用した食品保存法であるバイオプリザベーションに大きな期待が寄せられている[1,2]。一方，セルフメディケーションなど，国を挙げた健康志向が高まりをみせており，とくに乳酸菌には大きな注目が集まっている。乳酸菌は腸管で働いて宿主に有益な効果をもたらすだけでなく，古くからヨーグルトやチーズ，漬物などの発酵食品の製造に用いられ，我々にとって非常に身近な微生物である。

　乳酸菌は様々な抗菌物質を生産し，競合する微生物の生育を抑制しながら自らの増殖を有利に行っており，この性質を巧みに利用して乳酸発酵食品では保存性が高められている。乳酸菌が生産する抗菌物質には，まず乳酸をはじめとする有機酸が挙げられるが，このほかに抗菌性ペプチドであるバクテリオシンが知られている[3]。バクテリオシンは細菌が生産する抗菌性のペプチドもしくはタンパク質の総称で，様々な細菌種によって生産されることが知られている。なかでも食品との関わりの深い乳酸菌由来のバクテリオシンは，安全な食品保存料としての応用が期待されている。とくに乳酸菌 *Lactococcus lactis* の一部によって生産されるナイシン A は，WHO やFAO によって食品安全性の高い物質であることが認められ，日本を含めた世界各国で広く食品保存料として利用されている[4]。乳酸菌バクテリオシンは，一般に真菌類やグラム陰性菌に対する抗菌活性は弱いものの，生産菌に近縁のグラム陽性菌に対して抗菌活性を示し，耐熱性・耐酸性に優れ，無味無臭といった性質を有している。また，非常に低濃度で瞬時に標的細菌に作用する一方，消化管内のタンパク質分解酵素により容易に分解されるため環境中への残存リスクが低く，薬剤耐性菌の出現の可能性も低いと考えられている。このような優れた性質から，近年では，ナイシン A をはじめとする乳酸菌バクテリオシンの非食品用途への利用も試みられている。

　1928 年にペニシリンが発見されて以来，今日までに多くの抗生物質が発見され，様々な感染症の治療に貢献してきた。その一方で，近年では抗生物質の乱用による薬剤耐性菌の出現が大きな問題となっている。抗生物質の高い安定性はその効果に大いに貢献する一方で，過剰に使用さ

---

　*1　Shiori Ikeda　九州大学　大学院生物資源環境科学府　生命機能科学専攻

　*2　Takeshi Zendo　九州大学　大学院農学研究院　生命機能科学部門　助教

　*3　Kenji Sonomoto　九州大学　大学院農学研究院　生命機能科学部門　教授

第 3 章　乳酸菌由来抗菌性ペプチド，バクテリオシンの機能と応用

れた抗生物質が環境中に蓄積し，耐性菌を生み出す要因ともなっており，対策が急務となっている。

　このような背景から，食品保存にとどまらず様々な用途への乳酸菌バクテリオシンの利用が試みられている。本稿では，乳酸菌バクテリオシンの構造および特性とともに，乳酸菌バクテリオシンの応用例と新しい乳酸菌バクテリオシンの可能性について，我々の取り組みを中心に紹介する。

2　乳酸菌バクテリオシンの多様性

　1920 年代に初めて乳酸菌によるバクテリオシン生産が発見されて以降，これまでに様々なバクテリオシンが見出されてきた。その多様な構造に基づいて，乳酸菌をはじめとするグラム陽性細菌が生産するバクテリオシンは，異常アミノ酸を含むクラス I と含まないクラス II に大別される（表1）[5]。クラス I バクテリオシンは，ランチビオティックとも呼ばれる低分子のペプチドで，構造中に翻訳後修飾によって生じる異常アミノ酸を含む[6]。最も代表的な乳酸菌バクテリオシンであるナイシン A はこのクラス I に属し，アミノ酸配列が 1 残基異なるナイシン Z や 4 残基異なるナイシン Q といったナイシン A の類縁体も報告されている（図 1A）。一方，クラス II バクテリオシンは，異常アミノ酸を含まないペプチドで，さらに 4 つのサブクラスに分類される（表1，図 1B〜E）[5]。クラス II a バクテリオシンは，N 末端に YGNGVXC の保存配列を有し，リステリア菌に対してとくに強い抗菌活性を示し，ペディオシン PA-1/AcH に代表されることから，ペディオシン様バクテリオシンとも呼ばれる[7]。クラス II b バクテリオシンは 2 つのペプチドで構成され，一方のペプチドのみでは抗菌活性がほとんどなく，2 つのペプチドが 1：1 の混合比で相乗的な抗菌作用を示す[8]。クラス II c バクテリオシンは N 末端と C 末端がペプチド結合した環状構造を有し，環状バクテリオシンとも呼ばれ，直鎖状バクテリオシンに比べて一

表1　乳酸菌によって生産されるバクテリオシンの分類

クラス （サブクラス）	特徴	例
I	翻訳後修飾によって生じる不飽和アミノ酸やランチオニンなどの異常アミノ酸を含む。ランチビオティックとも呼ばれる。耐酸・耐熱性，分子量 5,000 以下。	ナイシン A, Q, Z；ラクティシン 481
II	異常アミノ酸を含まない。耐酸・耐熱性，分子量 10,000 以下。	
II a：	N 末端側に YGNGVXC の保存配列を有する。強い抗リステリア活性を示す。	ペディオシン PA-1/AcH；ムンジチシン
II b：	相乗作用を示す 2 つのペプチドによって構成される。	ラクトコッシン G；ラクトコッシン Q
II c：	N 末端と C 末端がペプチド結合で環状化した構造を有する。	エンテロシン NKR-5-3B；ロイコサイクリシン Q
II d：	II a, II b, II c に分類されないクラス II バクテリオシン。	ラクトコッシン A；ラクティシン Q, Z

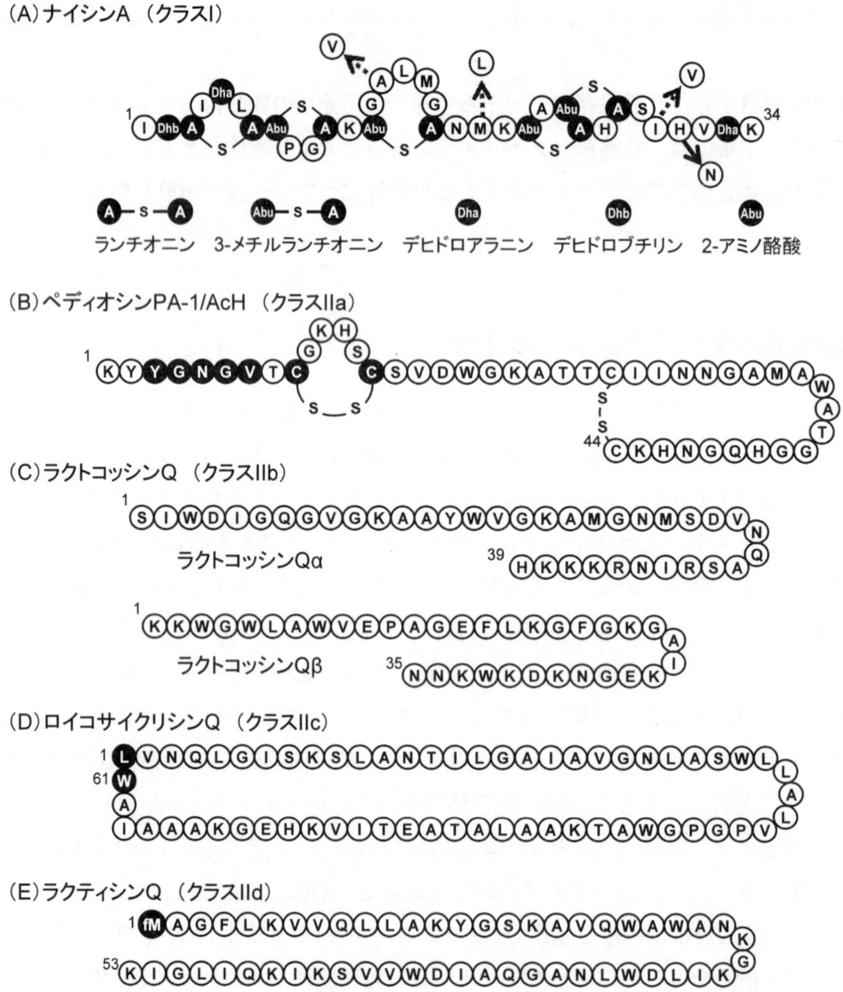

酵母菌・麹菌・乳酸菌の産業応用展開

（A）ナイシンA　（クラスI）

（B）ペディオシンPA-1/AcH　（クラスIIa）

（C）ラクトコッシンQ　（クラスIIb）

ラクトコッシンQα

ラクトコッシンQβ

（D）ロイコサイクリシンQ　（クラスIIc）

（E）ラクティシンQ　（クラスIId）

図1　乳酸菌バクテリオシンの構造

（A）クラスIのナイシンAとその類縁体は，黒色で示した，翻訳後修飾で生じる異常アミノ酸を含む。実線矢印はナイシンZとナイシンQで置換されているアミノ酸残基，破線矢印はナイシンQのみで置換されているアミノ酸残基を示す。（B）クラスIIaのペディオシンPA-1/AcHは，N末端側に黒色で示したYGNGVXCの保存配列を有する。（C）クラスIIbのラクトコッシンQは，αとβの2つのペプチドから構成される。（D）クラスIIcのロイコサイクリシンQは，黒色で示したN末端とC末端がペプチド結合した環状構造を有する。（E）クラスIIdのラクティシンQは，黒色で示したホルミル化されたメチオニン残基をN末端に有する。

般に耐熱性・耐酸性に優れている[9]。クラスIIdバクテリオシンには，クラスIIに属するが他のサブクラスに当てはまらないものが分類される[6]。このように，乳酸菌バクテリオシンの構造は多様であり，その構造上の違いから抗菌スペクトルなどの特性も様々である。

第3章　乳酸菌由来抗菌性ペプチド，バクテリオシンの機能と応用

3　乳酸菌バクテリオシンの生合成と作用機構

　乳酸菌バクテリオシンの構造や性質は様々であるが，菌体外排出機構や自己耐性機構を伴う生合成機構は一般にどの乳酸菌バクテリオシンにも共通し，これらに関わる一連の生合成遺伝子群はクラスターを形成している。ナイシンAなどのクラスIバクテリオシンではこれらに加えて異常アミノ酸の形成を行うタンパク質も関与し，さらに一部のバクテリオシンでは生産制御機構も有している（図2）。

　一般に乳酸菌バクテリオシンは，細胞膜上に存在する標的分子を介して標的細菌に付着し，細胞膜に孔を形成して細胞内の物質を流出させることで抗菌作用を示す。ナイシンAは，細胞膜上に存在する細胞壁前駆体であるリピドIIを標的として標的細胞に付着し，細胞膜に細孔を形成

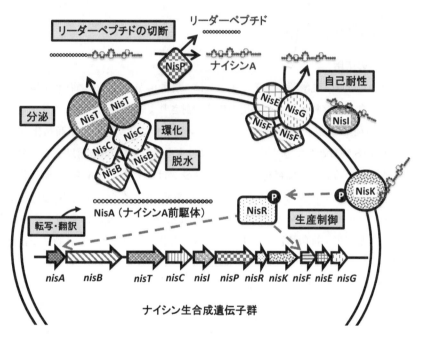

図2　ナイシンAの生合成機構

構造遺伝子 nisA から転写，翻訳されたナイシンA前駆体（NisA）は，活性型となる34アミノ酸残基のペプチドのN末端に23アミノ酸残基のリーダーペプチドが結合した，不活性型の構造をしている。この NisA は，NisBCT 複合体に捕えられ，NisBC によって特定のアミノ酸が脱水と環化の修飾を受けたのち，ABCトランスポーターである NisT によって菌体外へ分泌される。最終的に，細胞膜に局在する NisP によりリーダーペプチドが切断され，活性型のナイシンAとなる。自己耐性機構は排出型と吸着型の2つが存在し，ABCトランスポーターである NisEFG 複合体は細胞膜に付着したナイシンAを菌体外に排出する一方で，NisI は細胞膜上でナイシンAを吸着し，生産菌をナイシンAの抗菌活性から保護している。これらの各生合成タンパク質をコードする遺伝子はクラスターを形成しており，ナイシンA自身を誘導因子とした二成分制御系で発現が制御されている。細胞膜上に存在する NisK が菌体外のナイシンAを感知し，NisR へのリン酸基リレーによってナイシンAの生合成関連遺伝子群のプロモーターを活性化し，各遺伝子の発現が誘導される。

211

酵母菌・麹菌・乳酸菌の産業応用展開

して細胞内のイオンやATPまでも漏出させることで殺菌作用を示す[10, 11]。この過程が瞬時に起こることや，標的分子であるリピドIIがグラム陽性細菌の表面に普遍的に存在することから，ナイシンAに対する耐性菌は出現しにくいと考えられている[10]。一方で，細胞膜の外側に外膜を有するグラム陰性菌に対しては，ナイシンは細胞膜上のリピドIIに結合できず，抗菌活性を示さない。しかしながら，外膜の構造を変化させるキレート剤との併用で，ナイシンAは外膜を透過でき，グラム陰性菌にも抗菌活性を示すことが知られている。さらに，ある種のクラスIIバクテリオシンが細胞膜上の糖取り込みのトランスポーターを標的とするなど，多くのバクテリオシンが細胞膜上の標的分子を経由して細胞膜に孔を形成して抗菌作用を示すことが明らかになりつつある。したがって，キレート剤などの外膜の透過性を向上させる物質との併用で，多くの乳酸菌バクテリオシンの抗菌スペクトルをグラム陰性細菌にまで拡大することが可能と考えられる。

4　ナイシンの利用

4. 1　食品保存への応用

　ナイシンをはじめとする乳酸菌バクテリオシンは，乳酸菌が食品との関わりが深い微生物であることから，まず食品保存料としての利用が広く検討されてきた。とくにナイシンAは1950年代からチーズへの利用が検討されはじめ，ナイシン製剤「ニサプリン」が商品化された。その後，米国ではGRAS物質として認められ，現在は日本を含む世界60ヶ国以上で安全な食品保存料として実用されている。食品保存料としてのナイシンは，ナイシンAを2.5%，乳培地由来の成分や塩化ナトリウムを含むナイシン製剤である。ナイシンは，*Staphylococcus*属，*Micrococcus*属，*Listeria*属，*Bacillus*属，*Clostridium*属など，食品汚染菌や食中毒菌を含むグラム陽性菌に対して広く抗菌活性を示すことから，これらが問題となる乳製品や缶詰，非加熱食品が主な使用対象となっており，各国で対象食品や許容量が定められている。日本においても2009年3月に食品添加物として指定され，ソーセージ，チーズ，卵加工品，味噌などに使用可能である[4]。

4. 2　非食品用途への応用

　ナイシンAは高い安全性と強力な抗菌作用を兼ね備えていることから，非食品用途への応用も試みられている。しかし，酸性域では安定であるものの，中性からアルカリ性域では安定性が低く，また，単体では抗菌スペクトルがグラム陽性菌に限定されることがナイシンA利用の課題となっている。我々もこれまでに，様々な非食品用途へのナイシンAの応用や課題の解決に取り組んできた。

4. 2. 1　手指用殺菌洗浄剤

　ナイシンAを主剤とした手指用の殺菌洗浄剤の開発を行った。ナイシンAはアルカリ性域で不安定である一方，洗浄成分として不可欠な界面活性剤は酸性域での安定性が確保できないもの

が多い。そこで，抗菌活性と安定性について最適な配合剤を検討した開発品は，ナイシンＡのみを用いた場合よりも広範な抗菌スペクトルおよび高い殺菌力を示し，市販品との比較では概ね優位性が認められる洗浄剤を調製することに成功した[12]。

4. 2. 2　乳房炎予防剤・治療剤

　酪農において，乳牛の乳房炎は最も経済的損失が大きく重大な疾病である。乳牛の乳房炎予防には主にヨード剤による乳房と飼育環境の消毒が行われ，罹患時には抗生物質による治療が行われるが，薬剤の残留による生乳の汚染・廃棄や，抗生物質の多用による耐性菌の出現が懸念されている。そこで，環境中への残留の影響が少ないナイシンＡを用いた乳房炎予防剤・治療剤の開発を試みた。乳房炎防除には，種々のグラム陽性菌に加え，大腸菌などのグラム陰性菌に対する抗菌活性が不可欠である。そこで，ナイシンＡとキレート作用をもつクエン酸などから成る乳頭消毒剤（乳房炎予防剤）を開発した[13]。この消毒剤は，乳房炎原因菌に対して，規定時間以内（60秒）で99.9％以上の強力な殺菌効果を示した。さらに，同様にしてナイシンＡを殺菌成分として含む乳房炎治療剤を開発した[14]。この治療剤は，潜在型および軽度の臨床型の乳房炎に対して60％以上という高い治癒率を示した[15]。これらの開発品は残留による牛乳への悪影響を抑えることができ，安全性と経済面から代替品として今後大いに期待される。

4. 2. 3　口腔ケア剤

　近年，歯周病などの口腔感染症を引き起こす微生物が糖尿病などの全身疾患にも影響することが解明されつつある。また，高齢者に多い誤嚥性肺炎には口内常在菌が関与し，再発を繰り返すことで耐性菌が発生するなどの特徴があり，口腔ケアは極めて重大な課題となっている。そこで，様々な植物由来成分のスクリーニングおよびナイシンＡとの配合比を検討し，ナイシンＡとクエン酸を含む梅エキスを組み合わせた口腔用抗菌剤（ネオナイシン）[16]を開発し，この抗菌剤が配合された口腔ケア剤（オーラルピース）[17]を製品化した。このネオナイシンは，虫歯菌として知られるグラム陽性菌の *Streptococcus mutans* のほか，グラム陰性の歯周病菌 *Porphyromonas gingivalis* に対しても非常に高い抗菌活性を示した。本口腔ケア剤はナイシンＡと梅エキス以外にも可食性成分のみを使用し，飲み込んでも容易に分解されるため無害であり，要介護者や障害者など，自身での吐き出しが困難な場合にとくに有効である[18]。また，動物の口腔内においてもヒトと同様の効果が期待できることから，ペット用の口腔ケア製品も展開されている。最近では，植物精油の添加によって口腔内カンジダ症の原因となる真菌にも効果を示す口腔用抗菌剤（ネオナイシン-e）が新たに開発された[17]。

5　新しい乳酸菌バクテリオシンの利用と展望

　前述のように，ナイシンＡの産業応用への課題は克服されつつある。しかし，広いながらもやや偏った抗菌スペクトルや，ある条件では低い安定性が，用途によっては実用への障壁となる。また，実用レベルでは現在までに耐性菌の報告はないものの，実験室レベルでは耐性菌を作

り出すことができ，使用頻度の増加によってそのリスクが大きくなる可能性は否定できない。

これらの解決策としては，様々な乳酸菌バクテリオシンの使い分けが考えられる。例えば，食中毒菌であるリステリア菌には，ペディオシンPA-1（図1B）をはじめとするクラスⅡaバクテリオシンがナイシンよりも低濃度で抗菌活性を示す。作用機構の詳細はいまだ不明ではあるが，クラスⅡbバクテリオシンであるラクトコッシンQ（図1C）のように，菌種特異的な抗菌作用を示すバクテリオシンの存在も明らかとなりつつある[19]。

クラスⅡcバクテリオシンであるロイコサイクリシンQ（図1D）は，一般的な直鎖状バクテリオシンと比較してより耐熱性・耐酸性に優れている。環状バクテリオシンは4〜5のαヘリックスが折りたたまれた立体構造を有し，この環状構造が抗菌活性に必須で，耐熱性・耐酸性にも寄与していると考えられる[20]。現在までにその生合成機構の一部が明らかとなり，菌体内で環状化されたのち，分泌されることが推定されている[21]。ロイコサイクリシンQは，広い抗菌スペクトルと強力な抗菌活性も有しており，ナイシンAと同様に種々のグラム陽性菌の制御に有効と考えられる[21, 22]。

クラスⅡdバクテリオシンのラクティシンQ（図1E）は，ナイシンに匹敵する非常に強い抗菌活性とやや異なる広い抗菌スペクトルを有する[23]。弱アルカリ条件下で特に強い抗菌活性を示し，広いpH領域で安定という特徴を有しているため，従来の乳酸菌バクテリオシンの弱点を補う存在として大きな期待がもたれる。また，ラクティシンQはナイシンとは異なり，特定の標的分子を用いずに細胞膜上に巨大な孔を形成し，強い抗菌活性を示すことが明らかとなった[24, 25]。

このように，標的菌種によってはナイシンよりも有効なバクテリオシンや，pHや熱に対する安定性がより優れたバクテリオシンの例もある。乳酸菌バクテリオシンの産業応用をさらに展開するためには，特性の異なる様々な乳酸菌バクテリオシンの探索とそれらの適材適所な利用を進める必要もあるだろう。

6　おわりに

ナイシンの利用が食品のみならず，畜産や医薬品関連分野へも試みられているように，乳酸菌バクテリオシンの利用範囲は，その安全性を基盤として，今後さらに多くの分野へと拡大すると考えられる。耐性菌出現の回避やより効果的な微生物制御の実現には，用途に応じて，ナイシンとは抗菌スペクトルなどの特性が異なる，あるいは作用機構が異なる乳酸菌バクテリオシンの使い分けが重要となるだろう。また，乳酸菌バクテリオシンを食品などの対象に直接添加するのが基本的な使用方法であるが，抗菌効果の持続性の向上のためには，乳酸菌を対象に添加し，その中でバクテリオシンを直接生産させることも有効な方法であり，今後検討すべきであろう。以上のような利用法の実現には，乳酸菌バクテリオシンの生合成機構や特異的な作用機構の解明が必要不可欠であり，今後の研究の進展に期待がもたれる。

第 3 章　乳酸菌由来抗菌性ペプチド，バクテリオシンの機能と応用

文　　献

1)　M. E. Stiles *et al.*, *Antonie van Leeuwenhoek*, **70**, 331（1996）
2)　善藤威史ほか，乳酸菌とビフィズス菌のサイエンス，p.416，京都大学学術出版会（2010）
3)　善藤威史ほか，防菌防黴，**37**，903（2009）
4)　善藤威史ほか，乳業技術，**59**，77（2009）
5)　P. D. Cotter *et al.*, *Nat. Rev. Microbiol.*, **3**, 777（2005）
6)　S. Iwatani *et al.*, "Prokaryotic Antimicrobial Peptides", p.237, Springer（2011）
7)　S. Ennahar *et al.*, *FEMS Microbiol. Rev.*, **24**, 85（2000）
8)　C. Oppegård *et al.*, *J. Mol. Microbiol. Biotechnol.*, **13**, 210（2007）
9)　M. Maqueda *et al.*, *FEMS Microbiol. Rev.*, **32**, 2（2008）
10)　M. R. Islam *et al.*, *Biochem. Soc. Trans.*, **40**, 1528（2012）
11)　T. Zendo *et al.*, *Appl. Microbiol. Biotechnol.*, **88**, 1（2010）
12)　特許第 4904479 号，ナイシン含有洗浄剤組成物（2007）
13)　特開 2010-270015，乳房炎予防剤
14)　特許第 5439638 号，乳房炎治療剤（2010）
15)　北崎宏平ほか，FFI ジャーナル，**215**，449（2010）
16)　ネオナイシン，http://neonisin.com/
17)　オーラルピース，http://oralpeace.com/
18)　角田愛美ほか，フレグランスジャーナル，**44**，24（2016）
19)　T. Zendo *et al.*, *Appl. Environ. Microbiol.*, **72**, 3383（2006）
20)　R. H. Perez *et al.*, *Microbiology*, **163**, 431（2017）
21)　F. Mu *et al.*, *J. Biosci. Bioeng.*, **117**, 158（2014）
22)　Y. Masuda *et al.*, *Appl. Environ. Microbiol.*, **77**, 8164（2011）
23)　K. Fujita *et al.*, *Appl. Environ. Microbiol.*, **73**, 2871（2007）
24)　F. Yoneyama *et al.*, *Appl. Environ. Microbiol.*, **75**, 538（2009）
25)　F. Yoneyama *et al.*, *Antimicrob. Agents Chemother.*, **57**, 5572（2013）

第4章　乳酸菌と酵母との相互作用，および乳酸菌の炭水化物への接着現象の解析とプロバイオティクスへの応用

山崎（屋敷）思乃[*1]，谷口茉莉亜[*2]，片倉啓雄[*3]

1　はじめに

　微生物研究の多くはその単離と同定から始まるため，私たちは単離した微生物を純粋培養することに疑いをもつことは少ない。しかし，自然界において，ある環境に単一の微生物のみが生息していることはごく希であり，様々な微生物が複合微生物系を形成して共存している。近年，次世代シーケンサーを用いた細菌叢解析が可能となり，ヒトの腸内フローラや世界各地の発酵食品に見られる複合微生物系の深部が明らかになってきた。ここでは，複合微生物系の中でも多様な発酵において見られる乳酸菌と酵母に注目し，その共生系について解説するとともに，これらの共生系を利用した乳酸菌による有用物質生産の例を紹介する。また，乳酸菌と酵母の接着・応答機構に加え，乳酸菌の腸管ムチンや食物繊維などの炭水化物への接着機構を理解することで，乳酸菌のプロバイオティクスとしての応用についても考える。

2　発酵食品における乳酸菌と酵母の関与

　乳酸菌と酵母が関与する発酵食品は，世界中に数多く存在するが（表1）[1~5]，ここでは日本酒とケフィール乳を例に説明する。

　我が国の伝統的な生もと造りの日本酒では，清酒酵母によるアルコール発酵に至るまでに乳酸菌をはじめとする多種多様な微生物が関与する[6,7]。低温で米麹を仕込むと，まず，硝酸還元菌が増殖して亜硝酸を生産し，次に，麹に由来する乳酸菌が増殖して乳酸を生産すると，亜硝酸との相乗作用によって硝酸還元菌や野生酵母を含む雑菌が死滅する。そこに清酒酵母を添加すると，酵母がつくるエタノールで乳酸菌は死滅し，添加した清酒酵母のみからなる酒母が完成する。ここでは，乳酸菌は乳酸を生産することで清酒酵母の競合微生物の生育を阻害し，乳酸に強い清酒酵母が優占的に増殖できる環境を作り出している。

＊1　Shino Yamasaki-Yashiki　関西大学　化学生命工学部　生命・生物工学科　助教

＊2　Maria Taniguchi　関西大学　化学生命工学部　生命・生物工学科

＊3　Yoshio Katakura　関西大学　化学生命工学部　生命・生物工学科　教授

第4章　乳酸菌と酵母との相互作用，および乳酸菌の炭水化物への接着現象の解析とプロバイオティクスへの応用

表1　乳酸菌と酵母が関与する発酵食品[3~5]

発酵食品	乳酸菌	酵母
ケフィア	*Lactobacillus kefiranofaciens* *Lactobacillus kefiri* *Lactococcus lactis* subsp. *lactis* *Leuconostoc mesenteroides*	*Saccharomyces unisporus* *Candida holmii* *Candida kefyr*
日本酒	*Leuconostoc mesenteroides* *Lactobacillus sakei*	*Saccharomyces cerevisiae*
醤油	*Tetragenococcus halophilus*	*Zygosaccharomyces rouxii* *Candida versatilis* *Candida etchellsii*
パン	*Lactobacillus sanfranciscensis* *Lactobacillus plantarum* *Lactobacillus paracasei* *Lactobacillus brevis*	*Saccharomyces cerevisiae*
糠漬け	*Lactobacillus plantarum* *Lactobacillus brevis*	*Pichia* 属 *Debaryomyces* 属 *Hansenula* 属 *Candida* 属

　また，ロシアの発酵乳であるケフィアでは，乳酸菌がラクトースを分解してグルコースを資化し，ガラクトースを放出する一方で，ラクトース非資化性酵母がこれをアルコール発酵し，生じた CO_2 が乳酸菌の増殖を促進している[8]。一般的に，酵母は，多糖やオリゴ糖，タンパク質などの分解酵素をもたず，乳酸菌と共存することで，乳酸菌が分泌する多様な加水分解酵素の恩恵を受けている。このように，乳酸菌と酵母は良好なパートナー関係を築き，特にケフィアの例では単に共存しているだけではなく，共生していると言える。

3　乳酸菌と酵母の共生系を利用した物質生産

　乳酸菌は生育に伴い，乳酸を生産して競合微生物の生育を阻害するが，乳酸の蓄積により自身も阻害を受ける。これに対し，酵母は好気的に乳酸を炭素源として資化できるものが多く，乳酸菌は酵母と共存することで乳酸が取り除かれ，酵母は資化できない炭素源を乳酸として受け取ることができる。この共生系を利用し，乳酸菌と酵母を共培養し，培養中の乳酸蓄積を回避することで，有用物質の生産性向上を検討した例を紹介する。

　乳酸菌 *Lactococcus lactis* subsp. *lactis* はバクテリオシンの一種であるナイシンを生産する。この抗菌ペプチドは1969年にコーデックス委員会により食品保存料として認可されて以来，世界中で利用されている[9]。Shimizu ら[10]は，*Lc. lactis* をマルトースを炭素源として純粋培養すると，乳酸の蓄積と pH 低下によりナイシン生産が抑制されるが，マルトースを資化しない酵母 *Kluyveromyces marxianus* と好気的に共培養すれば，培養中の乳酸濃度の上昇が抑制され，培養後期のナイシン生産の低下を軽減できることを示した。

ケフィアにはケフィールとよばれる粒が含まれ，その主成分は *Lactobacillus kefiranofaciens* が生産する多糖である。この多糖はケフィランとよばれ，保湿性，抗腫瘍作用，免疫賦活作用などの機能性を有することから化粧品や健康食品としても注目されている[11~13]。しかし，ナイシン生産と同様に，*Lb. kefiranofaciens* の純粋培養では乳酸蓄積によるケフィラン生産の阻害が問題となるため，Cheirsilp ら[14]はラクトースを資化する *Lb. kefiranofaciens* JCM6985 と，乳酸は資化するがラクトースを資化しない *Saccharomyces cerevisiae* IFO0216 との共培養を検討した。その結果，ケフィランの生産性は好気的な共培養では 44 mg/L/h となり，純粋培養の 24 mg/L/h と比べて約 2 倍に向上した。しかし，*Lb. kefiranofaciens* による乳酸生産速度が *S. cerevisiae* による乳酸消費速度を上回ると乳酸濃度が上昇するため，その後，Tada ら[15]は，乳酸の生産と消費のバランスが保たれるようにラクトースを流加する培養を検討した。その結果，乳酸菌が増殖と生産を継続するにも関わらず，培養終了時まで乳酸濃度は低く保たれ，純粋培養時のおよそ 2/3 の培養時間でケフィランの対糖収率と生産量をともに 1.5 倍に向上させることに成功した。

これらは，乳酸菌と酵母との共生系を理解し，それを上手く利用することで，乳酸菌による有用物質の生産向上を実現した例であると言える。

4 乳酸菌と酵母の接着機構

鹿児島県福山町で製造されている福山酢の醪からは乳酸菌，酵母，酢酸菌が同時に分離される。Furukawa ら[16]は，この醪から分離した乳酸菌 *Lb. plantarum* ML11-11 と酵母 *S. cerevisiae* Y11-43 を共培養すると，乳酸菌が生産する多糖によるバイオフィルムが形成されるが，乳酸菌の純粋培養にこの酵母の培養上清を添加してもバイオフィルムは形成されないことから，酵母の物理的な接触が乳酸菌によるバイオフィルム形成に必須であることを報告した。また，この乳酸菌と酵母は高い共凝集活性を有し，乳酸菌表層のレクチン様タンパク質が酵母マンナンの分岐鎖構造と相互作用することが明らかになった[17]。

一方，先に述べた *S. cerevisiae* と *Lb. kefiranofaciens* との共培養系において，Cheirsilp ら[14]も，酵母と乳酸菌の物理的な相互作用の存在を明らかにしていた。すなわち，*Lb. kefiranofaciens* に，熱処理で不活化した酵母を添加した場合でもケフィラン生産が促進されるのに対し，生菌の酵母をカラギーナンゲルでカプセル化して添加した場合にはその促進効果が消失したことから，ケフィランの生産促進には，乳酸菌と酵母との物理的な接触が関与すると考えられた。

筆者ら[18]は，酵母の細胞壁に局在し高マンノース型の糖鎖をもつインベルターゼが，*Lb. kefiranofaciens* JCM6985 および *Lc. lactis* IL1403 に結合すること，そして，この結合は酸性 pH においてより強く，遊離のマンナンによって拮抗的に阻害されることを見出した。そこで，等張液中で溶菌酵素処理して IL1403 株の表層タンパク質を可溶化し，インベルターゼを固定し

第4章 乳酸菌と酵母との相互作用，および乳酸菌の炭水化物への接着現象の解析とプロバイオティクスへの応用

たカラムでアフィニティ精製することにより，この結合に関与するタンパク質を分離した。その結果，DnaK，GroEL，glyceraldehyde-3-phosphate dehydrogenase（GAPDH），elongation factor-Ts（EF-Ts）など，本来は細胞質に局在するタンパク質が同定された。また，大腸菌で発現させた DnaK は，*Lc. lactis* IL1403 細胞と *S. cerevisiae* IFO0216 細胞を共凝集させた。

　DnaK のように，細胞内では熱ショックタンパク質として働くタンパク質が，細胞表層に局在すれば接着タンパク質として機能するように，本来の機能とは別の機能をもつタンパク質をムーンライトタンパク質と呼ぶ。これらのタンパク質は，後述するように，腸管ムチンなどへの付着因子（アドヘシン）として機能することが報告されている[19~26]。

5　乳酸菌と酵母の接着による応答

　乳酸菌と酵母の接着機構が明らかになる中，乳酸菌と酵母は，互いの接着を認識して応答することが明らかになってきた。Kawarai ら[27]は，特定の乳酸菌と酵母の共培養によるバイオフィルム形成において，酵母が乳酸菌の接着に応答してその表層の状態を変化させることを報告した。これに対して筆者らは，酵母との接着に対して乳酸菌がどのように応答するかを調べた[28]。すなわち，*Lb. paracasei* ATCC334 と *S. cerevisiae* IFO0216 を組換え DnaK で接着させ，非接着の乳酸菌を除去した後に RNA を抽出し，DNA マイクロアレイ法で乳酸菌の遺伝子発現の変化を網羅的に解析した。その結果，酵母との接着によって，細胞外多糖の産生に関与する polyprenyl glycosylphosphotransferase 遺伝子に相同性のある遺伝子などの発現量が増加していた。また，これらの遺伝子は，熱処理により不活化した酵母との接着や可溶性酵母マンナンの添加によっても発現量が増加しており，*Lb. paracasei* は酵母のマンナンを認識して応答することがわかった。この際，LPXTG モチーフを有するタンパク質を細胞壁に固定する sortase の遺伝子発現も増加しており，*Lb. paracasei* が酵母の接着に応答してその表層構造を変化させる可能性が示された。また，接着によって発現量が増加した遺伝子の多くは *Lactobacillus* 属細菌にホモログが存在しており，酵母との接着に対する応答は，乳酸菌一般に広く見られる現象であると推察された。

6　乳酸菌と酵母との接着の意義

　自然界で微生物は主として動植物の死骸など半固体状の環境で生育し，この環境は高粘度で対流も少ないことから，分子の拡散・移動は非常に遅い[29]。このような環境で乳酸菌が乳酸を生産すると，乳酸は細胞の周辺にとどまるため局所的に濃度が高まり，その生育が著しく阻害されることは想像に難くない。乳酸菌と酵母が共存する場合，乳酸菌は乳酸を吸収してくれる酵母に近づくほど，すみやかに周囲の乳酸濃度を下げることができる。一方，酵母にとっても，自分が利用する乳酸を生産してくれる乳酸菌が近くにいるほど，乳酸を取込みやすく，独占しやすい。つ

219

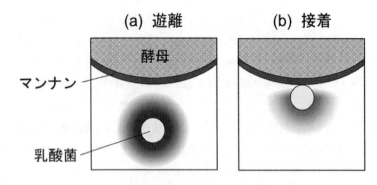

図1 乳酸菌と酵母の接着における乳酸濃度分布
(a) 乳酸菌が酵母と接着していない場合，乳酸菌周辺の乳酸濃度は高くなるため自身の増殖も阻害される。(b) 乳酸菌が酵母に接着する場合，乳酸菌が生産した乳酸は酵母により資化されるため，乳酸菌周辺の乳酸濃度は低く維持される。酵母にとっても，乳酸の取り込み速度が大きくなり，乳酸菌と酵母が接着することで基質の授受を効率的に行うことができる。

まり，乳酸菌と酵母のいずれにとっても，互いに接着し，近接することで共生するメリットがより大きくなる（図1）。ところで，微生物の生存戦略として，いかにストレスを回避できるかが重要であるとすれば，乳酸菌と酵母は積極的に接着すると考えられる。だとすれば，乳酸菌が酵母との接着を認識すると，その接着をより強固なものにしようとするのではないだろうか。福山酢のバイオフィルム形成[16]と同様に，ケフィール粒におけるケフィラン生産[30]も，乳酸菌が酵母と共凝集することが引き金となっており，この応答はパートナーである酵母を自身に隣接させるための乳酸菌の戦略であるとも考えられる。このように，自然界に多々見られる乳酸菌と酵母の共生には，互いの認識，接着，応答が深く関与していると推察される。

7 乳酸菌の炭水化物への接着とプロバイオティクスとしての応用

多様な健康増進効果をもつ乳酸菌がプロバイオティクスとして注目される中，乳酸菌の宿主腸管への定着機構が多くの研究者の興味を集めている。上述のムーンライトタンパク質に関しても，乳酸菌 *Lb. johnsonii* NCC53 の GroEL[19]，*Lb. johnsonii* NCC533[20]，*Lb. reuteri* JCM 1081[21]，*Lb. plantarum* CS23[22] の EF-Tu が，ムチンに対する付着因子（アドヘシン）として機能することが知られている。また，*Lb. reuteri* 1063 の Mub（mucus binding protein）と呼ばれる約 358 kDa の巨大タンパク質[23]や *Lb. rhamnosus* GG の Spa 線毛にもムチンへのアドヘシンとしての報告がある[24]。その他のアドヘシンとして，S-layer protein の報告も多く，ラミニンやフィブロネクチンなどの細胞外マトリックスに付着性を示す *Lb. brevis* ATCC8287 の SlpA[25]，*Lb. crispatus* JCM5810 のコラーゲン結合性タンパク質である CbsA[26]などがある。腸管では，多くの場合，ある乳酸菌において複数のアドヘシンが協同的に作用し，乳酸菌と腸管との間に多価の結合が生じることで，乳酸菌は腸管に効率的に付着することができると推察される。

第 4 章　乳酸菌と酵母との相互作用，および乳酸菌の炭水化物への接着現象の解析とプロバイオティクスへの応用

　ところで，先述の乳酸菌 *Lc. lactis* IL1403 の DnaK や GAPDH がマンナンに親和性を示すという事実[18]は，食物繊維にも接着することを示唆している。そこで，筆者ら[31]は，不溶性食物繊維パウダーを用いた乳酸菌の食物繊維への接着の評価系を構築し，乳酸菌 *Lb. johnsonii* や *Lb. brevis* がセルロースやキチンに接着することを明らかにした。また，乳酸菌 *Lb. brevis* のいくつかの株は，菌体表層と植物細胞壁に含まれるヘミセルロースの主成分であるキシランの電荷による静電的な作用により凝集することが報告され[32]，乳酸菌と植物成分との相互作用の理解にも目が向けられつつある。これらの事実は，プロバイオティクスとして摂取した乳酸菌が腸管内に存在する不溶性食物繊維に接着し，蠕動運動により体外に排出される可能性を示すものである。したがって，プロバイオティクスとしての乳酸菌の応用を考える場合には，乳酸菌の腸管への定着に食物繊維が拮抗することを十分に考慮しなければならない。

8　おわりに

　自然界では，乳酸菌と酵母は良きパートナーであり，共生して互いに恩恵を受けている。そして，その恩恵を最大限に得るために両者は接着し，さらにその接着を認識して応答することで，自然界の厳しい環境を巧みに生き抜いていると思われる。また，乳酸菌の接着のメカニズムを俯瞰すると，細胞表層のアドヘシンを使い分けることで，酵母のみならず，動物細胞や植物細胞にも接着し，生育の場を確保してきたとも思える。腸内フローラ研究のさらなる発展には，微生物同士の相互作用，宿主との相互作用に加えて，食物繊維との相互作用も考慮し，かつ，これらの相互作用を上手く制御する新たな手法の開発が望まれる。

文　　　献

1) 山崎眞狩ほか，発酵ハンドブック，共立出版（2001）
2) S. Furukawa *et al.*, *J. Biosci. Bioeng.*, **116**, 533（2013）
3) 村尾澤夫ほか，応用微生物学，培風館（2012）
4) 長谷川真由美ほか，日本食品保蔵科学，**37**，242（2011）
5) 宮尾茂雄，醸協，**82**，41（1987）
6) 吉澤淑，酒の科学，朝倉書店（1995）
7) N. A. Bokulich *et al.*, *Appl. Environ. Microbiol.*, **80**, 5522（2014）
8) F. Mendes *et al.*, *Appl. Environ. Microbiol.*, **79**, 5949（2013）
9) 益田時光ほか，ミルクサイエンス，**59**，59（2010）
10) H. Shimizu *et al.*, *Appl. Environ. Microbiol.*, **65**, 3134（1999）
11) M. R. Prado *et al.*, *Front. Microbiol.*, **6**, 1177（2015）

12) K. L. Rodrigues *et al.*, *Int. J. Antimicrob. Agents*, **25**, 404 (2005)

13) A. M. de Oliveira Leite *et al.*, *Braz. J. Microbiol.*, **44**, 341 (2013)

14) B. Cheirsilp *et al.*, *J. Biotechnol.*, **100**, 43 (2003)

15) S. Tada *et al.*, *J. Biosci. Bioeng.*, **103**, 557 (2007)

16) S. Furukawa *et al.*, *Biosci. Biotechnol. Biochem.*, **74**, 2316 (2010)

17) S. Hirayama *et al.*, *Biochem. Biophys. Res. Commun.*, **419**, 652 (2012)

18) Y. Katakura *et al.*, *Appl. Microbiol. Biotechnol.*, **86**, 319 (2010)

19) G. E. Bergonzelli *et al.*, *Infect. Immun.*, **74**, 425 (2006)

20) D. Granato *et al.*, *Infect. Immun.*, **72**, 2160 (2004)

21) K. Nishiyama *et al.*, *PLoS One*, **8**, e83703 (2013)

22) A. S. Dhanani *et al.*, *J. Appl. Microbiol.*, **115**, 546 (2013)

23) S. Roos *et al.*, *Microbiology*, **148**, 433 (2002)

24) K. Nishiyama *et al.*, *Animal Sci.*, **87**, 809 (2016)

25) E. de Leeuw *et al.*, *FEMS Microbiol. Lett.*, **260**, 210 (2006)

26) B. Martínez *et al.*, *J. Bacteriol.*, **182**, 6857 (2000)

27) T. Kawarai *et al.*, *Appl. Environ. Microbiol.*, **73**, 4673 (2007)

28) S. Yamasaki-Yashiki *et al.*, *Biosci. Microbiota Food Health*, **36**, 17 (2017)

29) 片倉啓雄, 生物工学, **89**, 465 (2011)

30) S. Y. Wang *et al.*, *Food Microbiol.*, **32**, 274 (2012)

31) 山崎思乃ほか, 日本生物工学会大会講演要旨集, p.145 (2017)

32) K. Saito *et al.*, *Biosci. Biotechnol. Biochem.*, **78**, 2120 (2014)

第5章 ビフィズス菌・乳酸菌のプロバイオティクス 機能と製品開発

吉本 真[*1]，武藤正達[*2]，小田巻俊孝[*3]，清水（肖）金忠[*4]

1 プロバイオティクスとは

　近年，多くのプロバイオティクス製品が我々の生活の中に広く取り入れられており，様々な菌種が多様な製品形態（発酵食品，飲料，粉末，錠菓など）で活用されている。プロバイオティクス（probiotics）という言語は，抗生物質（antibiotics）に対比される概念として"共生"を意味するプロバイオシス（probiosis）を語源としている。プロバイオティクスは，2002年にFAO/WHO（国連食糧農業機関／世界保健機関）により，「適切な量を摂取したとき，宿主に健康上有益な効果をもたらす生きた微生物」と初めて国際的に定義され，さらに2014年に国際学術機関ISAPP（International Scientific Association for Probiotics and Prebiotics）により「健康効果に対する"科学的根拠"の必要性」が強調されている（表1）[1]。現在，プロバイオティクスとして最も広く使用されているのは，*Lactobacillus*属を中心とする乳酸菌群と，いわゆるビフィズス菌と呼ばれている*Bifidobacterium*属の細菌群である。

　プロバイオティクスのヒトへの生理作用としては，腸内細菌叢のバランス改善に伴う整腸作用をはじめ，感染防御，抗炎症，抗ガン，抗アレルギー，抗肥満など多岐にわたり，有益な作用が世界中から報告されている。本稿では，ビフィズス菌や乳酸菌を用いたプロバイオティクスの生理機能に関する最近の知見と，プロバイオティクス製品の開発技術について紹介する。

表1 プロバイオティクスの定義

・FAO/WHOの定義（2002）「適切な量を摂取したとき，宿主に健康上有益な効果をもたらす生きた微生物」を保持する。
・適切な臨床研究により健康効果が示された微生物種をプロバイオティクスに含める。
・「生菌を含有する」だけでなく，特定の健康効果が実証されていなければならない。
・健康効果の科学的根拠が示されていない伝統的な発酵食品などの生菌培養物は，プロバイオティクスとはしない。
・糞便移植は含まれる微生物が明確にされていないため，プロバイオティクスとはしない。
・新たな微生物（群集）については，ヒト検体より分離されたものであり，菌種同定，安全性，効果が適切に検証されているものであればプロバイオティクスとする。

（C. Hillらの文献[1]より）

---

*1　Shin Yoshimoto　森永乳業㈱　基礎研究所　腸内フローラ研究部　副主任研究員
*2　Masamichi Muto　森永乳業㈱　素材応用研究所　バイオプロセス開発部　副主任研究員
*3　Toshitaka Odamaki　森永乳業㈱　基礎研究所　腸内フローラ研究部　部長
*4　Kanetada Shimizu（JZ Xiao）　森永乳業㈱　基礎研究所　所長

酵母菌・麹菌・乳酸菌の産業応用展開

2 プロバイオティクスの生理作用

2.1 プロバイオティクスの抗アレルギー作用

　一般的に，無菌状態で生まれる新生児は環境に触れることで環境中の様々な微生物に曝露することによりバランスのとれた免疫システムが形成されるが，過度の衛生状態に置かれ微生物による刺激が不十分で結果的にアレルギーになりやすくなってしまう，いわゆる「衛生仮説」がアレルギーの発症に関係すると提唱されている。近年，dysbiosis と呼ばれる腸内細菌叢のアンバランスも重要な要因の一つであると考えられるようになった。実際にアレルギーを持つ子供の腸内では *Bifidobacterium* の割合が減少しており[2]，我々も和歌山での調査から，乳用児の湿疹・アトピー性皮膚炎の発症と，4か月齢時点での腸内菌叢構成との間には関連性があることを明らかにしている[3]。そこで，乳酸菌やビフィズス菌などのプロバイオティクス投与によるアレルギーの予防および治療が試みられている。フィンランドの臨床試験では，乳酸菌の *Lactobacillus rhamnosus* GG を出産前から母体を介して摂取し続けることで，2歳までのアトピー性皮膚炎の発症率が半減した[4]。同様に，和歌山県で実施した出産1か月前から母親が，そして出生した乳児も6か月齢までビフィズス菌 *Bifidobacterium longum* BB536 と *Bifidobacterium breve* M-16V の混合粉末を摂取した試験では，乳幼児期における湿疹・アトピー性皮膚炎の発症率が顕著に抑制された[3]。さらに，日本で頻度の高いアレルギー性疾患の一つであるスギ花粉症に対して，*B. longum* BB536 や *Lactobacillus acidophilus* L-92 などの摂取により，花粉飛散に伴う血中 IFN-γ の減少抑制，スギ花粉特異的 IgE の上昇抑制，目のかゆみ・くしゃみ・鼻汁などの自覚症状の改善が報告されている[5~7]。

2.2 プロバイオティクスの抗肥満作用

　生活習慣病の発症と dysbiosis の深い関連性が明らかになるにつれ，プロバイオティクス摂取による生活習慣病の予防・改善に関する研究成果も増えつつある。高脂肪食誘導性の肥満マウスに *Lactobacillus reuteri* や *Lactobacillus gasseri* などを投与することで，血中のコレステロール値の低下や体重増加・脂肪の蓄積の減少，脂肪組織における炎症に関連する遺伝子の発現抑制などの結果が報告されている[8,9]。ビフィズス菌においても，*B. breve* B-3 の投与による抗肥満作用がマウスおよびヒトにおいて報告されている[10,11]。*B. breve* B-3 の抗肥満のメカニズムとしては，①細菌の代謝産物である酢酸が GPR43 を介して脂肪蓄積を抑制し，GLP-1 を介してインスリン分泌を促し血糖値を減少させる[10]，②肝臓の β 酸化を誘導することで脂肪酸分解を促進する[12]，③高脂肪食負荷で誘導された腸管バリア機能の低下を回復する，など複数の経路への関与が示唆されているが，酢酸以外の代謝産物または菌体成分の関与も考えられ，今後の解明が待たれる。

第5章 ビフィズス菌・乳酸菌のプロバイオティクス機能と製品開発

2. 3 プロバイオティクスによる抗がん作用

　がん患者におけるプロバイオティクスの投与については，切除手術前後の免疫力低下時におけ
る感染症の予防などを目的とした報告が多い。*Bifidobacterium animalis* subsp. *lactis* と
Lactobacillus rhamnosus は，大腸がん切除もしくは化学療法に伴う下痢や腸管免疫の低下など
に対する改善効果が報告されている[13]。大腸がん切除手術前後に *B. longum* BB536 を投与した
場合，術後における血中の炎症性マーカーが顕著に低下し，術後の回復が有意に早くなったとい
う報告もある[14]。一方で，一部の腸内細菌が直接がんの発症や進行を誘導することが明らかにさ
れている。大腸がんの発症においては，*Fusobacterium nucleatum*，コリバクチン産生
Escherichia coli，*Bacteroides fragilis* などの腸内細菌の関与が報告されている[15~18]。*B.
fragilis* に対しては *B. longum* BB536 の摂取が有効であることが示唆されており[19]，プロバイ
オティクスによる腸内細菌叢の改善は大腸がんの発症予防につながると期待されている[20]。さら
に，がん治療の分野において，Sivan らは，マウスを用いた解析により，*B. longum* や *B. breve*
が抗 PD-L1 抗体によるがん免疫の効果を促進することを明らかにしたことで，臨床へのさらな
る応用が期待されている[21]。また，抗がん剤の一種 Gemcitabine を不活化する酵素を持つ細菌
（*Gammaproteobacteria*）が報告され，Gemcitabine が良く使用される膵臓がん（膵管腺がん）
患者のがん部分において，それらの細菌が多く検出されたことから腸管からの移行が考察されて
いる[22]。抗がん剤に限らず dysbiosis は薬の代謝異常をもたらすことが明らかにされており[23]，
効果的な投薬方法の開発という観点から多くの医薬品メーカーが注目している。以上のように，
プロバイオティクスの摂取はがんの治療や予防面においても今後有効な手段となりうることが示
唆されている。

2. 4 プロバイオティクスによる脳機能改善

　近年，腸は「第二の脳」と呼ばれ，腸と脳がお互いに影響を及ぼしあう「脳腸相関」が大きな
話題となり，プロバイオティクスの新たな標的として脳機能に注目が集まっている。動物実験を
中心に，プロバイオティクスの脳機能に対する改善作用が報告されている。Marin らは，"うつ
病"のモデル動物実験として良く使用される強制水泳試験を指標に，モデルマウスに *L. reuteri*
を投与することで"うつ症状"の改善が観察されたこと，さらに，その分子機構として
Lactobacillus の産生する過酸化水素が宿主においてトリプトファンからキヌレニンの合成経路
を阻害し，セロトニン合成経路が優勢となることで"うつ症状"が改善したのではないかと示し
ている[24]。また，Kobayashi らは，アミロイド β 誘導性のアルツハイマー病モデルマウスに *B.
breve* A-1 を投与することで，認知機能や学習・記憶能力が改善し，さらにマウスの海馬におい
てアミロイド β 誘導性の炎症に関わる遺伝子群の発現が抑制されることを見出した[25]。現在の
ところ，脳神経系へのプロバイオティクスの作用機序としては以下のような機構が考えられてい
る。

　① 副腎皮質ホルモンや副腎皮質刺激ホルモンを変化させることで視床下部－下垂体－副腎経

酵母菌・麹菌・乳酸菌の産業応用展開

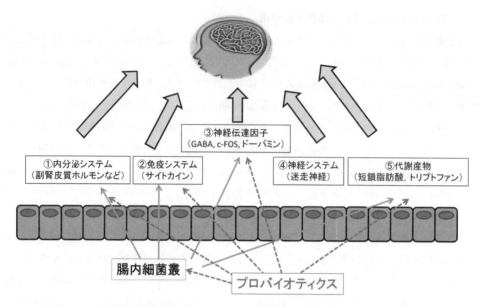

図1 プロバイオティクスによる脳機能への作用機序の模式図
①内分泌システムを介した作用，②免疫システムを介した作用，③神経伝達因子を介した作用，④迷走神経など神経システムを介した作用，⑤腸内細菌の代謝物を介した作用。
(H. Wang らの文献[26]より改変)

路に作用し，内分泌システムに影響する
② 炎症性サイトカイン産生を制御することで脳神経系における免疫・炎症反応に影響する
③ BDNF，c-FOS，GABA，ドーパミンなどを制御し，神経生化学的に行動面や精神面に直接影響を与える
④ 迷走神経のような神経システムを介して影響を与える
⑤ 腸内細菌叢に作用し，腸内細菌の多様性の向上や有益な代謝産物（短鎖脂肪酸，トリプトファンなど）などの産生を介して間接的に脳神経系に影響を与える[26]（図1）

これらのモデル動物の解析結果をもとに，臨床研究が世界中で精力的に実施されており，近い将来，ヒトにおいてもプロバイオティクスが脳機能やメンタルヘルスの改善に安全で有益な方法として一般化していくことが期待される。

3 プロバイオティクスとしてのビフィズス菌・乳酸菌の製品開発

ここまでにプロバイオティクスの生理作用に関して紹介してきたが，プロバイオティクスの定義からも最終製品において充分の生菌数を確保できる製造技術はその生理作用を保証する上で非常に重要である。本節では，①市場ではプロバイオティクスを摂取する方法として最も一般的であるヨーグルト製品の開発，②主に健康食品等の粉末状製品に使用される菌末製造技術ならび

第5章　ビフィズス菌・乳酸菌のプロバイオティクス機能と製品開発

に，③ビフィズス菌の生菌数測定法について述べる。

3. 1　ヨーグルト製品開発

ヨーグルト（発酵乳）製品は一般的に発酵を担う乳酸菌である *Streptococcus thermophilus* と *Lactobacillus delbrueckii* subsp. *bulgaricus* で作られ，すべてのヨーグルトにプロバイオティクスが含有されているわけではない。特にビフィズス菌はヨーグルト中の酸や酸素で死滅しやすいため，ビフィズス菌を含有した製品群は日本国内においては限られている。ビフィズス菌をヨーグルト中で増殖・維持させるために，検討すべき項目を整理すると，

①　ビフィズス菌株の選抜（乳培地中での増殖性，耐酸性，対酸素性が高い株）

②　ビフィズス菌増殖促進物質の添加（酵母エキス，ペプチド）

③　スターターカルチャーの安定化（培地組成，接種量，培養温度・時間，発酵上げpH，継代頻度，緩衝剤の添加）

④　スターター乳酸菌の選定（発酵中および冷蔵保存中の乳酸と過酸化水素産生量が少ない菌株）

⑤　ビフィズス菌・乳酸菌スターターの接種比率

⑥　ヨーグルト用乳ベースの組成（SNF濃度，甘味料，安定剤）

⑦　発酵形態（別培養，2段階発酵）

⑧　製品容器の酸素透過性

など，非常に多岐に渡る[27, 28]。我々は，酸に強いビフィズス菌である *B. longum* BB536を用いる，酸素を透過しにくいバリアカップを活用するなど上記対策を組み合わせて施し，プレーンタイプを中心としたヨーグルト製品を開発してきたが，フルーツ含有ヨーグルトやドリンクタイプのヨーグルトなど酸や酸素の影響をより強く受ける製品では，ビフィズス菌が死滅しやすく製品中で高菌数を維持することは非常に困難であった。

本課題解決に向けた取り組みの中，筆者らは *B. longum* BB536の増殖促進作用を示す乳酸菌について探索した研究から，一部の *Lactococcus lactis* と混合した状態で乳を発酵させた場合，ビフィズス菌の増殖が著しく促進されることを見出した[29]。その効果はBB536以外のビフィズス菌種に対しても見られ，幅広い有用性が示された（図2）。*Bifidobacterium* 属細菌は，菌体外タンパク質分解酵素を持っていない，もしくは活性が弱いことから自ら充分な窒素源を確保することができない。ビフィズス菌増殖作用を示す *Lc. lactis* 菌株は，共通して細胞壁結合性タンパク質分解酵素（PrtP）を保有していたことから，混合発酵時にはこの酵素により産生されたペプチドやアミノ酸を *Lc. lactis* 菌株のみならずビフィズス菌も利用することで，その増殖が促進されていることが判明した[29]。

発酵乳に含まれるビフィズス菌は，冷蔵保存中に環境中の様々なストレスにさらされ徐々に死滅してしまうため，発酵直後の生菌数を確保するだけではなく，保存中における生残性を向上させることも重要な課題である。我々は，ビフィズス菌の増殖促進作用の認められた *Lc. lactis* の

227

酵母菌・麴菌・乳酸菌の産業応用展開

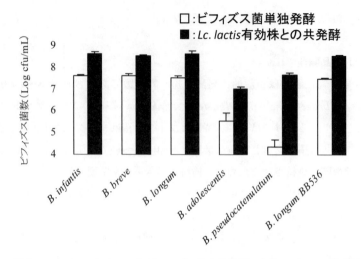

図2 *Lactococcus lactis* とビフィズス菌を共発酵した際のビフィズス菌数
株名のないものは全てタイプストレインを用いた。
（文献29）より作図）

うち，いくつかの菌株は10℃保存中におけるビフィズス菌の生残性をも向上させることを見出した[30]。特に生残性に影響を与える因子と考えられた，保存中のpHおよび溶存酸素について計測したところ，pHによるビフィズス菌の生残性への影響は認められなかったが，保存期間中の溶存酸素濃度は改善作用のあった株でのみ低い濃度で維持されていた（図3）。このことからビフィズス菌の生残性改善作用は，酸よりも酸素によるストレスを緩和することが重要であると考えられた。*B. longum* および *Lc. lactis* は共にカタラーゼを有していないため，NADHオキシダーゼをはじめとする特徴的なフラボタンパク質により酸素消費を行うことが知られている。そ

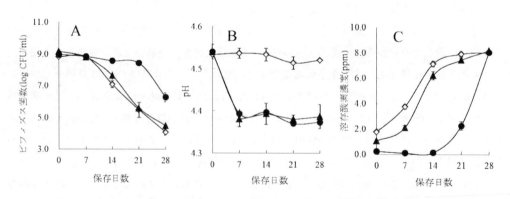

図3 ビフィズス菌（*B. longum* B536）含有発酵乳の冷蔵保存中における（A）ビフィズス菌数，（B）pH，（C）溶存酸素濃度の推移
◇：ビフィズス菌の単独培養，●：ビフィズス菌と *Lc. lactis* の有効株との共培養，▲：ビフィズス菌と *Lc. lactis* の無効株との共培養。
（文献30）より作図）

第5章　ビフィズス菌・乳酸菌のプロバイオティクス機能と製品開発

こで，定量的リアルタイム逆転写PCRにて *Lc. lactis* における遺伝子発現の比較解析を行った
ところ，ヨーグルト中の溶存酸素濃度を低く維持していた株は，2成分性NADHペルオキシ
ダーゼの構成成分であるアルキルハイドロペルオキシドレダクターゼ（ahpF，ahpC）の遺伝子
発現量が10℃保存2週間の時点でも高く維持され，この活性がヨーグルト中の酸素消去に重要
な役割を担っていると推測された。加えて，改善作用のあった株では保存期間中を通じて2価
鉄イオン輸送システム（feoB）の遺伝子発現が高く維持されており，ヨーグルト中の遊離鉄濃
度も減少していた。細胞内に含まれる遊離鉄イオン等のカチオンは，フェントン反応を触媒する
ことで過酸化水素から強力な活性酸素種であるヒドロキシラジカルを生成する[31]。*Lc. lactis* と
の混合発酵系ではフェントン反応が抑えられ，結果としてビフィズス菌はヒドロキシラジカルに
よる酸化も受けにくくなっている可能性も考えられた。溶存酸素濃度を下げることは，ビフィズ
ス菌のヨーグルト中での保存生残性を改善する対策として比較的容易に発想できることである。
Lactobacillus delbrueckii subsp. *bulgaricus* や *Streptococcus thermophilus* といった通常発酵
乳に用いられる菌種も発酵中に溶存酸素を低下させるが，冷蔵庫内の温度である10℃付近以下
では代謝が著しく低下するため，溶存酸素を効率的に低下させることができない。*Lc. lactis* を
用いた本技術が産業利用上優れている点は，発酵乳を保存する温度帯で優れた溶存酸素消去能を
発揮できる乳酸菌が用いられているところと言えよう。

3. 2　菌末製造開発

　製品開発としてのビフィズス菌・乳酸菌の培養培地は，脱脂粉乳などの乳成分をベースにした
培地もしくは乳成分を含まない培地に大きく二分される。プロバイオティクスとして用いられる
ビフィズス菌は乳成分培地での生育が悪いことが散見されるため，乳成分培地に酵母エキスや乳
ペプチドを添加する場合がある。主成分に乳成分を使用しない培地は糖源としてグルコースもし
くはラクトースなど，窒素源として酵母エキス，各種ペプチド，硫酸アンモニウムなど，ビタミ
ン・ミネラル源やその他の成分としてビタミン，金属塩類，リン酸塩，にんじんエキス，トマト
エキス，クロレラ抽出物などを使用することがある。ビフィズス菌・乳酸菌は菌株ごとに栄養要
求性が異なる場合が多く，同じ菌種であっても培地組成を変更すると培養生菌数が大きく変化す
る場合があり，培地組成の検討は基本的に菌株ごとに行う必要がある。また，プロバイオティク
スとして用いられるビフィズス菌は酸素存在下では基本的に生育しない偏性嫌気性菌であるた
め，酸素がない環境下で生育させる。例として小スケール培養であれば，培地を試験管ごと沸騰
水中に置き，培地温度を上げることにより，酸素を取り除く脱気作業を行った後に，急冷してか
ら接種・培養する。

　工業的に培養を行うためには，培養スケールを段階的に大きくするのが一般的である。最初は
試験管から，フラスコ，スタータータンクへと徐々に培養スケールを大きくし，最終的には大型
培養タンクをもちいて大量培養を行う。その後，菌体を濃縮し，凍結乾燥あるいはスプレードラ
イなどによって水分を取り除き，必要に応じて粉砕機にて粉砕して菌末化する。プロバイオティ

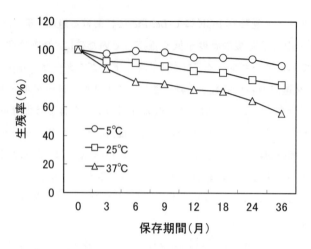

図4 ビフィズス菌末（*B. longum*）の各温度保管時の生残率（％）

クス菌末は発酵用スターターや健康食品として利用される他，海外においては育児用粉乳など様々な粉末状の食品に添加されている。

　筆者らのグループが開発したビフィズス菌末の保存性の一例を示す（図4）。室温で保管しても高い生残率を維持しており，高い保存性を有する菌末製造技術が確立されている。プロバイオティクス菌末を健康食品，育児用粉乳などの粉末製品へ添加する場合，最終製品である粉末製品の水分活性が菌末の保存安定性と相関があることが報告[32]されている。高い水分活性は菌末の生残率の低下を引き起こすため，最終製品の水分活性を低く保つことは，プロバイオティクス菌末の保存性を高くする上でポイントになる。

3．3　ビフィズス菌の生菌数測定法

　最終製品中の乳酸菌・ビフィズス菌の生菌数測定は，前述のとおり製品ラベルに記載されることがあるため，正確な生菌数を測定する分析法が求められる。生菌数の測定値の表記方法としては培養法により寒天培地内（または寒天培地上）に生育したコロニーをカウントし，希釈乗率から製品中の生菌数をCFU（Colony-forming unit）として表す指標が利用されている。特に，偏性嫌気性菌に分類されるビフィズス菌の生菌数を再現性良く正確に測定するためには，培養に用いる寒天培地と製品を希釈する希釈液の選択が重要である。

　寒天培地に関しては，製品にビフィズス菌のみが含有する場合と乳酸菌とビフィズス菌が混在する場合で使用する寒天培地が異なる。ビフィズス菌のみが含有する場合には非選択培地であるRCM寒天培地，BL寒天培地，GAM寒天培地が使用される場合が多い。乳酸菌とビフィズス菌が混在する場合では，乳酸菌の生育を抑えることが可能な選択培地が使用され，一般的にはTOS寒天培地に抗生物質であるムピロシンを添加するTOS-MUP寒天培地が使用される。ムピロシンは乳酸菌の増殖を広く抑えることが報告[33]されており，TOS-MUP寒天培地はISO/IDF

第5章　ビフィズス菌・乳酸菌のプロバイオティクス機能と製品開発

の国際標準法[34]ならびにビフィズス菌数測定法ガイドライン[35]にも記載されている。

　希釈液に関しては，ビフィズス菌数測定において希釈液の選択がビフィズス菌数の測定値に影響を及ぼすことが知られている。一般的には，0.85％生理食塩水，0.1％ペプトン加生理食塩水，光岡らが開発した希釈液（リン酸二水素カリウム0.45％，リン酸水素二ナトリウム0.60％，Tween-80 0.05％，寒天0.1％，L-システイン塩酸塩（1水和物）0.05％）[36]が使用されている。国際標準であるISO/IDFのビフィズス菌数測定法およびビフィズス菌数測定のガイドラインでは，基本として1/4強度リンゲル溶液が採択されているが，ビフィズス菌の希釈液比較試験では菌数結果が他の希釈液と比較して低くなる場合がある[36]ため，注意を要する。また，秤量器具の正確性，懸濁・希釈時の十分な撹拌，シャーレへ培地を添加する際の寒天培地温度，シャーレ固化から嫌気培養を行うまでの時間などについても注意が必要である。

4　おわりに

　ビフィズス菌や乳酸菌などのプロバイオティクスの生理機能がますます注目されている。我々がプロバイオティクスの研究を始めた当初は，何故ここまで多岐にわたる生理作用を有するのか，半信半疑な部分もあった。しかし，腸内細菌と疾患の関連性が次々と明らかにされている現在，その疑問は解決するに留まらず，さらなる大きな可能性を感じている。プロバイオティクスを扱うメーカーとして，今後も人々の健康維持に役立つ研究開発を機能性研究，応用研究，生産技術研究と様々な角度から実施していきたいと考えている。

文　　　献

1)　C. Hill *et al., Nat. Rev. Gastroenterol. Hepatol.*, **11**(8), 506 (2014)
2)　B. Bjorksten *et al., Clin. Exp. Allergy*, **29**, 342 (1999)
3)　T. Enomoto *et al., Allergol. Int.*, **63**(4), 575 (2014)
4)　C. E. West *et al., Pediatr. Allergy Immunol.*, **20**, 430 (2009)
5)　Y. Ishida *et al., Biosci. Biotechnol. Biochem.*, **69**, 1652 (2005)
6)　J.-Z. Xiao *et al., J. Investig. Allergol. Clin. Immunol.*, **16**, 86 (2006)
7)　J.-Z. Xiao *et al., Clin. Exp. Allergy*, **36**, 1425 (2006)
8)　M. P. Taranto *et al., J. Dairy Sci.*, **83**(3), 401 (2000)
9)　M. Miyoshi *et al., Eur. J. Nutr.*, **53**(2), 599 (2014)
10)　S. Kondo *et al., Biosci. Biotechnol. Biochem.*, **74**(8), 1656 (2010)
11)　J. Minami *et al., J. Nutr. Sci.*, **4**, e17 (2015)
12)　S. Kondo *et al., Benef. Microbes*, **4**(3), 247 (2013)

酵母菌・麹菌・乳酸菌の産業応用展開

13) M. Roller *et al.*, *Br. J. Nutr.*, **97**, 676 (2007)

14) M. Mizuta *et al.*, *Biosci. Microbiota Food Health*, **35**(2), 77 (2016)

15) M. R. Rubinstein *et al.*, *Cell Host Microbe*, **14**(2), 195 (2013)

16) A. D. Kostic *et al.*, *Cell Host Microbe*, **14**(2), 207 (2013)

17) A. Cougnoux *et al.*, *Gut*, **63**(12), 1932 (2014)

18) S. Wu *et al.*, *Nat. Med.*, **15**(9), 1016 (2009)

19) T. Odamaki *et al.*, *Anaerobe*, **1**, 14 (2012)

20) P. Ambalam *et al.*, *Best Pract. Res. Clin. Gastroenterol.*, **30**, 119 (2016)

21) A. Sivan *et al., Science*, **350**, 1084 (2015)

22) L. T. Geller *et al., Science,* **357**, 1156 (2017)

23) T. Kuno *et al.*, *Mol. Pharm.*, **13**(8), 2691 (2016)

24) I. A. Marin *et al.*, *Sci. Rep.*, **7**, 43859 (2017)

25) Y. Kobayashi *et al.*, *Sci. Rep.*, **7**(1), 13510 (2017)

26) H. Wang *et al.*, *J. Nerogastroenterol. Motil.*, **22**(4), 589 (2016)

27) 光岡知足編著，ビフィズス菌の研究，p.267-281，日本ビフィズス菌センター（1994）

28) A. Y. Tamime, Probiotic Dairy Products, p.56-63, Blackwell Publishing Ltd. (2005)

29) S. Yonezawa *et al.*, *J. Dairy Sci.*, **93**, 1815 (2010)

30) T. Odamaki *et al.*, *J. Dairy Sci.*, **94**, 1112 (2011)

31) 木村義夫，酪農科学・食品の研究，**36**，A258（1987）

32) F. Abe *et al.*, *Int. J. Dairy Technol.*, **62**, 234 (2009)

33) V. Rada *et al.*, *Milchwissenschaft*, **55**(2), 65 (2000)

34) ISO29981/IDF220 Milk products -- Enumeration of presumptive bifidobacteria -- Colony count technique at 37℃, p.1-17 (2010)

35) ビフィズス菌使用発酵乳，乳酸菌飲料のガイドライン，p.1-12，全国発酵乳乳酸菌飲料協会（2014）

36) F. Abe *et al.*, *Milchwissenschaft*, **64**(2), 139 (2009)

第6章 乳酸菌・ビフィズス菌発酵を利用した基礎化粧品素材の開発

伊澤直樹*

1 はじめに

　乳酸菌・ビフィズス菌発酵は，ヨーグルトや乳酸菌飲料などの食品の分野で広く利用されているが，化粧品素材の開発においても有用な技術である。日本化粧品工業連合会の化粧品の成分表示名称リスト[1]によれば，発酵というキーワードを含む素材は，2017年7月現在382件登録されている。そのうち，乳酸菌（乳酸桿菌・乳酸球菌を含む）を利用した化粧品素材は132件，ビフィズス菌を利用した素材は13件あり，発酵技術を利用した化粧品素材の約3分の1に相当する（図1）。用いられている菌は，*Lactobacillus*属，*Lactococcus*属，*Streptococcus*属，*Bifidobacterium*属などであり，発酵させる基質は牛乳や脱脂粉乳などの動物由来のものや，リンゴ，桃，ウメなど各種植物の葉，果実，種子など多岐にわたっている。また，皮膚に塗布することによって期待される効果は，皮膚にうるおいを与える保湿効果が主となっており，化粧水や乳液などの基礎化粧品に配合されている。図1の調査によれば，乳酸菌・ビフィズス菌発酵を

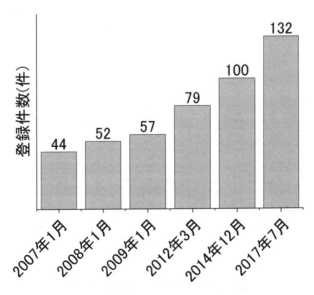

図1　乳酸菌（乳酸桿菌・乳酸球菌）を含む化粧品原料登録件数の推移
（日本化粧品工業連合会HPの化粧品成分表示リスト[1]より著者が作成）

＊　Naoki Izawa　㈱ヤクルト本社中央研究所　化粧品研究所　化粧品第二研究室　指導研究員

利用した化粧品素材はこの5年間で倍増し,開発が活発に行われていることがわかる。本稿では,乳酸菌・ビフィズス菌発酵を利用した化粧品素材のうち,筆者らが開発した事例を中心に紹介したい。

2 皮膚と乳酸菌発酵液

図2に皮膚の簡単な構造と,角層の成分比および角層に含まれる天然保湿因子（Natural moisturizing factor：NMF）の成分構成について示した。NMFとは,角層でうるおいを保つ役割を担っている成分の総称である。皮膚は皮下組織,真皮,表皮,角層から構成され,表皮は下部から基底層,有棘層,顆粒層,角層に分けられる。皮膚の最外層である角層は,体内の水分蒸散を最小限に抑えるバリアー機能を有し,外界からの異物の侵入と体の乾燥を防いでいる。角層の構成成分はタンパク質60％,脂質10％,そしてNMF 30％からなっている。NMFの約40％がアミノ酸で,12％が乳酸菌の主要代謝産物である乳酸である[2,3]。乳酸菌は,乳酸を大量に産生する微生物の総称であり,「グルコースを代謝し,50％以上を乳酸に変換する微生物」と定義されている[4]。また,一般に乳酸菌が生息する乳中には低分子の栄養源が少なく,乳酸菌は乳のカゼインを細胞壁に結合したプロテアーゼで分解して取り込み,利用している。その際,乳中に遊離アミノ酸が蓄積される[5]ため,乳酸菌発酵液は乳酸とアミノ酸を豊富に含むことになる。これらの代謝産物は,NMFの主要構成成分であり,乳酸菌発酵上清が有する保湿効果はこれらに起因すると考えられる。また,乳酸には細胞増殖を活発にし,肌の滑らかさを向上させる働きも報告されている[6]。

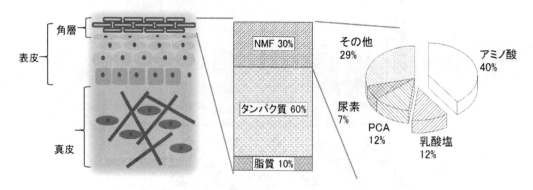

図2 皮膚構造の模式図と角層成分の内訳

第6章 乳酸菌・ビフィズス菌発酵を利用した基礎化粧品素材の開発

3 乳酸菌・ビフィズス菌発酵を利用した化粧品素材

3. 1 脱脂粉乳の乳酸菌発酵液

　脱脂粉乳を *Streptococcus thermophilus* で発酵した2種類の発酵上清（SE および SE2）について紹介する。SE は，脱脂粉乳を *S. thermophilus* ST-1 を用いて37℃で72時間発酵した後，限外ろ過などによって菌体，高分子物質，揮発成分を除去して得られる液で，保湿，抗酸化，pH コントロール，紫外線防御，光増感反応抑制，皮膚細菌叢制御などの効果が報告されている[7]。SE2 は，*S. thermophilus* YIT 2084 で脱脂粉乳を発酵して製造する。これは，SE の保湿効果をさらに向上させるべく，広範囲の *S. thermophilus* 菌株の発酵上清を用いたスクリーニングによって見出された株である。SE2 は SE よりも高い保湿効果の他に細胞保護効果[8]（過酸化水素によるダメージから細胞を保護する効果）や抗糖化効果[9]を有することも明らかとなっている。

　S. thermophilus は細胞外に様々な構成の多糖を産生することが知られているが[10]，YIT 2084 はその中でもめずらしくヒアルロン酸を産生することが分かっている[11]。SE2 の保湿効果や細胞保護効果は発酵上清に含まれる微量のヒアルロン酸が寄与しているものと考えている。このように，同種の菌でも株毎に発酵液の特徴が異なるため，効果の高い発酵液を得るためには，様々な菌株で発酵し，効果試験を試みることが重要である。

3. 2 乳酸桿菌／アロエベラ発酵液

　アロエを用いた化粧品素材は36件登録されており，育毛，紫外線防御，抗炎症，美白，保湿など様々な効果を目的として使用されている[12]。ここでは，アロエベラ搾汁を基質として乳酸菌で発酵し，保湿効果を高めた例について紹介する。アロエベラ搾汁を119株の乳酸菌で発酵し，発酵液をヒト前腕内側部に塗布した。塗布後の皮膚の水分量を経時的に測定したところ，発酵による保湿効果の向上が認められた菌は，分離源が植物である *Lactobacillus plantarum* や *Lactobacillus pentosus* であった（図3）。これらの中で特に保湿効果の向上率が高かった *L. plantarum* YIT 0102 を選び，アロエ発酵液（AFL）の保湿効果が向上した理由について検討した。アロエ搾汁に含まれる種々の物質について検討したところ，リンゴ酸とフルクトースに高い保湿効果が見られ，特に乳酸存在下でフルクトースの保湿効果は大幅に増強されることが分かった。AFL の高い保湿効果はこの相乗効果によるもの，および *L. plantarum* YIT 0102 が産生する株特有の微量物質によるものと思われた[13]。

　アロエのような，基質自体が多様な機能を持つ素材を発酵させたとき，基質そのものが持つ機能が減弱していないかどうかを調べることは重要である。そこで，アロエの持つ抗炎症や，組織修復作用について調べたところ，これらの効果は発酵前後で変化はなく，AFL はアロエベラが元来持つ機能を損なうことなく，保湿効果が向上していることが分かった[13]。

235

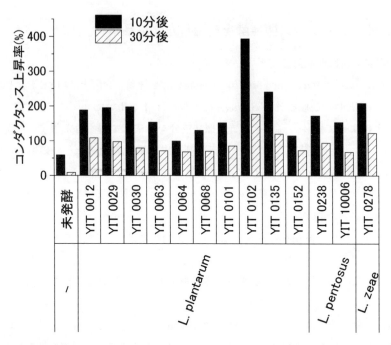

図3 アロエ搾汁発酵液をヒト前腕内側部に塗布したときの10分後と30分後のコンダクタンス上昇率（一部）

3.3 大豆ビフィズス菌発酵液

大豆を利用した化粧品素材は133件登録されており，加水分解したエキスやタンパク質と共に，発酵基質としても多く使用されている。大豆にはイソフラボン配糖体が含まれ，経口摂取した場合，腸内細菌の持つ β-glucosidase によってアグリコンとなり，様々な生理活性を発揮する。しかし，皮膚に塗布した場合は，アグリコン変換がされず，浸透性も悪い。そこで，豆乳中に含まれる大豆イソフラボンを効率的に変換できる微生物を探索したところ，*Bifidobacterium breve* YIT 4065 を見出し[14]，これを用いて大豆ビフィズス菌発酵液（BE）を調製した。宮﨑らは，ヒト皮膚3次元モデルにおいて，BEが皮膚中のヒアルロン酸量を増加させることを報告している[15]（図4）。

さらに，BEをヒト真皮線維芽細胞に作用させたところ，コラーゲン線維の結束を担い，肌のハリや弾力性に寄与するプロテオグリカンの遺伝子発現とタンパク質量を増加させる効果があることも分かった[16]。これらの結果はヒト3次元培養表皮モデルでも確認されている。以上のことから，BEは肌の弾力性向上やハリに有効な成分であると考えられた。

第6章　乳酸菌・ビフィズス菌発酵を利用した基礎化粧品素材の開発

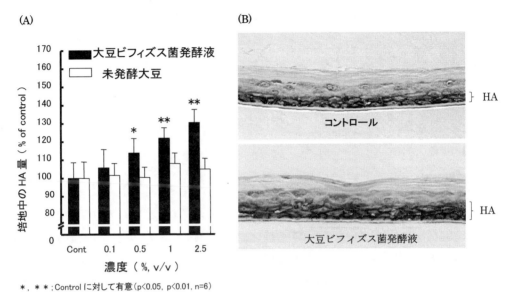

図4　大豆ビフィズス菌発酵液の HA 産生促進効果
(A) 表皮細胞培養液中の HA 量, (B) ヒト表皮三次元培養モデルの切片写真[15] (一部改変)

3.4　ヒアルロン酸

ヒアルロン酸（HA）は，N-アセチルグルコサミンとグルクロン酸が直鎖状に結合した高分子多糖で，高い水分保持能と粘性を有するため，保湿や使用感調整を目的として広く使用されている。製造法は鶏冠からの抽出法と乳酸菌による発酵法があるが，現在では乳酸菌を用いた発酵法が主流となっている。分子量は，発酵直後は 200 万〜300 万と高分子であるが，皮膚に浸透しやすくするため，発酵後に化学的処理によって低分子にしたもの[17]も開発されている。さらに，処方配合しやすくするためや，生体内で分解されにくくするため，官能基修飾したものも開発されている[18,19]。HA 生産に用いられる乳酸菌は主に *Streptococcus equi* subsp. *zooepidemicus*（*S. zooepidemicus*）で，炭素源をグルコース，窒素源をペプトンや酵母エキスとする液体培地を用いて，温度 30℃ 程度，pH 7.0 程度で通気発酵を行うのが一般的な培養条件である。

また，GRAS[※脚注]微生物を用いた HA 生産に関する研究も近年行われており，*Lactococcus lactis* や *Bacillus subtilis* に *S. zooepidemicus* などの HA 生産菌の遺伝子（*hasA*, *hasB*, *hasC* など）を組み込むことにより，高効率に HA を生産させる取り組みが行われている（表1）[20〜23]。また，従来の HA 生産菌と比べると生産性は低いが，食経験のある乳酸菌の野生株でも HA を生産することが明らかとなり[24,25]今後の応用が期待される。

※　GRAS：Generally Recognized As Safe（一般に安全と認められる）の略。米国食品医薬品局（Food and Drug Administration：FDA）による独自の認証制度。

237

表1　GRAS 微生物によるヒアルロン酸生産

宿主菌	導入遺伝子	生産量	参考文献
S. thermophilus	なし（野生株）	208 mg/L	24)
L. lactis	なし（野生株）	27.6 mg/L	25)
S. thermophilus	*hasA, hasB, glmU*	1.2 g/L	23)
L. lactis	*hasA, hasB*	0.65 g/L	20)
B. subtilis	*hasA, hasB, hasC*	報告なし	21)
Corynebacterium glutamicum	*hasA, hasB, hasC*	1.2 g/L	22)

4　効果測定

化粧品には現在56の効能効果の表現が認められている。日本香粧品学会HP[26]には，効能効果の試験法に関して「新規効能取得のための抗シワ製品評価ガイドライン」，「美白製品機能評価ガイドライン」および「サンスクリーン製品の新規効能表現ガイドライン」が掲載されている。特に，「乾燥による小ジワを目立たなくする」は平成23年に新たに追加された項目で，これを表示する場合は，ガイドラインに基づく試験，またはこれと同等以上の適切な試験を製造販売業者の責任において行い，その効果を確認しなければならない。また，その他の効能についても，化粧品として効能効果を表現する際は，これらのガイドラインを参考に，科学的な訴求に耐えうるよう，機器，素材，条件などを十分に検討したうえで試験を実施しなければならない。

5　安全性

乳酸菌は食経験が長く，食品としても多数の製品が販売されているため，「体に良い，安全である」というイメージが強い。しかしながら，食品としての安全と，化粧品としての安全は同じではないので，その点は留意が必要である。皮膚に塗布することを目的として開発する場合，医薬部外品として開発する場合と，化粧品として開発する場合がある。どちらも，「医薬品，医療機器等の品質，有効性及び安全性の確保等に関する法律（薬機法）」の規制を受けるが，特に，医薬部外品として開発する場合は，品目ごとに㈱医薬品医療機器総合機構（Pharmaceuticals and Medical Devices Agency：PMDA）の審査および厚生労働大臣の承認が必要であり，この承認審査には最大で11項目の安全性試験資料を添付しなければならない。一方で，化粧品として開発する場合は，厚生労働省による化粧品基準の規定に従い，かつ全成分を表示すれば，審査および承認は不要となっている。申請，承認の詳細については化粧品・医薬部外品製造販売ガイドブックを参照されたい[27]。化粧品として開発する場合であっても，乳酸菌・ビフィズス菌発酵液は，一般にタンパク質を含み，アレルゲンとなりうるため，精製方法の検討や，医薬部外品に準ずる安全性試験の実施など，開発者は十分な対策を行う必要がある。

第6章　乳酸菌・ビフィズス菌発酵を利用した基礎化粧品素材の開発

6　おわりに

　乳酸菌・ビフィズス菌発酵を利用した化粧品素材は，保湿効果を中心とした様々な効果を持つ素材である。今後も研究の進展により新たな価値を付加した魅力的な素材が開発されると考えている。

　筆者らの最近の研究では，脱脂粉乳を乳酸菌で一度発酵させたホエイを培地とし，酵母（*Wickerhamomyces pijperi*）で再発酵することで，安息香酸エチルなどの香気成分が高産生し，発酵液がフルーツ様の香気を呈することを見出した[28]。乳酸菌発酵前の脱脂粉乳を酵母の培地としたときよりも香気成分が大幅に増加していたことから，乳酸菌発酵によって乳中のカゼインがアミノ酸に分解されて酵母が利用しやすい形となり，その結果香気成分の産生量が増加したと考えられた。このような素材も乳酸菌発酵を応用し，付加価値向上を目指した一例である。

文　　　献

1)　http://www.jcia.org/n/biz/ln/b/
2)　H. W. Spier *et al.*, *Hautarzt*, **7**, 55 (1956)
3)　J. Koyama *et al.*, *J. Soc. Cosmet. Chem. Jpn.*, **15**, 45 (1981)
4)　細野昭義，乳酸菌の保健機能と応用＜普及版＞，p.4，シーエムシー出版 (2013)
5)　E. Simova *et al.*, *Int. J. Food Microbiol.*, **107**, 112 (2006)
6)　W. P. Smith, *J. Am. Acad. Dermatol.*, **35**, 388 (1996)
7)　千葉勝由，微生物によるものづくり－化学法に代わるホワイトバイオテクノロジーの全て－，p.206，シーエムシー出版 (2008)
8)　伊澤直樹ほか，香粧品学会誌，**36**(2)，87 (2012)
9)　伊澤直樹ほか，特願 2015-525168
10)　F. Vaningelgem *et al.*, *Appl. Environ. Microbiol.*, **70**, 900 (2004)
11)　N. Izawa *et al.*, *J. Biotech. Bioeng.*, **107**, 119 (2008)
12)　鈴木正人，新しい化粧品素材の効能・効果・作用，p.395，シーエムシー出版 (1998)
13)　曽根俊郎，乳酸菌の保健機能と応用＜普及版＞，p.295，シーエムシー出版 (2013)
14)　石川文保ほか，特許 3489930
15)　K. Miyazaki *et al.*, *Skin Pharmacol. Appl. Skin Physiol.*, **16**, 108 (2003)
16)　石井優輝ほか，特願 2015-534177
17)　吉田拓史ほか，特許 5289936
18)　藤川俊一ほか，特許 4845071
19)　中前諒太ほか，特許 6046869
20)　L.-J. Chien & C.-K. Lee, *Appl. Microbiol. Biotechnol.*, **77**, 339 (2007)
21)　B. Widner *et al.*, *Appl. Environ. Microbiol.*, **71**, 3747 (2005)

22) J. Hoffman *et al.*, *J. Appl. Microbiol.*, **117**, 663 (2014)

23) N. Izawa *et al.*, *J. Biotech. Bioeng.*, **111**, 665 (2011)

24) N. Izawa *et al.*, *J. Biotech Bioeng.*, **109**, 356 (2010)

25) 場家幹雄ほか，特許 5858566

26) http://www.jcss.jp/

27) 化粧品・医薬部外品製造販売ガイドブック 2017，薬事日報社 (2017)

28) N. Izawa *et al.*, *AMB Express*, **5**, 23 (2015)

第7章　乳酸菌由来活性物質を用いた新規治療薬の開発

藤谷幹浩[*]

はじめに

　プロバイオティクスの一種である乳酸菌は抗酸化作用や抗菌作用などを有することが知られており，腸内環境の改善を促すことでヒトの健康増進に役立つことが知られている。そのため，百年以上前からヨーグルトなどの機能性食品として多くの地域で摂取されており，様々な疾病に対する予防的効果が疫学研究によって示されている。また，適切な量を摂取していれば有害な作用はほとんどないことから，健康増進や疾病予防という枠を超えて，種々の腸疾患に対する治療薬としての応用が試みられてきた。その結果，抗菌薬起因性腸炎などの急性腸炎や過敏性腸症候群などの機能性消化管疾患に一定の治療効果を示すことが明らかにされた。一方で，炎症性腸疾患などの難治性炎症や大腸癌などの悪性腫瘍の治療に応用する臨床研究も行われたが，その治療成績は様々であり安定した治療効果を証明するには至っていない[1]。その要因として，反復性炎症あるいは腫瘍細胞由来の因子，免疫抑制剤や抗癌剤投与などの影響による細菌叢の変化や腸内環境の悪化により，プロバイオティクス生菌の活性が著しく阻害されることが想定されている。

　我々はプロバイオティクスが持つ有益な効果と高い安全性を併せ持つ治療薬開発を目的として，菌の培養上清から生理活性物質を同定する技術を確立してきた[2]。そして，腸管障害改善効果や抗腫瘍効果を持つ，複数のプロバイオティクス由来の物質を同定することに成功した。本章では，これらの菌由来活性物質の作用機序および治療効果について解説する。

1　乳酸菌由来の腸管保護活性物質

1.1　菌培養上清からの腸管保護活性物質の同定

　プロバイオティクスによる腸管保護作用については古くから知られている。特に，乳酸菌による腸管保護作用については，基礎的研究および複数の臨床試験で明らかにされており，機能性食品や整腸剤として応用される根拠となっている。その後，菌による腸管保護作用は，菌自体のみならず培養上清でも発揮されることから，何らかの菌由来物質によって仲介されることが示された[3]。引き続いて我々は，バシラス菌（*Bacillus subtilis*）の培養上清が腸管上皮の p38 MAPK を活性化し，酸化ストレスによるマウス腸管バリア機能の障害を著明に改善することを明らかにした。さらにこの培養上清から初めてプロバイオティクス由来の特異的腸管保護物質

---

　[*]　Mikihiro Fujiya　旭川医科大学　内科学講座　消化器・血液腫瘍制御内科学分野　准教授

competence and sporulation factor (CSF) を同定することに成功した[2]。同時期に，Yan らは乳酸菌 (Lactobacillus rhamnosus GG) の培養上清から p75, p40 という 2 つの活性物質を同定し，これらが TNFα 誘導性の腸管上皮のアポトーシスを改善することを明らかにした[4]。その後，我々は麦芽乳酸菌 (Lactobacillus brevis) の培養上清が腸管バリア機能の増強作用を持つことを明らかにし，さらに培養上清の詳細な解析から，このバリア機能増強作用を仲介する乳酸菌由来活性物質は長鎖ポリリン酸であることを明らかにした[5]。

1.2 乳酸菌由来長鎖ポリリン酸の作用機序
1.2.1 腸管バリア機能の増強作用

長鎖ポリリン酸の腸管バリア機能増強作用について，ex vivo のマンニトール漏出試験を用いて評価した（図1）。この方法では，マウス小腸を 3 等分し，腸管内を PBS あるいは長鎖ポリリン酸で処理した後にモノクロラミンにより腸管障害を惹起し，腸管内に充填した ^{3}H 標識マンニトールの腸管外漏出量を測定することで，バリア機能を定量化した。その結果，長鎖ポリリン酸処理を行った腸管ではバリア機能の障害が著明に改善されていた。さらに鎖長の異なる長鎖ポリリン酸を用いて検証した結果，数百を超える極めて鎖長が長いポリリン酸のみに腸管バリア機能改善作用が認められた。また，腸管上皮由来 Caco2/bbe 細胞を長鎖ポリリン酸で処理し，上皮

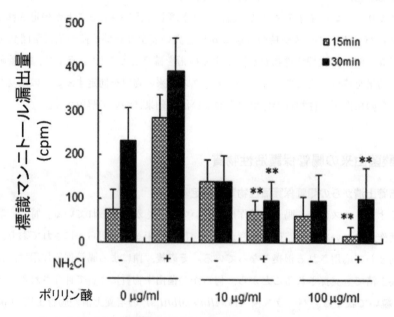

図1　長鎖ポリリン酸の腸管バリア増強作用

マウス小腸を 3 等分し，腸管内を PBS あるいは長鎖ポリリン酸で 2 時間処理する。モノクロラミンおよび ^{3}H 標識マンニトールを腸管内に充填し，15 分後，30 分後に腸管外漏出量を測定することで，腸管バリア機能を定量化する。長鎖ポリリン酸によるバリア機能の増強作用が示された。
（文献 5）S. Segawa et al., PLoS One, 6(8), e23278 (2011) を改変引用）

第7章 乳酸菌由来活性物質を用いた新規治療薬の開発

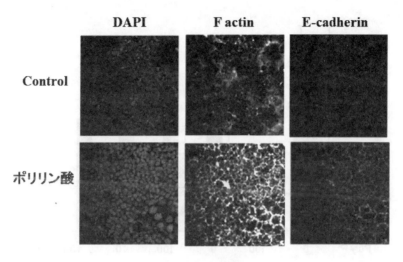

図2 蛍光免疫染色
長鎖ポリリン酸により F-actin, E-cadherin の発現が誘導された。
DAPI：4′,6-diamidino-2-phenylindole 染色
(文献 5) S. Segawa et al., PLoS One, 6(8), e23278 (2011) を改変引用)

バリア関連分子の発現を免疫染色にて検討した結果，F-actin や E-cadherin の発現が著しく増強していた（図2）。その後の検討により，p38 MAPK のリン酸化や Heat shock protein 27 の発現増加など，腸管バリア機能に関連する細胞システムの活性化を誘導することも明らかにした。また，integrinβ1 の抑制分子を加えることで長鎖ポリリン酸の腸管バリア機能増強作用は打ち消されること，長鎖ポリリン酸は integrinβ1 と特異的に結合することから，この作用は腸管上皮の integrinβ1 を介して発揮されることが明らかになった（図3）[5]。さらに長鎖ポリリン酸の細胞内動態を明らかにする目的で Caco2/bbe 細胞に長鎖ポリリン酸を添加し経時的な変化を観察した結果，短時間で細胞内に取り込まれ 48 時間後には細胞外排泄されること，この取り込みは caveolin-1 の抑制剤によって打ち消されることから，長鎖ポリリン酸は caveolin-1 依存性のエンドサイトーシスによって細胞内に取り込まれることで作用を発揮することが明らかになった（図4）。以上の結果から，長鎖ポリリン酸は integrinβ1-caveolin-1 と複合体を形成しエンドサイトーシスによって上皮細胞に取り込まれることで F-actin や E-cadherin などを誘導し，腸管バリア機能を増強することが明らかになった[6]。

酵母菌・麹菌・乳酸菌の産業応用展開

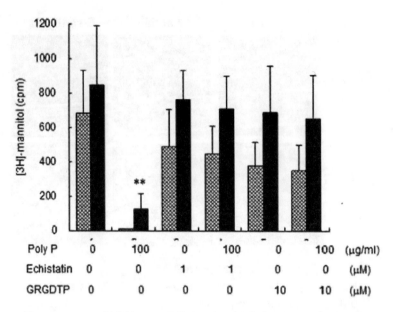

図3 Integrinβ1阻害剤による長鎖ポリリン酸の腸管バリア増強作用の変化
長鎖ポリリン酸による腸管バリア増強作用はIntegrinβ1阻害剤（Echistatin, GRGDTP）によって打ち消された。
（文献5）S. Segawa et al., *PLoS One*, **6**(8), e23278（2011）を改変引用）

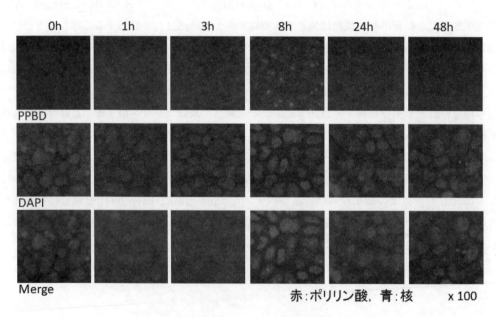

図4 長鎖ポリリン酸の細胞内動態
長鎖ポリリン酸は1時間で腸管上皮細胞に取り込まれ，48時間後には細胞外へ排出された。
PPBD：Polyphosphate binding domain
（文献6）K. Tanaka et al., *Biochem. Biophys. Res. Commun.*, **467**(3), 541（2015）を改変引用）

第7章　乳酸菌由来活性物質を用いた新規治療薬の開発

1.2.2　腸炎モデルへの治療効果

マウスDSS腸炎モデルに対して長鎖ポリリン酸を経肛門的に投与し，腸管長や組織学的炎症および繊維化を検討した。その結果，長鎖ポリリン酸は腸炎による腸管短縮を有意に改善し，組織学的な炎症および繊維化を軽減した（図5）。さらに，腸管組織の炎症・繊維化関連サイトカインの発現を検討した結果，炎症性サイトカインIL-1β，TNFα，IFNγおよび繊維化関連因子TGFβ1, smad4, CTGFの過剰な発現を抑制した。マウスTNBS腸炎においても組織学的炎症や繊維化を軽減し（図6），炎症性サイトカインおよび繊維化関連因子の過剰な発現を抑制した。その他，遺伝子改変マウス腸炎モデルにおいても同様の改善効果を認めた。

腸管組織の構成細胞としては，主に上皮細胞，免疫担当細胞，繊維芽細胞がある。そこで，長鎖ポリリン酸の抗炎症・抗繊維化作用の標的となる細胞を同定する目的で，腸管上皮由来Caco2/bbe細胞，マクロファージ様THP-1細胞，繊維芽細胞由来CCD-18細胞をそれぞれ炎症状態，繊維化促進状態に置き，長鎖ポリリン酸の作用を検討した。その結果，長鎖ポリリン酸はCaco2/bbe細胞におけるIL-1βおよびTGFβ1の過剰発現を抑制すること，THP-1細胞におけるTNFα発現を抑制することが明らかになった。一方，CCD-18細胞に対しての直接作用は認めなかった[7]。

以上から，長鎖ポリリン酸は腸管バリア機能の増強に加え，腸管上皮やマクロファージからの炎症性サイトカイン産生も抑制し，腸炎モデルにおける腸管障害を改善することが明らかになっ

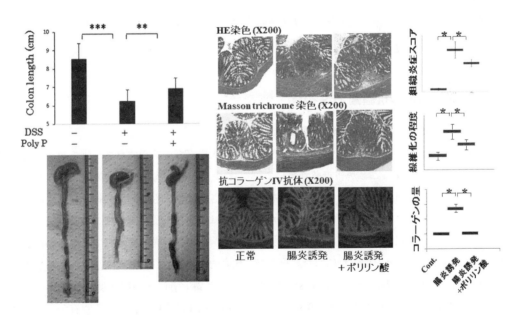

図5　マウスDSS腸炎モデルに対する長鎖ポリリン酸の治療効果
長鎖ポリリン酸は腸炎による腸管短縮，組織学的炎症および繊維化を改善した。
DSS：Dextran sodium sulfate
（文献7）S. Kashima *et al.*, *Transl. Res.*, **166**(2), 163 (2015) を改変引用）

酵母菌・麹菌・乳酸菌の産業応用展開

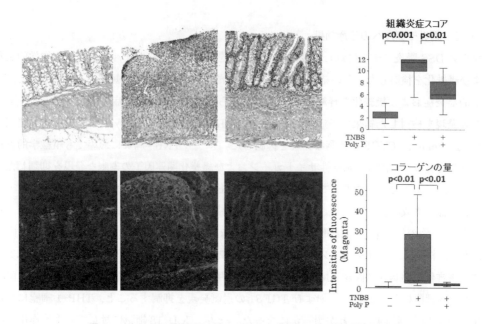

図6 マウス TNBS 腸炎モデルに対する長鎖ポリリン酸の治療効果
長鎖ポリリン酸は腸炎による組織学的炎症および繊維化を改善した。
TNBS：2,4,6-trinitrobenezene sulfonic acid
(文献 7) S. Kashima *et al.*, *Transl. Res.*, **166**(2), 163 (2015) を改変引用)

た。現在，長鎖ポリリン酸を製剤化し，治療抵抗性の潰瘍性大腸炎患者を対象とした臨床試験を行っており，すでに高い治療効果を確認している。

2 乳酸菌由来の抗腫瘍活性物質

2.1 菌培養上清からの抗腫瘍活性物質の同定

乳酸菌やビフィズス菌などのプロバイオティクスが，大腸癌細胞株やマウス発癌モデルに対して抗腫瘍効果を発揮することが報告されている[8,9]。しかし，その抗腫瘍効果メカニズムとしては抗酸化作用や腸内細菌叢を介した間接作用などが報告されているものの，詳細な作用機序や菌由来の抗腫瘍物質についての報告は少なかった[10]。我々は先述した長鎖ポリリン酸に抗炎症・抗繊維化作用に加え，抗腫瘍効果があることを見出し[11]，菌由来の特異的物質の中に抗腫瘍活性を持つものが存在することを明らかにした。そこで，代表的な乳酸菌株の培養上清を作製し抗腫瘍活性を検討した結果，*Lactobacillus casei* ATCC334 の培養上清に強い抗腫瘍活性を見出した(図7)。引き続いて，培養上清の詳細な解析からこの菌の抗腫瘍活性を仲介する物質がフェリクロームであることを同定した (図8)[12]。

第 7 章　乳酸菌由来活性物質を用いた新規治療薬の開発

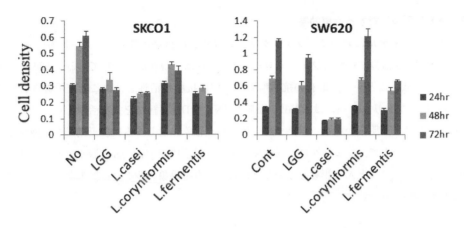

図 7　大腸癌細胞株に対する乳酸菌培養上清の抗腫瘍効果
各種乳酸菌の培養上清は大腸癌細胞株 SKCO1, SW620 に対して抗腫瘍作用を示した。
（文献 12）H. Konishi *et al.*, *Nat. Commun.*, 7, 12365（2016）を改変引用）

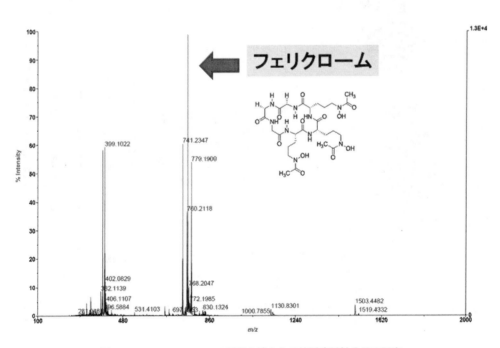

図 8　*Lactobacillus casei* 培養上清からの抗腫瘍活性分子の同定
Lactobacillus casei 培養上清を各種カラムにて分離・精製し，活性分画を質量分析器にて解析した結果，抗腫瘍物質はフェリクロームであることが明らかになった。
（文献 12）H. Konishi *et al.*, *Nat. Commun.*, 7, 12365（2016）を改変引用）

2.2 腫瘍モデルに対する治療効果

癌移植マウスモデルにおいて，フェリクロームは強い抗腫瘍活性を示した（図9）。また，大腸癌由来 SW620 細胞に対するフェリクロームの IC50 は，現在汎用されている 5-FU やシスプラチンよりも低いことから，既存の抗腫瘍薬を上回る抗腫瘍活性を持つことが示唆された（図10）。さらに，フェリクロームは SW620 細胞の JNK-DDIT3 経路を強く活性化し，アポトーシスを誘導することが明らかになった。また，各種胃癌細胞に対しても抗腫瘍効果を発揮することも確認した[13]。一方で，フェリクロームはマウス正常腸管由来 IEC-18 細胞やマウス正常腸管初代培養細胞の増殖にほとんど影響しないことから[12]，有害事象の少ない抗腫瘍薬として臨床応用の可能性が示唆された。

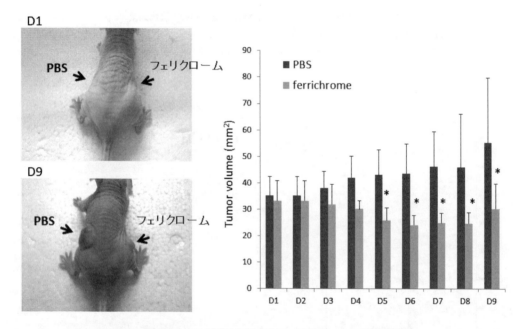

図9　癌移植マウスモデルに対するフェリクロームの抗腫瘍効果
ヌードマウスに大腸癌細胞株 SW620 を移植し，PBS およびフェリクロームを連日局所注入した結果，フェリクロームは強い増殖抑制効果を示した。
（文献12）H. Konishi *et al., Nat. Commun.*, **7**, 12365（2016）を改変引用）

第7章　乳酸菌由来活性物質を用いた新規治療薬の開発

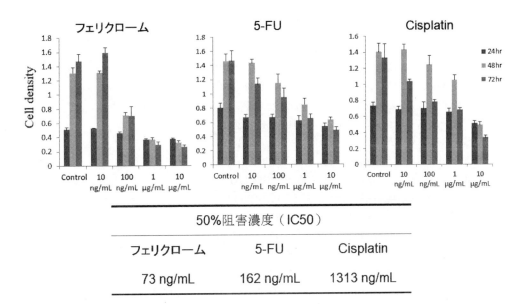

図10　大腸癌細胞株 SW620 細胞に対するフェリクロームの抗腫瘍効果
Sulforhodamine B(SRB)Assay にて SW620 の細胞活性を解析した結果，フェリクロームは高い抗腫瘍活性を示し，50％阻害濃度は既存薬（5-FU，シスプラチン）よりも低かった。
5-FU：5-fluorouracil
（文献12）H. Konishi et al., Nat. Commun., 7, 12365（2016）を改変引用）

おわりに

　乳酸菌に代表されるプロバイオティクスには宿主に有益な様々な作用があること，長年にわたって機能性食品として摂取されており安全性が高いことから，種々の疾患治療への応用が期待されている。しかし，生菌を使う場合は腸内環境の影響を強く受けるため効果が安定せず，難治性炎症や悪性腫瘍に対する治療効果は不十分であった。この問題を解決するため，菌が分泌する特異的な生理活性物質を同定し，新規治療薬として臨床応用することを試みた。その成果として，乳酸菌由来の長鎖ポリリン酸に強い腸管保護作用を見出し，炎症性腸疾患患者を対象とした臨床研究により治療効果が証明されつつある。しかし，これまで同定された菌由来の活性物質は限られており，大半のプロバイオティクスについてはその作用を仲介する物質が同定されていない。今後，宿主に有益なプロバイオティクス由来の活性物質を同定し，その作用メカニズムを明らかにすることで，様々な疾患に対する有害事象の少ない新規治療薬の開発が期待される。

文　　献

1) M. Fujiya *et al.*, *Clin. J. Gastroenterol.*, **7**(1), 1 (2014)
2) M. Fujiya *et al.*, *Cell Host Microbe*, **1**(4), 299 (2007)
3) Y. Tao *et al.*, *Am. J. Physiol. Cell Physiol.*, **290**(4), C1018 (2006)
4) F. Yan *et al.*, *Gastroenterology*, **132**(2), 562 (2007)
5) S. Segawa *et al.*, *PLoS One*, **6**(8), e23278 (2011)
6) K. Tanaka *et al.*, *Biochem. Biophys. Res. Commun.*, **467**(3), 541 (2015)
7) S. Kashima *et al.*, *Transl. Res.*, **166**(2), 163 (2015)
8) G. Jan *et al.*, *Cell Death Differ.*, **9**(2), 179 (2002)
9) F. J. Cousin *et al.*, *PLoS One*, **7**(3), e31892 (2012)
10) T. L. Tsai *et al.*, *Tumour Biol.*, **36**(5), 3775 (2015)
11) A. Sakatani *et al.*, *Anticancer Res.*, **36**(2), 591 (2016)
12) H. Konishi *et al.*, *Nat. Commun.*, **7**, 12365 (2016)
13) M. Ijiri *et al.*, *Tumour Biol.*, **39**(6), 1010428317711311 (2017)

第8章　乳酸菌による細胞のリプログラミング

伊藤尚文[*1]，太田訓正[*2]

　細胞分化を解明することは，疾病発症機構の理解および治療法の開発に有益である。疾病研究のためにはヒト細胞の解析が必須であるが，倫理面やサンプル入手の困難など，様々な課題がある。人工多能性幹細胞の作製法の発見によって，入手が困難であった患者自身の細胞をシャーレ上で再現できるようになり，ヒト疾病の研究は急速に加速した。しかし，多能性幹細胞の発生機序は未だ不明な部分も多く，最も多様に分化する細胞である受精卵と同等の多能性幹細胞の樹立方法は確立していない。

　我々の研究室では乳酸菌を細胞に導入することで分化多能性を持つ細胞を作製することに成功した。ハンセン病の原因菌であるライ菌が，ヒト細胞に感染し細胞の分化多能性をコントロールすることも報告されており，細菌による細胞多能性の転換は自然界で普遍的に発生している現象だと考えられる。今後，細菌と細胞の関係性を研究することで，人工多能性幹細胞の樹立機構のさらなる理解の促進が期待できる。本稿では細菌リプログラミング現象の紹介とその可能性について議論する。

1　はじめに

　私たちは2012年にヒト皮膚細胞と乳酸菌を共培養すると分化多能性を持つ細胞を作出できることを発見した[1]。この研究は，ヒト細胞は絶えず細菌と接触していることから，ヒト細胞と細菌を接触させることによる現象を観察したところから始まった。真核生物は，原核生物が細胞内共生することによって誕生したとされる[2]。真核生物が多細胞生物に進化し，人類が誕生したが，すべての多細胞生物には表層，間隙，内腔のあらゆる場所に細菌が共生していることから，細菌による細胞多能性の可塑性の刺激は，多細胞生物−細菌の相互作用現象の一端として説明することができる。

　＊1　Naofumi Ito　熊本大学　大学院生命科学研究部　神経分化学分野　特任助教
　＊2　Kunimasa Ohta　熊本大学　大学院生命科学研究部　神経分化学分野　准教授

2　多能性幹細胞について

　多細胞生物は，生存戦略の結果，単細胞では対応できない環境に対して適応した群で，自律的な移動が可能な動物界，移動不能な植物界に属するものなど，多種多様な生物群を構築した。単細胞生物と多細胞生物の境目は襟鞭毛虫 Choanoflagellatea と海綿 Porifera であるとされる。海綿には襟鞭毛虫とよく似た襟細胞 Choanocyte が存在し，海綿の細胞を組織化していることから，海綿は襟鞭毛虫の群生体とする説もある[3, 4]。海綿からより複雑な動植物へと進化し，環境への適応能力を高めた過程では，外界と接する上皮組織，内側の管状構造，そして内側から裏打ちする体腔を形成する，三つの系統を獲得した。この三系統は胚葉を外胚葉，内胚葉，中胚葉に区別することで説明が可能である。三胚葉性動物では，この三つの胚葉を系統的分化によって運用することで正しく細胞を組織化している。

　胚葉を持つ動物は，細胞分化の系統的運用によって効率的発生が可能になったが，分化可塑性に制限が生じる。しかし，制限のレベルは動物によって大きく異なっており，例えば両生類では脊椎動物に比べて，細胞分化の可塑性が高く，目のレンズ（水晶体）や四肢を欠損した場合でも，周辺細胞が再分化することで再生が可能である[5, 6]。一方で，ヒトを含めた脊椎動物では，より複雑な器官や構造を構築することができるが，細胞分化可塑性すなわち再生能力は劣り，水晶体や四肢を回復することはできない。再生能力は三胚葉性動物に広く存在することから，進化の過程で維持，あるいは取り除かれた形質であると考えられる。

　効率的な細胞運用の中心には幹細胞を用いたシステムが存在する。幹細胞は自己複製能と分化能を持つ細胞で，例えば，皮膚の幹細胞は皮膚幹細胞と皮膚細胞のみを供給するように系統制御が行われている[7]。ヒト発生は受精卵から始まり一つの個体を形成するが，分化を進める過程で皮膚幹細胞を含めた様々な組織・細胞に分化する。受精卵は全ての細胞になりうる可能性も持つ細胞であり，最も分化レベルが低い Ground state と定義される[8]。

　受精卵は発生が進むと胚盤胞と栄養外胚葉と呼ばれる細胞に分化する。胚盤胞の内部細胞塊は胚性幹細胞（Embryonic stem cells：ESCs）と呼ばれ，全ての体組織を構成することができ，栄養外胚葉は胎盤になる組織である。人工的に多能性幹細胞を誘導する手法はこの ESCs で発現する遺伝子を強制発現させることで実現した[9]。人工多能性幹細胞（Induced pluripotent stem cells：iPSCs）によって，再生医療分野では試験管上での病態の再現による発症機序の解明と，多能性幹細胞および神経などに誘導した細胞の移植による治療が大きく進展した[10]。iPSCs は患者個人の細胞を多能性幹細胞とすることができるため，遺伝的な疾病に関しては，患者由来の細胞の分化や増殖を観察することで，疾病の発症機序を明らかにすることが可能である。また，皮膚などの採取が容易な場所から細胞を採取し，多能性幹細胞とした後，目的の細胞，あるいは臓器に誘導し，移植することで疾病治療を行うことが可能である（図 1）。

第8章 乳酸菌による細胞のリプログラミング

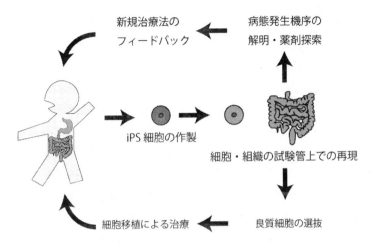

図1 再生医療における iPSCs の利用
患者あるいは健常者から採取した細胞を多能性幹細胞化し，試験管上で細胞を目的の組織に誘導する．誘導した細胞の病態解析，あるいは移植によって，疾病治療を行う．

3 細菌感染による細胞変性

ヒトは多岐にわたる細胞機能を運用しているため，細胞分化は厳しく統率されている．しかし，細胞分化異常による疾病も報告されており，中には細菌によるものも多数報告されている[11]．

ピロリ菌 *Helicobacter pylori* はグラム陰性細菌で，強酸性の胃に潜在する細菌である．ピロリ菌は分離培養することが非常に困難な細菌ではあるが，自然宿主はヒトだけでなく，ブタ，イヌやネコなど，人と密接に関わる生物も保有している[12]．ピロリ菌感染率と胃がん発症率は密接に関係しており，先進国では衛生の向上によって，ピロリ菌保有率は下がる傾向にあるが，依然として高いまま推移している地域もある[13]．ピロリ菌には胃内への定着に必須であるウレアーゼなど，多数の障害因子を分泌するが，その中の一つにエフェクター分子 CagA がある．CagA はタイプⅣ型分泌系を介して胃上皮細胞に注入され，注入された細胞はアクチンの再構成や細胞間接着に異常を来す[14,15]．また，CagA は宿主細胞内においてチロシンフォスファターゼである SHP2 に結合して，細胞増殖経路である Ras-Erk シグナルを異常活性化する[16]．ピロリ菌が感染した胃細胞は，しばしば腸の杯細胞と似た細胞に変質する．この現象は腸上皮化生と呼ばれ，杯細胞発生に伴う粘液質の異常によって，胃がんの主要な発生源となっている[17]．ピロリ菌によって注入された CagA は宿主細胞内で β-カテニンと結合することで，ヒトの主要な発生を制御する Wnt 経路を活性化し，幹細胞で働く転写因子である CDX1 や SALL4 を発現させる[18,19]．ピロリ菌は宿主細胞の分化に関与することで，感染拡大と定着を可能にしている．

Mycobacterium leprae は「らい菌」とも呼ばれるハンセン病の病原となる真正細菌である．ハンセン病はらい菌の末梢神経細胞（シュワン細胞）への感染によって生じる疾病で，顔面や皮

膚の変形，神経機能の障害が生じる。らい菌の感染力は極めて弱く，自然宿主は霊長類とアルマジロのみである[20]。また，らい菌のゲノム解析の結果から，coding gene はゲノム中の 49.5％で，代謝に関する主要な遺伝子も抜け落ちていることから，ゲノムレベルからも生存を宿主に高く依存していることが考えられている[21]。近年，らい菌が感染拡大のために宿主細胞の細胞分化システムをハイジャックすることが報告された[22]。らい菌は宿主細胞のシュワン細胞に感染後，細胞を多能性幹細胞のような細胞に転換する。転換された細胞は平滑筋に移動し，らい菌を取り込んだまま平滑筋細胞に転換する。その後，らい菌は周辺にばらまかれ感染を拡大する。興味深いことに，らい菌による多能性幹細胞化は，らい菌の生菌が多数，長期間にわたって感染することが重要であり，これらが少ない，あるいは死菌であると多能性幹細胞化は起こらない。

　結核菌 *Mycobacterium tuberculosis* は，空気感染で拡散し，ヒトに感染すると微熱や体重減少などの風邪の初期症状と似た病原を示すが，最終的には多臓器不全などで死に至る病原性真正細菌である。2015 年には新規感染者数が 1,040 万人，死者 140 万人に及び，結核菌の感染，発症機構の理解および，結核の克服は世界の保健衛生にとって最重要な課題である[23]。結核菌感染はマクロファージとリンパ節で増殖するが，増殖の封じ込めのために肉芽腫が形成され，組織の破壊と感染拡大を防ぐ[24]。マクロファージでは結核菌に感染することで，E-カドヘリン依存性間葉上皮転換による，細胞のリプログラミングが生じることが明らかになった[25]。結核菌が感染したマクロファージは，E-カドヘリンなどの接着分子を発現して，肉芽腫を形成する。肉芽腫のE-カドヘリンを壊すと，肉芽腫の形成不良が生じ，細菌が漏れ出ることを防ぐ壁が崩れ，その結果，結核菌の感染が拡大する。しかし，免疫細胞によるアクセスの増強の結果，宿主の生存率は高まった。間葉上皮転換は初期発生において，間葉と上皮に区別される細胞の上下（極）を，組織構造を裏打ちするE-カドヘリンの消失によって，細胞の移動が可能になり，上下を置き換えることで発生を進行させるプロセスである[26]。上皮と間葉を入れ替えるプロセスは，初期発生期の器官形成においては特に重要で，上皮性外胚葉から神経堤細胞の出現の間には上皮間葉転換が見られ，体節形成においては間葉上皮転換がみられる[27]。iPSCs 樹立には上皮間葉転換に関わる遺伝子発現の調節が必須であり，多能性樹立に深く関与している[28, 29]。これらの結果から，肉芽腫形成は宿主にとっては細菌感染防御機構の一種であるが，結核菌にとってはニッチを形成する場であり，宿主細胞を分化させることで，宿主からの排除を防ぎ，安定した感染を実現していると考えられている[30]。

4　乳酸菌による細胞形質の転換

　著者らのグループでは乳酸菌 *Lactobacillus acidophilus* を細胞に取り込ませることで，通常の培養では，他の細胞に分化することがない皮膚細胞を，神経細胞や軟骨細胞に分化させることに成功した[1]。この研究は細胞内共生説に端を発して行われた[2]。細胞内共生説は，真核生物の共通祖先である生物に，原核生物に近縁な細菌が入り込み，侵入細菌がミトコンドリアやクロロ

第8章　乳酸菌による細胞のリプログラミング

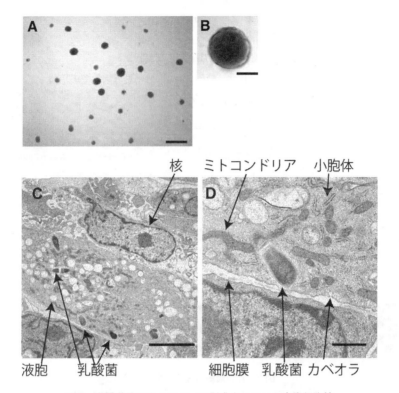

図2　乳酸菌取り込みによって形成されるヒト皮膚細胞塊
(A) 乳酸菌とヒト皮膚細胞の共培養した結果生じる細胞塊。(B) 細胞塊の拡大図。(C) 細胞塊の電子顕微鏡像。(D) 電子顕微鏡像の拡大図。乳酸菌は細胞膜内部に取り込まれている。Bar：(A) = 1 mm, (B) = 100 μm, (C) = 5 μm, (D) = 1 μm。

プラストといった細胞内小器官として絶対共生した結果，真核生物が誕生したという説である。著者らは細胞内共生説を拡大させて，細菌が小器官レベルだけでなく，細胞組織レベルでの発生や増殖に関与しているのではないかと考えた。そこで，ヒトと最も緊密な関係を築き，細胞毒性もなく生化学的な解析も可能な乳酸菌を，さまざまな条件下で培養を行った結果，ESCsと非常によく似た細胞塊を形成する条件を発見した（図2）。この細胞塊は *L. acidophilus* のみならず，*Streptococcus salivarius* や *Lactococcus lactis* を使用しても，出現する。乳酸菌によって誘導された細胞塊が，ESCsが形成する細胞塊と形状が似ていることから，多能性幹細胞としての性質を試験したところ，*in vivo* および *in vitro* において数種類の細胞に転換することが確認された。この結果から，乳酸菌との共培養によってヒト細胞は多分化能を獲得したと考えられる（図3）。分化能は一般的な多能性幹細胞と類似しているが，異なる点は，細胞増殖によって細胞塊を形成するESCsやiPSCsに対し，乳酸菌誘導細胞塊は細胞集合によって細胞塊を形成し，試験管上で自己複製を行うことができない点である。

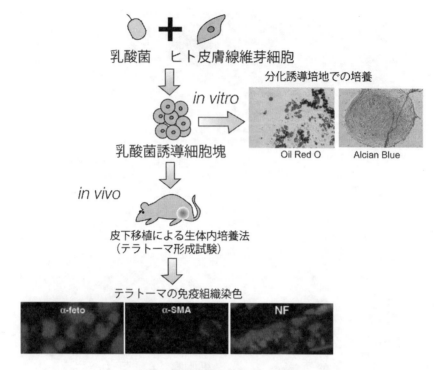

図3 乳酸菌細胞塊の分化能試験
ヒト皮膚細胞をトリプシンで剥離処理し，乳酸菌を添加して培養すると細胞塊が生じる。細胞塊を分化誘導培地に移して培養した結果，脂肪細胞（Oil Red O）や軟骨（Alcian Blue）の細胞が確認された（in vitro の分化能試験）。マウスに移植した細胞からは，胎児肝臓細胞（α-feto），心筋細胞（α-SMA），神経細胞（Neurofilament：NF）マーカー陽性の細胞が確認された（in vivo の分化能試験）。

5 細菌による細胞リプログラミングの応用可能性

　従来から「脊椎動物の末端分化細胞は他の細胞に転換しない」ということは定説であったが，脊椎動物の細胞にも分化の可能性が残されていることが，iPSCs 細胞が樹立したことによって示された。さらに，人工的な環境のみならず，自然界でも細菌によって末端分化細胞のリプログラミングは行われ，生態系の構築に寄与していた。細菌による細胞リプログラミングは人工的に多能性幹細胞を作出する方法に比べると，遺伝子組換えを行わないため，倫理的なハードルは低いと考えられるが，細菌によって細胞をリプログラミングする分子メカニズムがまだ明らかにされていないため，今後はこれらの細菌に共通する事象の発見が大きな進展を生むと考えられる[31]。

　細菌の分泌系はいくつかの系統があるが，ピロリ菌が CagA を輸送する際に使用するタイプⅣ型分泌系は中心に軸がある構造をしている一方で，タイプⅢ型分泌系はリングを重ねたような構造をしており，構造の違いによって機能や特性に違いをもたせている[32]。タイプⅢ型分泌系は

第8章　乳酸菌による細胞のリプログラミング

ヒト病原性細菌である *Shigella*（赤痢菌），*Salmonella*，*Yersinia* が持つ分泌系であり，タイプ Ⅳ型同様に宿主細胞にタンパク質などを輸送することで細菌側の生存性を高める。タイプⅢ型輸送系を非病原性の大腸菌で発現させ，細菌タンパク質を宿主細胞に送るナノマシーンとして利用する方法が考案されている[33]。

　また，乳酸菌は健康に寄与する代表的な細菌であり，その高い安全性によって，生物輸送体として利用できる可能性があることを考えて，乳酸菌を薬剤作動スイッチとして利用する研究が発表されている[34]。乳酸菌の一種である嫌気性細菌 *Bifidobacterium longum*（ビフィズス菌）は，がん細胞が他の細胞より低酸素状態であることから，血中投与した場合にがん細胞に集合する性質がある。前駆体を抗がん剤に分解可能な酵素を組み込んだビフィズス菌を構築し，抗がん剤の前駆体をあらかじめ投与したがん発症ラットに対して，組換えビフィズス菌を血中投与すると抗腫瘍効果が確認された。この場合は血中投与による副作用だが，この研究の場合には副作用は認められなかった。人類は有史以来，乳酸菌を食品に効率的に利用してきたため，このような成果はヒトにおいては，より慎重な解析が必須であることは当然ながらも，適用の可能性がある。

　細菌を用いた細胞リプログラミングは，ピロリ菌，らい菌や結核菌のシステムは細菌自体の高い病原性のため，そのままヒト生体に使うことはできないが，乳酸菌を用いることでヒトに適用できる可能性があるかもしれない。細菌による細胞リプログラミングのシステムは現象が確認された段階であり，大きな改良の余地がある。細菌をタンパク質導入マシーンとして，あるいは輸送ビークルとして利用する方法と組み合わせることで，さらに応用の可能性が考えられる。生体内で細胞をリプログラムすることは，非侵襲的であり，外科的治療が困難ながんなどの疾病に対する治療法の開発につながる大きな可能性をも有している。

文　　献

1)　K. Ohta *et al.*, *PLoS One*, **7**, e51866（2012）

2)　L. Margulis *et al.*, *Proc. Natl. Acad. Sci. USA*, **97**, 6954（2000）

3)　L. Mendoza *et al.*, *Annu. Rev. Microbiol.*, **56**, 315（2002）

4)　N. King, *Dev. Cell*, **7**, 313（2004）

5)　K. Sousounis *et al.*, *eLife*, **4**, e09594（2015）

6)　H. V. Tanaka *et al.*, *Nat. Commun.*, **7**, 11069（2016）

7)　A. Sada *et al.*, *Nat. Cell Biol.*, **18**, 619（2016）

8)　A. De Los Angeles *et al.*, *Nature*, **525**, 469（2015）

9)　K. Takahashi *et al.*, *Cell*, **131**, 861（2007）

10)　Y. Shi *et al.*, *Nat. Rev. Drug Discov.*, **16**, 115（2017）

11)　F. Sommer *et al.*, *Nat. Rev. Microbiol.*, **11**, 227（2013）

酵母菌・麹菌・乳酸菌の産業応用展開

12) F. Haesebrouck *et al.*, *Clin. Microbiol. Rev.*, **22**, 202 (2009)

13) L. H. Eusebi *et al.*, *Helicobacter*, **19**(Suppl. 1), 1 (2014)

14) M. Suzuki *et al.*, *J. Exp. Med.*, **202**, 1235 (2005)

15) N. Tegtmeyer *et al.*, *Eur. J. Cell Biol.*, **90**, 880 (2011)

16) H. Higashi *et al.*, *Science*, **295**, 683 (2002)

17) P. Correa *et al.*, *Am. J. Gastroenterol.*, **105**, 493 (2010)

18) N. Murata-Kamiya *et al.*, *Oncogene*, **26**, 4617 (2007)

19) Y. Fujii *et al.*, *Proc. Natl. Acad. Sci. USA*, **109**, 20584 (2012)

20) G. Balamayooran *et al.*, *Clin. Dermatol.*, **33**, 108 (2015)

21) S. T. Cole *et al.*, *Nature*, **409**, 1007 (2001)

22) T. Masaki *et al.*, *Cell*, **152**, 51 (2013)

23) W. H. Organization, "Global tuberculosis report 2016", WHO Department of Communications (2016)

24) H. Getahun *et al.*, *New Engl. J. Med.*, **372**, 2127 (2015)

25) M. R. Cronan *et al.*, *Immunity*, **45**, 861 (2016)

26) S. Lamouille *et al.*, *Nat. Rev. Mol. Cell Biol.*, **15**, 178 (2014)

27) Y. Nakaya *et al.*, *Dev. Cell*, **7**, 425 (2004)

28) R. Li *et al.*, *Cell Stem Cell*, **7**, 51 (2010)

29) X. Liu *et al.*, *Nat. Cell Biol.*, **15**, 829 (2013)

30) L. Ramakrishnan, *Nat. Rev. Immunol.*, **12**, 352 (2012)

31) N. Ito *et al.*, *Dev. Growth Differ.*, **57**, 305 (2015)

32) H. H. Low *et al.*, *Nature*, **508**, 550 (2014)

33) A. Z. Reeves *et al.*, *ACS Synth. Biol.*, **4**, 644 (2015)

34) T. Sasaki *et al.*, *Cancer Sci.*, **97**, 649 (2006)

第9章　アレルギー改善乳酸菌の開発

山本直之[*]

1　はじめに

　近年，腸内細菌が私たちのさまざまな健康や疾病に影響しているとする研究成果が数多く報告されつつある。これらの研究においては，腸管内に生息する常在菌の特徴解析とそれによる生体への役割解析，あるいはプロバイオティクス開発などによる人為的菌叢改善などが主に行われてきた。

　環境的要因などにより腸管内のフローラが影響を受けて破綻することで，感染症のリスクが高まったり，また，炎症やアレルギーのリスクが高まったり，肥満や糖尿病などのリスクが高まることが示唆されている。さらに，最近の研究では，神経系への作用を介して脳への刺激に関しても影響することも示されつつある。これらのことから，有用菌の供給による腸内フローラの改善により，疾病の予防や治療効果が期待されている。

　腸内細菌の一種である乳酸菌は，有用菌として過去に多くの機能研究における成果が報告されている。乳酸菌の主な保健効果として，整腸作用，血圧降下作用，免疫賦活作用，アレルギー改善効果，抗がん作用，感染抑制作用などがよく知られている。

　アレルギー改善作用に関しては，最近さまざまな菌種での有効性が示されているものの，菌種間の違いやその理由に関してはほとんど明らかにされていない。本稿では，最近注目されている乳酸菌によるアレルギー改善作用に関して，我々の知見をもとに紹介する。また，乳酸菌のアレルギー抑制効果に影響すると考えられる乳酸菌の成分に関しても一部を紹介する。

2　アレルギーリスクの抑制への課題

　スギ花粉症に代表されるように，近年，ストレスの増加，大気汚染や花粉などアレルゲンリスクが増加することなどが原因で，アレルギー症状に悩まされる人の割合が増えている。また，これらの要因のみならず，生活環境が過剰な衛生的環境になっていることでのアレルギー発症のリスク増大についても指摘されている（衛生仮説）。スギ花粉は，花粉の飛散地よりもむしろ都市部に患者が多いことから，このようなアレルゲンによる感作のみならず，様々な要因によると考えられるようになり，都市型疾患の一つともされている。さらには，最近，腸内細菌叢の詳細な解析により，特定の腸内細菌群の増加や乳酸菌群の低下などがアレルギー発症リスクの増大に影響しているとの報告もされている。

---

[*]　Naoyuki Yamamoto　東京工業大学　生命理工学院　教授

一般的に，アレルギーはアレルギー抗原に特異的な IgE が血清中に高まることで，その後抗原が生体内に侵入した際に，抗原と IgE の結合体が肥満細胞上のレセプターに結合することで肥満細胞からヒスタミンなどの炎症性因子が放出されるためと理解されている。したがって，アレルギー症状の抑制のために，放出されたヒスタミンの作用を抑えるための抗ヒスタミン薬が多く開発されてきた。しかし，抗ヒスタミンは眠気や喉の渇きなど多くの副作用があることが知られており，副作用が少なく，さらにアレルギーのリスクを低減できるような体質的改善での対処が望まれる。

3　アレルギーリスク低減乳酸菌の選択

乳酸菌には花粉症発症時の症状の改善や治療的効果ではなく，体質改善により抗原特異的 IgE の産生そのものを抑制する効果が期待される。乳酸菌の免疫調節作用に関しては，特に免疫賦活作用に関して古くから報告されていたが，研究開始当時には，乳酸菌の抗アレルギー作用に関しては報告がなかった。また，乳酸菌の免疫調節系への作用の評価においては，肥満細胞などの培養細胞を用いた共培養による評価が一般的に行われていたが，生体内で期待した効果が発揮されるものかどうかが不明であった。そこで，乳酸菌が腸管免疫系に作用するためには，免疫組織へのアクセスが必須であり，in vivo モデル系での有用性評価が必須と考え，血清中の抗原特異的 IgE を高めたアレルギーモデルマウスを独自に開発した。BALB/c マウスに抗原としてオバルブミン（OVA）を腹腔内投与し，その後，鼻腔に継続的に OVA を噴霧することで OVA 特異的な IgE（OVA-IgE）の生産性を高めることに成功した。さまざまな乳酸菌発酵乳を経口投与し，血清中 OVA-IgE の抑制効果を比較・評価した結果，乳酸菌を含まない未発酵乳投与群に比べて

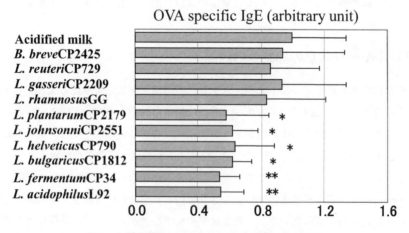

図1　各種乳酸菌のマウス IgE 産生抑制効果の比較
各種乳酸菌発酵乳をオバルブミン（OVA）特異的 IgE 産生量を高めたマウス（各群 n = 10）に3日間経口投与し，4日後の血清中 OVA 特異的 IgE を評価した。データは平均 ± SE で示し，未発酵乳との比較を Student's t-test にて解析した。$^*P < 0.05$，$^{**}P < 0.01$

第9章 アレルギー改善乳酸菌の開発

特定の乳酸菌を投与した場合には，有意に OVA-IgE の産生量を低下させる効果があることが確認された[1]。すなわち，*Lactobacillus acidophilus* L-92，*Lactobacillus fermentum* CP34，*Lactobacillus bulgaricus* CP1812，*Lactobacillus helveticus* CP790，*Lactobacillus johnsonii* CP2551 または *Lactobacillus plantarum* CP2172 発酵乳の投与により，未発酵乳の投与に比べて有意な OVA-IgE 抑制作用が確認された（図1）。これらの結果を受けて，*L. acidophilus* L-92（L-92）をアレルギー改善効果が期待できる乳酸菌として選択した。

4 ヒトに対する有効性の確認

動物試験において選択された L-92 を用いて，ヒトのアレルギー症状に対する有効性の評価を行った。まず，スギ花粉に対してアレルギー症状を有する社内ボランティア23名を対象に，有効性確認試験を実施した。12名の L-92 配合乳酸菌飲料を約6週間飲用させた場合，L-92群においては11名のプラセボ群に比べて，眼の symptom-medication score（SMS）が有意に改善された（図2）。SMS とは，アレルギー症状に対する薬を使用している場合，薬の使用頻度や使

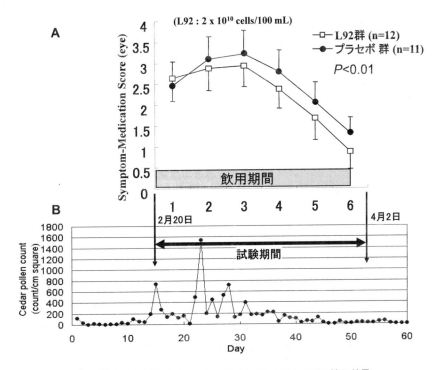

図2　花粉症に対する *Lactobacillus acidophilus* L-92 株の効果
花粉症症状をもつ被験者に対し，12名には *L. acidophilus* 発酵乳を，11名には未発酵乳を各6週間投与し，花粉症の症状と薬の使用状況（Symptom-medication score：SMS）を評価した。A：花粉飛散期における SMS の変化を示し，データは平均 ± SE で，ANOVA にて統計解析した。B：試験実施期の花粉飛散期の花粉量の変化を示す。

酵母菌・麹菌・乳酸菌の産業応用展開

用している薬の強さなどをもとにして，症状を数値化するものである。さらに，次年度の同様の試験においても，日常生活支障度スコアが有意に改善した。これらのことから，L-92株の摂取により，花粉症症状が改善することが確認された[2]。また，スギ花粉を人工的に暴露して花粉に対する感受性を評価する施設を利用して，L-92株の花粉症予防効果を検証した。同施設においてスギ花粉を被験者に暴露して，症状のスコア化により被験者を4群にランダマイズ化し，各群役20名の被験者にL-92株を各々，毎日0 mg，20 mg，60 mg，または180 mgを，8週間にわたり投与した。その結果，眼のかゆみ，鼻のかゆみがL-92の投与により，用量依存的に改善された。また，通年を通してのアレルギー症状に対するL-92株の効果を評価するために，通年性アレルギー性鼻炎の被験者49人に対する症例試験を実施した。L-92食投与群（25人）とプラセボ食群（24人）に8週間にわたり試験食を飲用させた結果，L-92群においてはプラセボ群に比較して，鼻に関するSMSが有意に改善し，眼のスコアに関しても，L-92群においては改善傾向が確認された[3]。さらに，アトピー性皮膚炎症状に対する有用性を評価するために，アトピー性皮膚炎を有する子供50人に対して，26人にはL-92試験食を経口的に投与し，24人にはプラセボ食を経口投与した。その結果，L-92投与群においてはプラセボ群に対してSMSが有意に改善し，皮膚炎の指標となるケモカインであるTARC濃度が有意に低下していた[4]。また，大人のアトピー性皮膚炎症状を有する被験者49人を2群に分け，24人にはL-92を含む試験食を，25人にはプラセボ食を8週間投与した結果，L-92投与群においてはコントロール群に対して皮膚症状スコアであるSCORADが有意に改善し，好酸球も有意に低下した[5]。以上のことから，L-92株は様々なアレルギー症状の改善に有効に働くことが実証された。

5　作用メカニズム

　免疫系に作用する乳酸菌をプロバイオティクスとして評価，選択する際には，通常マクロファージ様細胞株や動物組織から調製した免疫細胞を，試験管内において乳酸菌体とインキュベートすることで各種サイトカインなどの生産性を評価することで行われてきた。一方，生体内においては，腸管免疫系に乳酸菌が自由にアクセスできるわけではなく，このような試験管内での乳酸菌の評価方法が生体内での有効性を示しているかどうか不明である。さらに，どのような特徴を持った乳酸菌が腸管免疫系にアクセスできるのかなど明らかにはされていなかった。L-92株は乳酸菌の腸管免疫系への作用を期待して，*in vivo*評価系により選択された。そこで，①腸管免疫系へのアクセスと，その後の，②樹状細胞を初めとする免疫細胞への刺激，という視点で，L-92株の腸管免疫系への作用メカニズムに関して解析をすすめた。

　乳酸菌表層のSurface layer protein（SLP）を有する乳酸菌は，パイエル板のM細胞上のUromodulinと呼ばれるM細胞に発現する分子に結合してM細胞に取り込まれ，さらに樹状細胞に取り込まれることが明らかとなった[6]。また，SLPを除去した菌体を用いた場合や，Uromodulin欠損マウスではその取り込みが減少することを確認した[6]（図3）。SLPは一部の乳

第9章 アレルギー改善乳酸菌の開発

酸菌にのみ存在することから，乳酸菌により生体への作用が大きく異なることの理由の一つに免疫系へのアクセスに違いがあるものと考えられる．一方，L-92菌体がさらに樹状細胞に取り込まれた場合の生体免疫応答を推測するために，THP-1培養細胞にL-92株を加えて共培養し，THP-1細胞の遺伝子の変動を評価した結果，培養初期にはNFκBなどの転写因子の活性化が起こり，それをきっかけとして，各種サイトカインやケモカインが産生され，後期においては，IL-12やTGF-βの発現上昇やIL-4の抑制などが確認された．また，制御性T細胞（Treg）やT細胞へのアポトーシス誘導を示唆する遺伝子変動が確認された[7]．また，生体に対するL-92の作用メカニズムを総合的に理解するために，生体への評価を行った．すなわち，OVAで感作したマウスの脾臓細胞にOVA刺激し，L-92を添加した場合，Th1細胞を活性化するIL-12やIFN-γが産生増強されることが確認され，また，Th2細胞を活性化するIL-4の産生を抑制していたことから，L-92の投与によりTh1/Th2のバランスが改善されることが示唆された[8]．さらに，L-92投与によりTregの活性化が起こることが確認され，Tregの活性化により炎症性反応Th1/Th2バランスが改善されることなどにより血中のIgEの産生が抑制されることで抗アレルギー作用を発揮するものと考えられた（図3）．

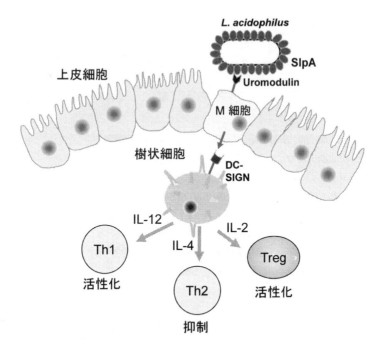

図3 腸管免疫系への *Lactobacillus acidophilus* L-92株の作用の推測
Surface Layer Protein を有する L-92 株はパイエル板の M 細胞に特異的に発現する Uromodulin に結合することで，M 細胞に取り込まれ，さらに樹状細胞の DC-SIGN に結合することで樹状細胞に取り込まれる．樹状細胞などマクロファージ様細胞に取り込まれた L-92 は，IL-12 等 Th1 活性化サイトカインを産生し，Th2 活性化に関連する IL-4 の産生を抑制する．その結果，Th2 優位なアレルギー症状を正常状態に改善すると共に，制御性 T 細胞（Treg）を活性化することで，過剰な免疫作用を抑制する．

6 おわりに

　腸内細菌の一種である乳酸菌を選抜することにより，腸管免疫系に作用して生体の様々なアレルギー症状の改善や予防に役立てることができる可能性があることが，動物試験やヒトに対する有効性試験により実証された。今回は，L-92 株の開発を例として，アレルギーの予防作用について動物でのスクリーニングから，ヒトへの応用利用における可能性について紹介した。また，腸管免疫系に作用するための乳酸菌の表層タンパク質の重要性に関しても示すことができた。一方，その他多く報告されている乳酸菌の生体におけるアレルギー低減作用に関しては，使用する乳酸菌の菌種や菌株により大きく異なることも知られているが，その理由に関しては未だ明確にされていない。また，そもそも生体内に多く常在する乳酸菌の役割と人為的に経口的に摂取するプロバイオティクスの違いがどこにあるのかについても明確にされていない。

　L-92 株の研究で作用メカニズムの一端が明らかにされたように，乳酸菌により異なる成分による腸管免疫系への作用の違いなど，重要因子の特定による生体内での作用の詳細が今後分子レベルで解明され，より効率的な乳酸菌の開発と活用が進み，腸内細菌への理解がさらに進むことを期待したい。

文　　　献

1) Y. Ishida *et al.*, *Biosci. Biotechnol. Biochem.*, **67**, 951（2003）
2) Y. Ishida *et al.*, *Biosci. Biotechnol. Biochem.*, **69**, 1652（2005）
3) Y. Ishida *et al.*, *J. Dairy Sci.*, **88**, 527（2005）
4) S. Torii *et al.*, *Int. Arch. Allergy Immunol.*, **154**, 236（2011）
5) Y. Inoue *et al.*, *Int. Arch. Allergy Immunol.*, **165**, 247（2014）
6) S. Yanagihara *et al.*, *Int. Immunol.*, **29**, 357（2017）
7) S. Yanagihara *et al.*, *Biosci. Microbiota Food Health*, **33**, 157（2014）
8) M. M. Shah *et al.*, *Microbiol. Immunol.*, **54**, 523（2010）

酵母菌・麹菌・乳酸菌の産業応用展開《普及版》 (B1444)

2018 年 1 月 30 日　初　版　第 1 刷発行
2024 年 11 月 11 日　普及版　第 1 刷発行

監　修　五味勝也，阿部敬悦　　　　　Printed in Japan
発行者　辻　賢司
発行所　株式会社シーエムシー出版
　　　　東京都千代田区神田錦町 1-17-1
　　　　電話 03（3293）2065
　　　　大阪市中央区内平野町 1-3-12
　　　　電話 06（4794）8234
　　　　https://www.cmcbooks.co.jp/

〔印刷　柴川美術印刷株式会社〕　　　　ⒸK.GOMI, K.ABE,2024

落丁・乱丁本はお取替えいたします。

本書の内容の一部あるいは全部を無断で複写（コピー）することは，法律
で認められた場合を除き，著作者および出版社の権利の侵害になります。

ISBN978-4-7813-1780-9 C3045　¥4000E